C语言程序设计

主　编　田丰春　杨种学
副主编　曹　晨　杨　鑫
王小正　李　朔

南京大学出版社

前　言

C语言程序设计是高等院校计算机专业及相关专业重要的专业基础课,其目的是培养学生的程序设计理念、掌握程序设计的基本方法,为后续课程打下坚实的基础。

我们在多年教授C语言的过程中,深切感受到学习C语言程序设计不仅要掌握C语言的语法要点和编程规范,更重要的是要领会结构化程序设计的思想,实现思维方式的转换,使学生真正拥有解决实际问题的能力。本教材从计算思维培养的角度出发,面向实际应用,以"学生成绩管理系统"案例贯穿始终,以讲授程序设计为主,借助任务驱动的模式将知识点串接起来,循序渐进地引入各章节知识点的讲解,并通过对实际案例的思考分析,形成逻辑清晰的脉络和主线,从而加深对C语言的理解和驾驭能力,提升分析问题和解决问题的能力。

全书共分10个章节,内容包括:绪论、顺序结构程序设计、选择结构程序设计、循环结构程序设计、数组、函数、指针、结构体和共用体、文件、C语言应用程序设计实例。每个章节都以"学生成绩管理系统"为例引入本章知识点,以循序渐进的任务驱动方式,引导读者逐步编写出有一定规模的、贯穿全书的综合应用程序。每章结尾以表格形式给出本章知识点和常见错误小结,帮助读者理清思路。

本书由田丰春、杨种学策划主编并整理。第1~4章由田丰春编写,第5~6章由曹晨编写,第7章由杨鑫编写,第8章由王小正编写,第9章由李朔编写,第10章由田丰春编写。

由于时间仓促,作者的水平有限,书中难免有不足之处,恳请读者批评指正。

编　者

2015年12月

目　录

第1章 绪 论

1.1 程序与程序设计语言

我们从小到大进行过无数次的考试,老师们常常对我们的成绩要进行求平均分、求总分、排序、查询等各种统计分析工作,如果都用手工来进行,那将是一件非常繁琐的工作。所幸如今已是信息时代,老师们常借助计算机来完成这些成绩管理的工作。但是,我们看到的计算机都是一些物理硬件,它是怎么样工作的?它为什么能对成绩进行排序等操作呢?

其实,计算机都是按照程序来工作的,有人按照老师的需求编写了用于学生成绩管理的程序,老师在计算机上运行这个程序就可以进行学生成绩的管理了。那么什么是程序呢?

程序是告诉计算机做什么和如何做的一组指令(语句),是人们事先编写好的一组计算机能识别和执行的指令,每一条指令使计算机执行特定的操作。计算机按照程序来工作,离开程序,计算机什么也做不了,只有懂得程序设计,才能真正了解计算机是怎样工作的,才能更深入地使用计算机。

人与人交流的语言称为自然语言,人与计算机交流的语言,我们就称为计算机语言。不同领域问题的描述是有差异的,为了能确切而又简单地描述这些问题,人们设计了数千种专用的和通用的计算机语言,有的适用于科学计算,有的适用于编写系统软件,有的适用于自动控制。

计算机语言的发展,经历了从机器语言、汇编语言到高级语言的历程。

1. 机器语言

计算机是一种电子机器,其硬件使用的是二进制,只能识别和接受由“0”和“1”构成的一串二进制代码,如:

1011001000100000001

这种计算机能直接识别和接受的二进制代码称为机器指令。每种计算机都有自己的一套机器指令,机器指令的集合就是该计算机的机器语言。

机器语言直接用二进制表示,是计算机硬件系统真正理解和执行的唯一语言。用机器语言编写的程序可以被计算机直接执行,因此它的效率最高,执行速度最快。但由于不同类型计算机的指令系统不同,因而在某一种类型计算机上编写的机器语言程序,在另一种不同类型的计算机上也可能不能运行,即可移植性差。而且它与人们所习惯的自然语言差别太大,人们不易记忆和理解,也难于修改和维护,所以现在人们已不再用机器语言编制程序了。

2. 汇编语言

汇编语言用助记符来代替机器指令的操作数和操作码,如用 ADD 表示加法、SUB 表示减法等,这样就构成了计算机符号语言,如:

ADD AX,BX

用汇编语言编写的源程序计算机并不能直接识别和执行,必须经过“翻译”变成机器语言后,才能被计算机识别和执行,所以其执行速度要慢于机器语言编写的程序。这种将汇编语言源程序翻译成机器语言的软件我们称为汇编程序,"翻译"的过程称为"汇编"。

汇编语言在一定程度上克服了机器语言难以辨认和记忆的缺点,但仍然不够直观简便、可移植性差、难以普及,只在专业人员中使用。

机器语言和汇编语言是完全依赖于具体机器特性的,是面向机器的语言,我们统称为计算机低级语言。

3. 高级语言

为了克服低级语言的缺点,提高编写程序和维护程序的效率,一种接近人们自然语言的程序设计语言应运而生了,这就是高级语言。

高级语言功能很强,它的表示方法更接近人类的自然语言(英语)和数学语言,具有学习容易、使用方便等特点,如:

$$B = A + 5$$

显然,这与使用数学语言对计算过程的描述是一致的,而且这样的描述适用于任何配置了这种高级语言处理系统的计算机,具有通用性,在一定程度上与计算机无关,即不依赖于具体机器,与具体机器距离较远。

用高级语言编写程序,虽然方便,但计算机不能直接识别和执行,必须经过"翻译",用一种称为编译程序的软件把用高级语言编写的程序(称为源程序)转换为机器指令的程序(称为目标程序),然后才能由计算机来执行。

早期应用比较广泛的几种高级语言有 FORTRAN、BASIC、PASCL 和 C 等,在此之后,又诞生了上百种高级程序设计语言,并根据应用领域的不同和语言本身侧重点差异,分成了许多类别。但高级语言的本质都是相通的,在学会了一门经典语言之后,就能很容易地掌握其它高级语言。

1.2 为什么学习C语言

早期的系统软件主要用汇编语言编写,因而程序与计算机硬件的关系十分密切,使程序编写难度大、可读性差、难于一致。

1969 年,美国贝尔实验室的 Ken Thompson 和 Dennis Ritchie 为 DEC PDP-7 计算机设计了一个操作系统软件,即最早的 UNIX 系统。

在 1972~1973 年间,贝尔实验室的 Dennis Ritchie 在 B 语言的基础上设计出了 C 语言。1973 年,Ken Thompson 和 Dennis Ritchie 两人合作把 UNIX 操作系统的 90% 以上程序用 C 语言改写,增加了多道程序设计能力,同时大大提高了 UNIX 操作系统的可移植性和可读性。

后来,C 语言又做了多次改进,渐渐形成了不依赖于具体机器的 C 语言编译程序,于是 C 移植到其它机器时所需做的工作大大简化了,成为如今广泛应用的计算机语言之一。

随着 C 语言使用得越来越广泛,C 语言的编译程序也有不同的版本。一般来说,1978 年 B. W. Kernighan 和 Dennis Ritchie 合著的 The C Programming Language 是各种 C 语言版本的基础,称之为旧标准 C 语言或"K&R C"。1989 年,美国国家标准局(ANSI)颁布了第一个官方的 C 语言标准,称为"ANSI C"或"C89"。1990 年,这个标准被国际标准化组织(ISO)

采纳,将其命名为“ISO C”或“C90”。目前使用的如 Microsoft C、Turbo C 等版本都把 ANSI C 作为一个子集,并在此基础上做了合乎它们各自特点的扩充。

总的来说,C 语言是一种用途广泛、功能强大、使用灵活的过程性编程语言,既能用于编写系统软件,又能用于编写应用软件。因此,C 语言问世以后得到迅速推广,学习和使用 C 语言的人越来越多。C 语言成为学习和使用人数最多的一种计算机语言。掌握 C 语言成为计算机开发人员的一项基本功。从图 1-1 所示的 Tiobe 在 2015 年 11 月公布的编程语言受欢迎程度的排行榜(最新的统计图请访问图 1-1 中的网址),可以看到,C 语言依然位于前列。

Nov 2015	Nov 2014	Change	Programming Language	Ratings	Change
1	2	^	Java	20.403%	+6.01%
2	1	v	C	17.145%	-0.32%
3	4	^	C++	6.198%	+0.10%
4	5	^	C#	4.318%	-0.67%
5	7	^	Python	3.771%	+1.18%
6	6		PHP	3.248%	+0.20%
7	8	^	JavaScript	2.473%	+0.38%
8	10	^	Visual Basic .NET	2.223%	+0.16%
9	14	^^	Ruby	2.038%	+0.83%
10	9	v	Perl	2.032%	-0.04%
11	29	^^	Assembly language	1.883%	+1.28%
12	15	^	Delphi/Object Pascal	1.682%	+0.73%
13	11	v	Visual Basic	1.681%	+0.02%
14	3	vv	Objective-C	1.426%	-7.64%
15	18	^	Swift	1.236%	+0.40%

图 1-1 2015 年 11 月统计的编程语言热门程度排行榜 TOP 15 榜单

(资料来源:http:// www. tiobe. com/ index. php/ content/ paperinfo/ tpci/ index. html)

目前大多数高校都将C语言作为新生的第一门语言课,因此学过C语言的人最多,熟悉C语言风格语法的人也最多,所以C语言成为程序设计思想交流的首选媒介语言。在涉及编程能力考查的笔试、面试时,C语言通常都是必考的。现在大多数的主流编程语言如Java、C++等语言也都是与C语言一脉相承的。从C语言入门后,再学习其他语言,也就容易多了。

1.3 C语言程序的结构

下面通过两个实例,来说明C语言程序的基本结构。

【例1.1】输入一个学生的两门课程成绩,计算成绩之和并输出(注:成绩不含小数)。

【程序代码】

```
/*下面程序用于求成绩之和*/
#include <stdio.h>                          //包含文件 stdio.h 在本程序中
int main(void)                              //定义主函数
{                                           //函数开始的标志
    int a,b,sum;                            //定义三个整型变量 a,b,sum
    printf("Please input a and b:\n");
                                            //在屏幕上输出提示信息
    scanf("%d%d", &a, &b);
                                        //从键盘输入两个整数并保存在变量 a 和 b 中
    sum=a+b;                                //计算 a+b,结果保存在变量 sum 中
    printf("The sum is%d\n",sum);           //在屏幕上输出 sum 的值
    return 0;                               //结束主函数的执行,返回 0 值到系统
}                                           //函数结束的标志
```

【运行结果】

```
Please input a and b:
89  95
The sum is 184
Press any key to continue
```

以上运行结果是在Visual C++ 6.0环境下运行的结果,屏幕首先显示“Please input a and b:”,此时用户从键盘输入89和95,屏幕接着显示“The sum is 184”。屏幕最后一行是Visual C++ 6.0系统在输出完运行结果后自动输出的一行信息,告诉用户:“如果想继续进行下一步,请按任意键”。当用户按任意键后,屏幕上不再显示运行结果,而返回程序窗口,以便进行下一步工作(如修改程序)。

【程序分析】程序第1行是注释,以“/*”开始,以“*/”结束,中间的文字用来对程序有关部分进行必要的说明。这种注释称为块式注释,可以包含多行内容,也可以单独占一行,编译系统在发现一个“/*”后,会开始找注释结束符“*/”,把二者间的内容作为注释。C语言还允许以“//”开始的单行注释,它可以单独占一行,也可以出现在一行中其他内容

的右侧,注释的范围从"// "开始,以换行符结束。注释是给人看的,不是让计算机执行的,所以在编译程序时注释部分是不产生目标代码的。

程序第3行的main是函数的名字,表示"主函数",括号中的void表示main函数没有参数,void也可以省略。main前面的int表示此函数的类型是int类型(整型),在执行主函数后会得到一个值(即函数值),其值为整型。程序第10行"return 0;"的作用是:当main()函数执行结束时将整数0作为函数值,返回到调用函数处。每一个C语言程序都必须有一个main函数()。函数体由花括号括起来,函数体中的每个语句最后都有一个分号,表示语句的结束。

程序第5行是声明部分,定义a,b和sum为整型(int)变量。

程序第6行是一个输出语句,作用是在屏幕上显示提示信息,提示用户输入a和b的值。printf函数中的双撇号内的字符串"Please input a and b:"按原样输出,"\ n"是换行符,即在输出"Please input a and b:"后,显示屏上的光标位置移到下一行的开头。

程序第7行是一个输入句,作用是输入变量a和b的值。scanf后面圆括号中包含两部分的内容:一是双撇号中的内容,它指定输入的数据按什么格式输入,"% d"的含义是十进制整数形式。二是输入的数据准备放在哪里,即赋给哪个变量。现在,scanf()函数中指定的是a和b,在a和b的前面各有一个"&",在C语言中"&"是地址符,"&a"的含义是"变量a的地址","&b"是"变量b的地址"。执行scanf()函数,从键盘读入两个整数,送到变量a和b的地址处,然后把这两个整数分别赋给变量a和b。

程序第8行是一个赋值语句,作用是先将变量a与变量b的值相加,然后赋值给sum。

程序第9行也是一个输出语句,作用是输出变量sum的值。在执行printf()函数时,对双撇号括起来的"The sum is% d\ n"是这样处理的,将"The sum is"原样输出,"% d"由变量sum的值取代之,"\ n"执行换行。

程序第2行是一个编译预处理指令,作用将stdio. h文件包含到本程序中来。scanf()和printf()都是C编译系统提供的函数库中的标准输入输出函数,在使用这些函数时,编译系统要求程序提供有关此函数的信息(例如对这些输入输出函数的声明和宏的定义、全局量的定义等),"#include < stdio. h >"就是用来提供这些信息的。"stdio. h"是系统提供的一个文件名,stdio是"standard input & output"的缩写,文件后缀. h的意思是头文件,因为这些文件都是放在程序各文件模块的开头的。输入输出函数的相关信息已事先放在stdio. h文件中。现在,用include指令把这些信息调入程序供使用。

【例1.2】编写一个既可以求排列,又能求组合的应用程序。

排列公式:A(n,m) = n! / (n - m)!

组合公式:C(n,m) = n! / (m! * (n - m)!)

【程序代码】

文件Exam1 - 2. c代码如下:

```
//Exam1 - 2.c:实现求排列组合的源文件
#include < stdio.h >            /* 包含文件 stdio.h 在本程序中 */
#include "Exam1 - 2.h"          /* 包含文件 Exam1 - 2.h 在本程序中 */
```

```
int main(void)                 /* 主函数 */
{
    int n,m,p,z;                /* 定义 n、m、p、z 为整型的变量 */
    printf("input n,m:");       /* 在屏幕上输出提示信息 */
    scanf("%d,%d",&n,&m);       /* 从键盘输入两个整数,保存到变量 n 和 m 中 */
    p=pailie(n,m);              /* 调用函数 pailie 求组合,保存到变量 p 中 */
    z=zuhe(n,m);                /* 调用函数 zuhe 求组合,保存到变量 z 中 */
    printf("A(%d,%d)=%d\n",n,m,p);   /* 输出排列 */
    printf("C(%d,%d)=%d\n",n,m,z);   /* 输出组合 */
    return 0;                   /* 结束主函数的执行,返回 0 值到系统 */
}
int pailie(int n,int m)        /* 求排列的函数 */
{
    return(fac(n)/fac(n-m));
}
int zuhe(int n,int m)          /* 求组合的函数 */
{
    return(fac(n)/(fac(m)*fac(n-m)));
}
int fac (int n)                /* 求阶乘的函数 */
{
     int i,t;
     for(i=1,t=1;i<=n;i++)
     t=t*i;
     return (t);
}
```

文件 Exam1-2.h 代码如下:

```
//Exam1-2.h:实现求排列组合的头文件
int pailie(int n,int m);              /* 求排列的函数声明 */
int zuhe(int n,int m);                /* 求组合的函数声明 */
int fac(int n);                       /* 求阶乘的函数声明 */
```

【运行结果】

```
Input n,m:6,3
A(6,3)=120
C(6,3)=20
Press any key to continue
```

【程序分析】

本程序由2个文件组成，"Exam1－2.c"文件是用于求排列组合的源程序，"Exam1－2.h"文件是用于声明函数的头文件。

"Exam1－2.c"源文件包含4个函数：主函数main()；求排列的函数pailie()；求组合的函数zuhe()；求阶乘的函数fac()。

每一个C语言程序都必须有且仅有一个main()函数，它是程序的入口，程序的运行从main()函数开始，当main()函数执行结束时，整个程序也就结束了。main()前面的int表示此函数的类型是int类型(整型)。在执行主函数后会得到一个值(即函数值)，其值为整型。函数体用花括号括起来。

程序从main()函数开始执行函数体内的代码，当执行到"p=pailie(n,m);"时，程序调用pailie()函数，流程跳转到pailie()函数中执行pailie()函数体内的代码，在pailie()函数体内又两次调用fac()函数求阶乘，得到排列的值后返回到主函数main()，继续执行后面的"z=zuhe(n,m);"，此时程序又调用zuhe()函数，流程跳转到zuhe()函数中执行组合函数体内的代码，在zuhe()函数体内又三次调用fac()函数求阶乘，得到组合的值后返回到主函数main()，继续执行后面的代码，直到main()函数体内代码执行完毕，整个程序也就结束了。

"Exam1－2.h"头文件对pailie()函数、zuhe()函数、fac()函数进行了声明。因为main()函数中要调用pailie()和zuhe()两个函数，而这两个函数又要调用fac()函数。程序的编译是自上而下进行的，如果被调用函数的定义在主调函数之后，主调函数是不认识这些函数的，所以要先进行声明。声明语句可以放在主调函数的开头，也可以集中放在头文件中。再通过#include "Exam1－2.h"将头文件包含进来。

本例所涉及的细节读者现在可能不大理解，在学习了相关章节后自然就能理解了。在本章节介绍此例只是想让读者对C程序的组成和形式有一个初步的了解。

通过两个实例，我们可以看到C语言程序的组成及书写规则为：

(1) 一个程序由一个或多个文件组成。

(2) 函数是C程序的主要组成部分。C程序是由一个或多个函数组成的，其中必须要有一个且只能有一个main()函数。无论这个函数的位置在哪里，程序总是从它开始执行。main()函数可以调用其他函数，但是其他函数不能调用main()函数。

(3) 在一个函数内，语句的执行顺序是从上到下的。

(4) C语言程序书写形式自由，一行可以写多条语句，每条语句以分号结束(为了程序格式的清晰，最好一行只写一条语句)。程序中的所有标点符号都是英文符号。

(5) C语言严格区分大小写，即大写字母"A"和小写字母"a"被认为是不同的符号。

(6) 程序应当包含注释。给程序添加必要的注释可以提高程序的可读性，编程者应养成给程序注释的好习惯。

1.4 如何运行C程序

计算机不能直接识别和执行用高级语言编写的指令。用C语言编写的源程序必须经

过编译、连接生成可执行文件后方可运行。具体步骤如下:

(1) 上机输入和编辑 C 源程序。输入的源程序文件用. c 作为后缀名(如 Exam1 - 1. c)。

(2) 对源程序进行编译,生成二进制目标文件(如 Exam1 - 1. obj)。

(3) 进行连接处理。经过编译后的目标文件还不能直接执行,必须将所有编译后得到的目标模块连接装配起来,再与函数库相连接成一个整体,生成一个可执行程序(如 Exam1 - 1. exe)。

(4) 运行可执行程序。生成可执行文件后,程序就可以在操作系统控制下运行。

一个程序从编写到运行成功,并不是一次成功的,往往需要经过多次反复的测试与修改。图 1 - 2 给出了运行 C 程序的基本流程,可以看到这其实是一个不断修正、完善的过程。

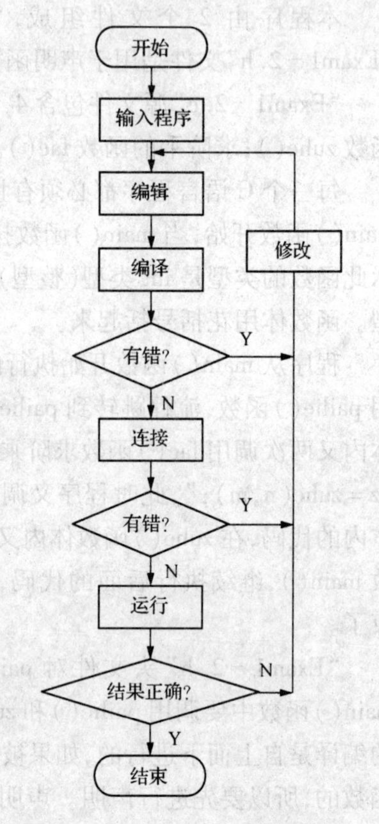

图 1 - 2　运行 C 程序的基本流程

为了编译、连接和运行 C 程序,必须要有相应的编译系统。目前使用的 C 语言编译系统很多都是集成在开发环境(IDE)的,如基于 DOS 环境的 Turbo C 、基于 Windows 环境的 Visual C++ 都是常用的集成开发环境。本书的程序都是用 Visual C++ 6.0 集成环境编译的。本书后面的附录 A 中详细介绍了 Visual C++6.0 集成开发环境。

1.5 算　法

人们常说:“软件的主体是程序,程序的核心是算法。”这是因为要使计算机解决某个问题,首先必须进行问题分析,确定该问题的解决方法与步骤,即算法,然后再据此编写程序并交给计算机执行。下面通过一个求解问题的实例来说明算法。

【例 1.3】 输入两个整数 a 和 b,如果 a > b,就将 a 和 b 的值交换,然后输出 a 和 b 的值,否则,直接输出 a 和 b 的值。

要实现 a 和 b 的值的互换,必须借助第 3 个变量。我们可以这样考虑:有一个装着水的杯子 a 和一个装着牛奶的杯子 b,要将两个杯子的东西互换,只靠这两个杯子倒来倒去是无法实现的,必须借助第 3 个杯子 t。先将 a 杯中的水倒在 t 杯中,再将 b 杯中的牛奶倒在 a 杯中,最后再把 t 杯的水倒在 b 杯中,这就实现了水和牛奶的互换。

基于上述解决问题的思路,就可以明确解决问题的步骤,即确定解决问题的算法。

算法是一组明确解决问题的步骤,它产生结果并可在有限的时间内终止。

算法必须满足下列基本要求:

(1) 确定性。算法中的每一步操作必须清楚明确,无二义性。

（2）有穷性。一个算法总是在执行了有限步的操作之后终止。

（3）能行性。算法中有待实现的操作都是计算机可执行的，即在计算机的能力范围之内，且在有限的时间内能够完成。

（4）输出。至少产生一个输出。

算法表示的常见形式有：自然语言、流程图、N－S图、伪代码、计算机语言等。

（1）自然语言

自然语言就是人们日常使用的语言。用自然语言描述的算法直观、通俗易懂，为人们所熟悉，但很难"系统"化和"精确"地表达算法。用自然语言表示的交换算法如下：

步骤1：输入a和b的值。

步骤2：判断a是否大于b，如果是，跳到步骤3，否则，跳到步骤6。

步骤3：将a的值给t。

步骤4：将b的值给a。

步骤5：将t的值给b。

步骤6：输出a和b的值。

（2）流程图

流程图是算法的图形表示法，它用图的形式掩盖了算法的所有细节，只显示算法从开始到结束的整个流程。例如图1－3就是用流程图表示的结构化程序设计中的三种基本结构。

结构化程序设计的观点是，任何复杂的算法都可以由顺序结构、选择（分支）结构和循环（重复）结构这三种基本结构组成，程序只有一个入口和一个出口。

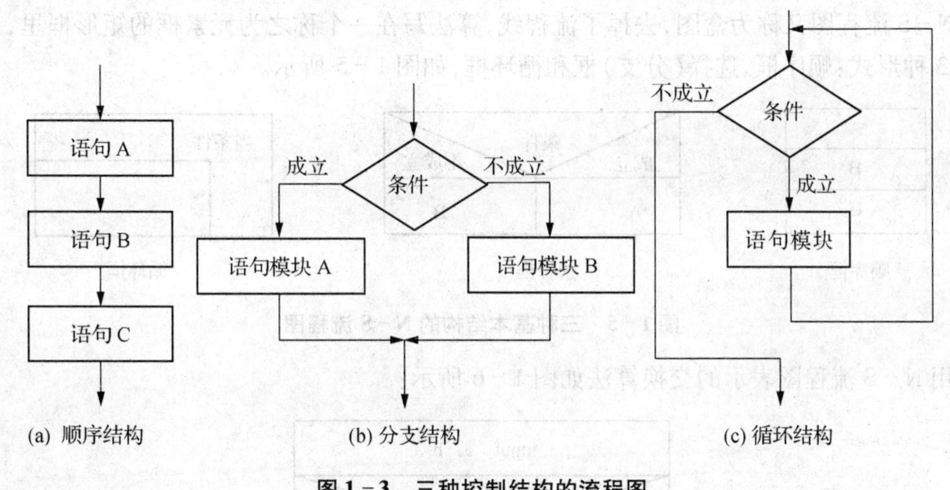

图1－3　三种控制结构的流程图

用流程图表示的交换算法如图1－4所示。

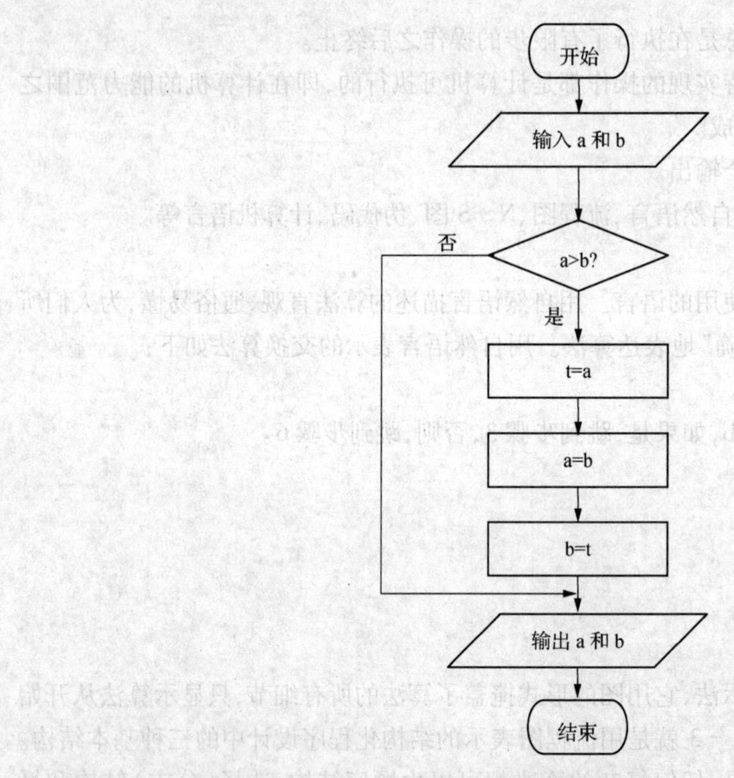

图 1-4　交换算法流程图

(3) N-S 流程图

N-S 流程图又称为盒图,去掉了流程线,算法写在一个称之为元素框的矩形框里,元素框有 3 种形式:顺序框、选择(分支)框和循环框,如图 1-5 所示。

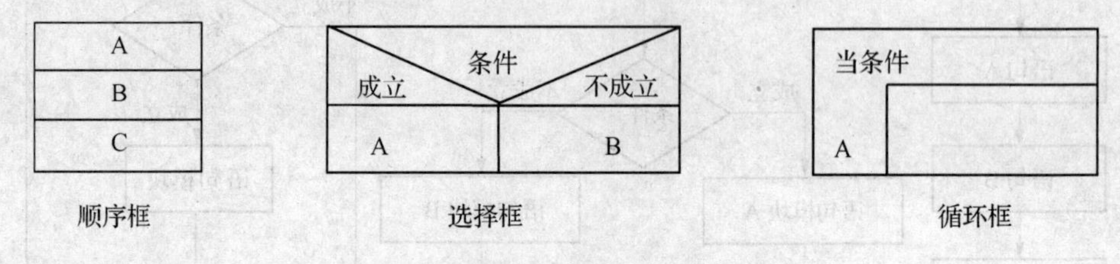

图 1-5　三种基本结构的 N-S 流程图

用 N-S 流程图表示的交换算法如图 1-6 所示:

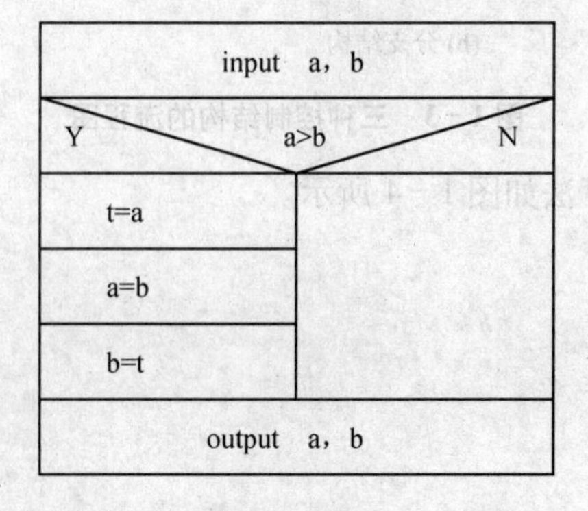

图 1-6　交换算法的 N-S 流程图

(4) 伪代码

伪代码是介于自然语言和计算机语言之间的,用文字和符号描述算法的一种语言形式,是描述算法的常用工具。用伪代码表示算法没有严格的语法规则限制,重在把意思表达清楚,它书写方便、格式紧凑,也比较好懂,便于过渡到计算机语言表示的算法(即程序)。

用伪代码表示的交换算法如下:

```
input a and b
if (a > b)
{
    t = a
    a = b
    b = t
}
print a and b
```

(5) 计算机语言

算法设计出来以后,还需要用计算机来实现算法。如同一个菜谱是一个算法,厨师炒菜就是实现这个算法。算法是给人看的,计算机不能识别,只有用计算机语言编写的程序才能被计算机识别并执行。用计算机语言表示算法必须严格遵守所用的语言的语法规则,这是和伪代码不同的,下面是用C语言实现交换算法的程序代码。

【程序代码】

```
#include <stdio.h>                  /* 包含文件 stdio.h 在本程序中 */
int main(void)                      /* 主函数 */
{
    int a, b, t;                    /* 定义三个变量 */
    printf("Please input a and b:\n");
                                    /* 在屏幕上提示用户输入变量 a 和 b 的值 */
    scanf("%d%d", &a, &b);          /* 用户输入变量 a 和 b 值 */
    if (a > b)                      /* 判断 a 是否大于 b */
    {
        t = a;                      /* 将变量 a 的值存放在中间变量 t 中 */
        a = b;                      /* 将变量 b 的值存放在变量 a 中 */
        b = t;                      /* 将中间变量 t 的值存放在变量 b 中 */
    }
    printf("a = %d  b = %d\n", a, b);
                                    /* 输出交换后的变量 a 和变量 b 的值 */
    return 0;
}
```

【运行结果】

```
Please input a and b:
5  3
a = 3  b = 5
```

1.6 软件开发

我们通常将设计得比较成熟、功能比较完善、具有某种使用价值的程序及其处理的数据和相关的文档称为软件。软件的含义比程序更宏观、更物化一些,软件的主体是程序。

软件开发是根据用户的要求建造出的软件系统或者系统中的软件部分的过程,是一项包括需求分析、软件设计、编码和调试、软件测试和软件维护的系统工程,编写程序代码只是软件开发过程的一个阶段。

(1) 需求分析

需求分析就是对开发什么样的软件的一个系统的分析与设想,其基本任务是和用户一起确定要解决的问题,根据用户提出的各方面要求,确定软件的功能、性能、运行环境、可靠性要求、安全性要求、用户界面、软件开发成本与开发进度等,编写需求规格说明书文档并最终得到用户的认可。

(2) 软件设计

软件设计可以分为概要设计和详细设计两个阶段。概要设计就是结构设计,其主要目标就是给出软件的模块结构。详细设计就是设计模块的程序流程、算法和数据结构,常用方法主要是结构化程序设计方法。

(3) 软件编码

软件编码是指把软件设计转换成计算机可以接受的程序,即写成以某一程序设计语言表示的“源程序清单”。充分了解软件开发语言、工具的特性和编程风格,有助于开发工具的选择以及保证软件产品的开发质量。

(4) 软件测试

软件测试是确保软件质量的一种有效手段,软件测试的过程实际上就是发现程序错误的过程,目的是以较小的代价发现尽可能多的错误,实现这个目标的关键在于设计一套出色的测试用例(为测试设计的数据)。常用的测试方法有白盒测试(也称结构测试)和黑盒测试(也称功能测试)。白盒测试按照程序内部的逻辑来设计测试用例,检验程序中的每条通路是否都能按照预定要求工作。黑盒测试根据需求规格说明书的要求设计测试用例,检查程序的功能是否符合它的功能说明。在实际应用中,通常将白盒测试与黑盒测试结合使用。只有经过确认测试后软件才能投入使用。

(5) 软件维护

在软件交付使用后,还要根据用户需求的变化或环境的变化,对应用程序进行全部或部分的修改,即软件维护,主要包括校正性维护、适应性维护、完善性维护和预防性维护。

小　结

一、知识点概括

1. 函数是C程序的主要组成部分,一个函数包括函数头部和函数体两个部分。C程序的执行由main()函数开始,程序中有且只能有一个main()函数。

2. 每条语句必须用“;”结尾。一个语句行可以书写多条语句,一条语句也可以分开写在连续的若干行上(但名字、语句标识符等不能跨行书写)。

3. C 语言提供了包括 I/O 功能在内的大量标准库函数,在调用这些函数时,必须在程序头部包含相应的库文件,例如要调用 printf( ) 函数,就要在程序头加上“#include < stdio. h >”。

4. 运行 C 程序的步骤:

(1) 上机输入和编辑 C 源程序。输入的源程序文件用. c 作为后缀名(如 Exam1- 1. c)。

(2) 对源程序进行编译,生成二进制目标文件(如 Exam1- 1. obj)。

(3) 进行连接处理。经过编译后的目标文件还不能直接执行,必须将所有编译后得到的目标模块连接装配起来,再与函数库相连接成一个整体,生成一个可执行程序(如 Exam1- 1. exe)。

(4) 运行可执行程序。生成可执行文件后,程序就可以在操作系统下运行。

二、常见错误列表

错误实例	错误分析
sum = a + b	在语句的末尾没有添加分号。
#include < stdio. h > ;	在编译预处理指令后多加了分号,编译预处理指令不属于 C 语言语句的范畴,一般不需要添加分号。
Printf(“Please input a and b: \n”) ;	“Printf”不是合法的关键字,在 C 语言里是严格区分大小写的。
int a,b,Sum; sum = a + b;	变量必须先定义后使用,且在 C 语言中是严格区分大小写的,所以定义变量 Sum 和语句“sum = a + b;”中的 sum 并不是同一个变量。

习　题

1. 什么是程序? 程序设计语言可以分为几类,各自的特点是什么?

2. 简述运行一个 C 程序的步骤。

3. 什么是算法? 假设有三个硬币(A,B,C),其中有一个是伪造的,另两个是真的,伪币与真币重量略有不同,现有一架天平,如何找出伪币呢? 请设计一种算法解决此问题。

第2章 顺序结构程序设计

如何编写C语言程序去解决实际问题呢？本章将以最简单的顺序结构程序设计为主线，把算法和语法紧密结合起来，引导读者由浅入深地学会编写简单的C语言程序。

2.1 引 例

【例2.1】编写程序，输入一个学生的数学、英语、计算机成绩，计算这位学生的总分和平均分，并输出(注:科目成绩和总分都是整数，平均分可以保留1位小数)。【问题分析】这个问题的算法很简单，先输入科目成绩，再将3个成绩加起来求总分，再用总分除以3并求平均分，最后输出结果。这是一个简单的顺序结构。

算法N-S流程图如图2-1所示。

输入3门成绩
计算总分
计算平均分
输出总分、平均分

图2-1 算法流程图

【程序代码】

```
#include <stdio.h>                        //包含文件 stdio.h 在本程序中
int main(void)                            //主函数
{
    int  MaScore,EnScore,CScore,sum;      //声明表示3门成绩和总分的变量
    float  aver;                          //声明表示平均分的变量
    printf("Input Math score,English score,Computer score:\n");
                                                              //提示输入
    scanf("%d%d%d",&MaScore,&EnScore,&CScore);
                                                              //输入3门课成绩
    sum = MaScore + EnScore + CScore;     //计算总分
    aver = sum/3.0;                       //计算平均分
    printf("The sum is%d\nThe average is% .1f\n", sum,aver);
                                                              //输出
    return 0;                             //结束,返回0值到系统
}
```

【运行结果】

```
Input Math score,English score,Computer score:
78 86 93
The sum is 257
The average is 85.7
```

【程序分析】

(1) 该程序中用到的数据有3.0、MaScore、EnScore、CScore、sum、aver，对数据进行的运算有+(加法运算)、/(除法运算)和=(赋值运算)。

(2) 其中MaScore、EnScore、CScore、sum、aver被称作变量，在程序执行过程中是可以改变的。计算机在处理时，要在内存中给变量开辟存储空间，存放它们的值。

(3) 第9行的数据3.0与MaScore、EnScore、CScore、sum、aver不同，它是在编写程序时就给出了确定的值，在运算过程中不会改变，这样的数据叫常量。

在C语言中，数据是程序中必要的组成部分，是程序处理的对象。现实中的数据是有类型差异的，如姓名由一串字符组成、年龄是数字符号组成的整数、而身高包含整数和小数两部分。C语言为不同类型的数据使用了不同的格式存储，占用内存单元的字节数也不同，处理不同类型的数据所使用的语句命令是有区别的。

2.2　数据的表现形式

2.2.1　标识符

在例题2.1中，我们用"int MaScore, EnScore, CScore, sum;"声明了4个整型变量，其中MaScore、EnScore、CScore、sum是变量名，int是类型名，它们都是标识符。标识符是一个字符序列，用来标识操作、变量、函数、数据类型等。标识符命名的规则如下：

(1) 标识符由英文字母(包括大小写字母)、数字(0~9)和下划线(_)组成，并且必须由字母或下划线开头。

(2) 标识符中的字符个数不能超过规定长度(因系统而不同，C89规定不超过31个字符，C99规定不超过63个字符)。

(3) C语言中的标识符严格区分大小写，即int和Int、INT表示不同的标识符。

C语言中的标识符包括三类：关键字、预定义标识符、用户自定义的标识符。

关键字(Keyword)又称为保留字，是编程语言为特定用途预先定义的一个字，只能按其规定的方式用于它预先定义的用途。标准C语言中一共有32个关键字，全部小写，如表2-1所示。

表2-1　C语言关键字

auto	break	case	char	const	continue
default	do	double	else	enum	extern
float	for	goto	if	int	long
register	return	short	signed	sizeof	static
struct	switch	typedef	union	unsigned	void
volatile	while				

预定义标识符是C语言中预先定义的字符,一般为C语言标准库中提供的函数名,如我们之前使用的printf,它们具有预定义的用途,但用户可以重新定义这些标识符的用途。表2-2列举了一些预定义标识符。

表2-2　C语言预定义标识符举例

abs	fopen	isalpah	rand	strcpy
argc	free	malloc	rewind	strlen
calloc	gets	printf	sin	tolower
fclose	isacii	puts	strcmp	toupper

用户自定义的标识符是用户自己创建的用来命名数据和函数的标识符。用户自定义的标识符除要遵守标识符的命名规则外,还需要注意以下几点:

(1)所有的关键字和预定义标识符都不可用于用户自定义标识符。

(2)标识符应尽量有意义,以增加程序的可读性,使程序清晰易懂。

了解了C语言的标识符,我们再来看例2.1中的语句:

```
int MaScore,EnScore,CScore,sum;        //声明表示3门成绩和总分的变量
float aver;                            //声明表示平均分的变量
printf("The sum is%d.\nThe average is% .1f.\n", sum,aver);
                                                                //输出
```

说明:类型名int、float属于C语言关键字,表示两种不同的数据类型,int表示整数类型,float表示单精度浮点类型,而变量名MaScore、EnScore、CScore、sum、aver属于用户自定义的标识符,库函数名printf属于预定义标识符。

2.2.2 数据类型

在例题2.1中,我们声明了整型变量MaScore、EnScore、CScore、sum,声明了单精度实型变量aver。为什么要将变量声明为某种数据类型呢?在高级程序设计语言中,不同类型的数据在内存中占用不同大小的存储单元,它们所能表示的数据的取值范围各不相同,表示形式及其可以参加的运算种类也有所不同。在高级程序设计语言中引入数据类型的主要目的是便于在程序中对它们按照不同方式和要求进行处理。在C语言中,变量必须先声明后使用,这如同我们到某个饭店吃饭,这个饭店要求客人来之前必须先预订,然后根据预订的人数分配不同大小的包间,享受不同的服务。

C语言中允许的数据类型以及每种类型可进行的运算统称为数据类型(Data Type)。C语言中的数据类型分类如表2-3所示。

表 2-3　C 语言中的数据类型分类

数据类型分类			关键字	变量声明举例
基本类型	整型	基本整型	int	int a;
		短整型	short [int]	short int a;或者 short a;
		长整型	long [int]	long int a;或者 long a;
		无符号基本整型	unsigned int	unsigned int a;
		无符号短整型	unsigned short [int]	unsigned short a;
	实型	无符号长整型	unsigned long [int]	unsigned long a;
		单精度实型	float	float a;
		双精度实型	double	double a;
		长双精度实型	long double	long double a;
	字符型	有符号字符型	[signed] char	char a;
		无符号字符型	unsigned char	unsigned char a;
枚举类型			enum	enum color(red,green,blue);
无类型			void	void sort(int array[],int n);
派生类型	数组			int a[10];
	指针类型			int * p;

	结构体		struct	struct Student
				{
				int number;
				char sex;
				float score;
				};
				Student stu;

	共用体		union	union { int a; float b; char c; }data;

计算机中运行的所有指令和数据都保存在计算机的内部存储器(内存)里。内存包含有大量的存储单元,每个存储单元可以存放 1 个字节(8 个二进位),这个存储空间实际是一个线性地址表,都是按字节进行编址的,即每个字节的存储空间都对应着一个唯一的地址。在程序设计语言中,衡量数据类型所占内存空间的大小也需要使用字节。

不同的数据类型使用不同大小的存储空间,能够表示的数值范围也就不一样。具体为每种类型分配多少字节的存储空间是由不同编译系统决定的。如 char 型数据在任何情况下在内存中都只占 1 个字节。int 型数据在 Turbo C 2.0 环境下占 2 个字节(16 位)存储空间,在 Visual C++ 6.0(以下简称 VC)环境下占 4 个字节(32 位)存储空间。

由于同种类型在不同平台其占字节数不尽相同,要想准确计算某种类型数据所占内存空间的字节数,需要使用 sizeof()运算符。这样,可以避免程序在平台间移植时出现数据丢失或者溢出的问题。sizeof()是 C 语言提供的专门用于计算数据类型字节数的运算符。例如,计算 int 型数据所占内存的字节数用 sizeof(int)计算即可。

【例 2.2】下面这个程序用于计算并显示每种数据类型所占内存空间的大小。

```
#include <stdio.h>
int main(void)
{
    printf("Data typeNumber of bytes\n");
    printf("----------------\n");
    printf("char%d\n",sizeof(char));
    printf("int%d\n",sizeof(int));
    printf("short int%d\n",sizeof(short));
    printf("long int%d\n",sizeof(long));
    printf("float%d\n",sizeof(float));
    printf("double%d\n",sizeof(double));
    return 0;
}
```

这个程序在 Turbo C 2.0 编译环境下的运行结果如下:

```
Data type        Number of bytes
--------------------------------
char             1
int              2
short int        2
long int         4
float            4
double           8
```

而在 Visual C++ 6.0 编译环境下的运行结果如下:

```
Data type        Number of bytes
--------------------------------
char             1
int              4
short int        2
long int         4
float            4
double           8
```

本书采用VC标准来表示和说明数据,表2-4列出了基本类型数据存储空间和值的表示范围。

表2-4 基本类型数据存储空间和值的表示范围(VC)

类 型	存储空间(字节)	取值范围
int(基本整型)	4	$-2^{31}\sim(2^{31}-1)$,即 $-2147483648\sim2147483647$
short [int](短整型)	2	$-2^{15}\sim(2^{15}-1)$,即$-32768\sim32767$
long [int](长整型)	4	$-2^{31}\sim(2^{31}-1)$,即 $-2147483648\sim2147483647$
unsigned int(无符号基本整型)	4	$0\sim(2^{32}-1)$,即$0\sim4294967295$
unsigned short [int](无符号短整型)	2	$0\sim(2^{16}-1)$,即$0\sim65535$
unsigned long [int](无符号长整型)	4	$0\sim(2^{32}-1)$,即$0\sim4294967295$
float(单精度型)	4	$-1.17\times10^{38}\sim3.4\times10^{38}$
double(双精度型)	8	$-2.22\times10^{308}\sim1.79\times\times10^{308}$
long double(长双精度型)	8	$-2.22\times10^{308}\sim1.79\times\times10^{308}$
[signed] char(有符号字符)	1	允许$-2^{7}\sim(2^{7}-1)$,即$-128\sim127$,但实际只用到$0\sim127$
unsigned char(无符号字符)	1	$0\sim(2^{8}-1)$,即$0\sim255$

说明:表中方括号可以省略。

2.2.3 不同类型的常量

常量,就是在程序中不能改变其值的量。如例2.1中的3.0就是常量。按照不同的数据类型,常量可以划分为以下几种:整型常量、实型常量、字符常量、字符串常量和符号常量。

1. 整型常量

整型常量包括正整数、负整数和零在内的所有整数。在C语言中,整型常量可以用三种进制表示:十进制(Decimal)、八进制(Octal)和十六进制(Hexadecimal),如表2-5所示。

表2-5 不同进制整型常量的表示

整型常量表示	实 例	说 明
十进制	25,-36,+0,-0	由数字0~9组成,数字前可带正负号
八进制	052,-036	由数字0开头,后跟数字0~7组成;表示时不能出现大于7的数字
十六进制	0x82,0X6E	由数字0加字母x或X开头,后跟数字0~9,字母a~f(或A~F)组成

整型常量的类型包括四种:有符号整型常量,无符号整型常量、长整型常量、无符号长整

型常量,如表2-6所示。

表2-6 不同类型整型常量的表示

整型常量表示	实 例	说 明
有符号整型常量	23, -23	不加任何标记默认为有符号整型
无符号整型常量	34u,34U	在常量值末尾加U或u表示无符号整型,不能表示负数,如-34u是不合法的
长整型常量	-123l,123L	常量值后加L或l表示长整型
无符号长整型常量	34lu, 34Lu,345LU, 345lU	常量值后加LU、Lu、lU或lu表示无符号长整型

2. 浮点类型常量

浮点类型,也称为实型,是带小数点的十进制数据,它可以是包含一个小数点的数字、0或任何正数和负数。C语言中的浮点类型常量有十进制小数和指数两种表现形式,如表2-7所示。

表2-7 浮点类型常量的表示形式

浮点类型常量	合法表示	说 明
小数形式	+1.2 -0.3 +0. -0.45 -.6 0.00789	小数形式由数字、+、-号和小数点组成,注意必须有小数点
指数形式	123.4e5 (代表 123.4×10^{5}) -123.45e-6 (代表 -123.45×10^{6}) 1E-23 (代表 1.0×10^{-23}) .123e4 (代表 0.123×10^{4}) 0e0 (代表 0.0×10^{0}) .0E0 (代表 0.0×10^{0})	E或e代表10为底的指数,E或e之前必须有数字,E或e之后必须是整数

浮点类型常量包括float、double和long double三种类型,但无有符号和无符号之分,如表2-8所示。

表2-8 浮点类型常量的表示

浮点类型常量表示	实 例	说 明
float	12.3F ,1.23E-4f	常量值后加F或f表示单精度类
double	0.12, -1.23,.45	不加任何标记默认为双精度类型
long double	1.2L, -3.0l	常量值后加L或l表示长双精度类型

3. 字符类型常量

字符型常量是由单撇号括起来的单个字符或转义字符(不包括单撇号本身)。

(1) 普通字符

普通字符用单撇号括起来,如 'a', 'X', '0', '!', '$' 等可显示字符。注意:单撇号是界限符,字符常量只能是一个字符,如 'ab', 'c9' 这样的表示是错误的。C 语言是大小写区分的语言,所以 'a' 和 'A' 是两个不同的字符常量。

(2) 转义字符

C 语言中还允许用一种特殊的字符常量来表示特定的含义:以字符"\"开头的序列,称为转义字符。例如之前在 printf()函数中的 '\n' 表示一个换行符。这种形式的字符无法在屏幕上显示,又称为控制字符。常用的转义字符如表 2-9 所示。

表 2-9　常用的转义字符

转义字符	输出语句	输出结果及意义
\'	printf("\'");	'(单引号)
\"	printf("\"");	"(双引号)
\?	printf("\?");	?(问号)
\	printf("\");	\(一个反斜杠)
\a	printf("\a");	产生声音信号(响铃)
\b	printf("\b");	将当前位置后退一个字符(退格)
\f	printf("\f");	将当前位置移到下一页的开头(换页)
\n	printf("\n");	将当前位置移到下一行的开头(换行)
\r	printf("\r");	将当前位置移到本行的开头(回车)
\t	printf("\t");	将当前位置移到下一个 tab 位置(水平制表符)
\v	printf("\v");	将当前位置移到下一个垂直制表对齐点(垂直制表符)
\ooo	printf("\101");	A (ooo 为一个 1~3 位的八进制数,输出其 ASCII 编码八进制值为 101 的字符)
\xhhhh	printf("\x41");	A (hhhh 为一个 1~4 位的十六进制数,以 X 或 x 开头,输出其 ASCII 编码十六进制值为 41 的字符)
\0	printf("\0")	空(\0 为 ASCII 编码为 0 的字符)

字符常量不是任意写一个字符,程序都能识别的。例如圆周率 π 在程序中就是不能识别的,我们只能使用系统的字符集(一般采用 ASCII 字符集)中的字符。ASCII 字符集的基本集包括了 127 个字符。其中包括:

- 字母:大写英文字母 A~Z,小写英文字母 a~z。
- 数字:0~9。
- 专门字符:29 个。
- 空格符:空格、水平制表符(tab)、垂直制表符、换行、换页(form feed)。
- 不能显示的字符:空(null)字符(以 '\0' 表示)、警告(以 '\a' 表示)、退格(以 '\b' 表示)、回车(以 '\r' 表示)等。

详见附录B(ASCII字符表)。

字符常量存储在计算机存储单元中时,是以整数形式(字符的ASCII代码)存放在内存单元中的。例如:

大写字母 'A' 的ASCII代码是十进制数65,二进制形式为1000001

小写字母 'a' 的ASCII代码是十进制数97,二进制形式为1100001

数字字符 '1' 的ASCII代码是十进制数49,二进制形式为0110001

空格字符 ' ' 的ASCII代码是十进制数32,二进制形式为0100000

专用字符 '%' 的ASCII代码是十进制数37,二进制形式为0100101

转义字符 '\ n' 的ASCII代码是十进制数10,二进制形式为0001010

可以看到,以上字符的ASCII代码最多用7个二进制位就可以表示。所有127个字符都可以用7个二进位表示(ASCII代码为127时,二进制形式为1111111,7位全1)。所以在C语言中,指定用1个字节(8个二进制位)存储一个字符,字节的最高位置0。

例如字符 'a' 的ASCII码是十进制97,二进制1100001,它在内存单元中的存储情况如图2-2所示。

0 1 1 0 0 0 0 1

图2-2 字符 'a' 在内存中的存储

特别注意:字符 '1' 和整数1是不同的概念,字符 '1' 只是代表一个形状为 '1' 的符号,在内存中以ASCII代码形式存储,占1个字节,如图2-3(a)所示,而整数1是以整数存储方式(二进制补码方式)存储的,占2个或4个字节,如图2-3(b)所示。

0 0 1 1 0 0 0 1

图2-3(a) 字符 '1' 在内存中的存储

1 0 0 0 0 0 0 0 0 0 00 00 00

图2-3(b) 整数1在内存中的存储

4. 字符串常量

字符串常量是由双撇号括起来的全部字符(不包括双撇号本身)。如“hello”、“123”等都是字符串常量。注意不能错写成 'hello'、'123'。单撇号内只能包含一个字符,双撇号内可以包含任意多个字符,注意 'a' 是字符常量,而“a”是字符串常量。

2.2.4 不同类型的变量

例2.1程序中的MaScore、EnScore、CScore、sum、aver都是变量。变量代表一个有名字的、具有特定属性的一个存储单元。它用来存放数据,也就是存放变量的值,其值在程序执行过程中是可以改变的。

在C语言中,变量在使用之前必须先声明后使用。在定义时,指定该变量的名字和类型。一个变量应该有一个名字,以便被引用。变量声明的一般形式为:

数据类型 变量名;

其中,数据类型是表2-1中的任意一种数据类型关键字;变量名是由用户自己创建的标识符,命名必须严格遵守标识符的命名规则。

1. 整数类型变量

【例2.3】下面程序声明了一个整型变量a,然后为其赋值为整型常量4。

```
#include <stdio.h>
int main(void)
{
    int a;                /* 声明 int 类型变量 a */
    a = 4;                /* 为 a 变量赋值 */
    printf("%d\n",a);     /* 将 a 的值在%d 处替换显示 */
    return 0;
}
```

程序第4行语句声明了一个int类型变量a,编译系统会为a分配4个字节的连续空间(假设该连续内存单元的地址是从1000到1003),如图2-4所示。程序第5行给变量a赋值整型常量4,即从地址1000至1003的内存单元都用来存放变量a的值4。

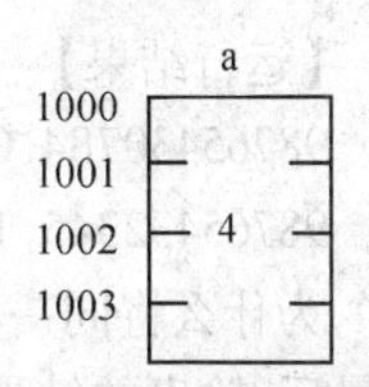

图2-4　为整型变量a分配存储空间

2. 浮点类型变量

【例2.4a】下面程序声明了一个float类型的变量a和一个double类型的变量b,然后都赋值为浮点型常量5.6。

```
#include <stdio.h>
int main(void)
{
    float a;                          /* 声明 float 类型变量 a */
    double b;                         /* 声明 double 类型变量 b */
    a = 5.6;                          /* 为 a 变量赋值 */
    b = 5.6;                          /* 为 b 变量赋值 */
    printf("%f\n%f\n",a,b);           /* 将 a 和 b 的值依次在% f 处替换显示 */
    return 0;
}
```

【运行结果】

```
5.600000
5.600000
```

我们注意到,程序编译时,会出现如下警告信息:

warning C4305 : '=' : truncation from 'const double ' to 'float '

这是因为VC编译系统把所有的实数都作为双精度数处理,即系统将浮点型常量5.6是当做双精度浮点类型即double类型的数据的,而变量a是单精度浮点类型即float类型变量。因此提醒用户:将double型常量赋值给float型变量可能会造成精度损失。对于本例来说,5.6赋值给float型变量a,并没有造成精度损失。这个警告不会影响程序运行的结果。

【例2.4b】下面程序将float类型的变量a和double类型的变量b都赋值为浮点型常量98765432345.1。

```
#include <stdio.h>
int main(void)
{
    float a;                          /* 声明 float 类型变量 a */
    double b;                         /* 声明 double 类型变量 b */
    a = 98765432345.1;                /* 为 a 变量赋值 */
    b = 98765432345.1;                /* 为 b 变量赋值 */
    printf("%f\n%f\n",a,b);           /* 将 a 和 b 的值依次在 % f 处替换显示 */
    return 0;
}
```

【运行结果】

98765430784.000000

98765432345.100006

为什么将同一个实型常量赋值给单精度实型(float 型)变量和双精度实型(double 型)变量后,输出的结果会有所不同呢?这是因为 float 型变量和 double 型变量所接受的实型常量的有效数字位数是不同的。一般而言,double 型数据可以接受实型常量的 15~16 位有效数字,而 float 型变量仅能接受实型常量的 6~7 位有效数字,在有效数字后面输出的数字都是不准确的。

3. 字符类型变量

【例 2.5】下面程序声明了一个字符型变量 c,然后为其赋值为字符常量 'a'。

```
#include <stdio.h>
int main(void)
{
    char c;                           /* 声明 char 类型变量 c */
    c = 'a';                          /* 为 c 变量赋值 */
    printf("%c\n",c);                 /* 将 c 的值在 % c 处替换显示 */
    return 0;
}
```

【运行结果】

a

程序第 4 行语句声明了一个 char 类型变量 c,编译系统会为 c 分配 1 个字节的存储空间,如图 2-5 所示,程序第 5 行给变量 c 赋值 'a',即将字符 'a' 的 ASCII 码值 97 存储在变量 c 的存储单元内。这是因为字符类型变量在系统中实际是按整型变量来处理的,它相当于一个字节的整型变量,一般用来存放字符。因此,可以把 0~127 之间的整数直接赋给一个字符变量,即可以将程序第 5 行"c = 'a';"改为"c = 97";这时,系统直接将 97 这个整型值赋给字符变量 c。

c	97

图 2-5　为变量 c 分配空间

在输出字符变量的值时,可以选择以整数形式输出还是以字符形式输出,如:

```
printf("%c \n", c);              /* 用%c 格式输出变量 c 的字符形式 */
printf("%d \n", c);              /* 用%d 格式输出变量 c 的整数形式 */
```

输出结果为:

```
a
97
```

也可以在一行同时输出变量 c 的不同形式,如:

```
printf("%c ,%d \n",c,c);         /* 在一行输出变量 c 的不同形式 */
```

输出结果为:

```
a,97
```

我们也可用转义字符为字符变量赋值,如:

```
char c1 = '\101';        c1 [ 65 ]
char c2 = '\t';          c2 [ 9 ]
char c3 = '\x42';        c3 [ 66 ]
```

图 2-6 为转义字符变量分配空间

系统为字符变量 c1 分配 1 个字节存储空间(如图 2-6 所示),并存储转义字符 '\ 101' 对应的 ASCII 码,由于转义字符 '\ 101' 中的 101 是八进制,为了表示方便,我们把它转成十进制值 65 进行存储;为字符变量 c2 赋值 '\ t' 字符,存储其对应的十进制 ASCII 码 9,表示将当前位置移到下一个 Tab 位置;为变量 c3 赋的值是 '\ x42',其中 42 是十六进制值,将它转成十进制值 66 进行存储. 输出这三个变量的值:

```
printf("%c  %c  %c \n", c1, c2, c3);
```

输出结果为:

```
A        B
```

输出的 A 与 B 之间跳过一个 Tab 键的距离。

对于有符号的字符类型,最高位是符号位,后 7 位为数值位。对于无符号的字符类型,8 位都为数值位。因此,当用整数对不同符号字符类型变量赋值时,值不应超出该类型的表示范围。

```
signed char a =76;          /* 定义有符号字符变量 a */
char b = -76;               /* 定义有符号字符变量 b,signed 可缺省 */
char c =252;                /* 超出有符号字符范围 */
unsigned char d =252;       /* 定义无符号字符变量 d,unsigned 不可缺省 */
```

4. 声明变量时的注意点

① 当变量类型相同时,我们可以在一行同时声明多个变量:

```
double a,b;                 /* 变量之间用逗号分隔 */
```

② 不同类型的变量分别定义:

```
int a; double b;            /* 正确,不同类型变量声明之间用分号隔开 */
```

③ 不同类型的变量不能同时声明，以下声明是错误的：

```
int a, double b;              /* 错误 */
```

④ 同一个变量只能定义一次，以下声明是错误的：

```
int  a;
double a,b;                   /* 错误,a 重复定义 */
```

5. 变量的初始化

声明一个变量后，第一次为该变量指定的值称为变量的初始化值，如果没给变量初始化，那么它的值是不确定的。变量初始化的方式一般有三种：

① 先声明变量，再使用赋值语句给变量赋初值。

例如：

```
int a, b;
a =3;
b =2;
```

② 在声明变量的同时指定初值。

例如：

```
int a =3, b =2;
int c =4;
```

③ 用从外部读入数据存入指定的变量中。

例如：

```
int a;
scanf("%d", &a);   /* 用 scanf()函数从键盘读入整型值并赋给变量 a */
```

2.2.5 符号常量和常变量

【例 2.6a】编程从键盘输入圆的半径，计算并输出求圆的周长和面积。

【程序代码】

```
#include <stdio.h>
int main(void)
{
    double r,circum,area;              /* 声明变量 */
    printf("Input r:");                /* 提示用户输入半径的值 */
    scanf("% lf",&r);                  /* 以双精度实型从键盘输入半径的值 */
    circum =2 * 3.14 * r;              /* 计算圆的周长 */
    area =3.14 * r * r;                /* 计算圆的面积 */
    printf("circumference = % f\n",circum);  /* 输出圆的周长 */
    printf("area = % f\n",area);  /* 输出圆的面积 */
    return 0;
}
```

【运行结果】

Input r:3.5

circumference = 21.980000

area = 38.465000

在程序中,我们将计算圆的周长和面积的公式中的π取其近似值3.14,因为π并不是符合C语言规则的符号,不能直接使用,我们只能用一个常量近似表示。如果程序中需要多次使用这个固定的常量,会带来一些麻烦:

(1) 使程序的可读性变差,程序员在一段时间后可能不记得这些常量所表示的意义;

(2) 使程序维护变得复杂,一旦精度发生改变,程序中每一处使用的这个常量都需要修改,不仅工作量大,而且容易发生遗漏。

为了避免上述问题,我们可以将这个要多次使用的常量定义为符号常量或常变量。

1. 符号常量

C语言提供了符号常量(也称宏常量),使程序员能够将多次要用到的常量与一个符号名称等价,一次性的定义这个值,在程序中用这个符号名来代替该常量的使用。这个定义是由宏定义编译预处理器命令"#define"来定义的。宏定义的一般形式为:

#define 标识符 字符串

其作用是用"#define"编译预处理指令定义一个标识符和一个字符串,凡在源程序中发现该标识符时,都用其后指定的字符串来替换。

【例2.6b】使用符号常量定义π,编程从键盘输入圆的半径,计算并输出求圆的周长和面积。

【程序代码】

```
#include <stdio.h>
#define  PI  3.14            /* 定义符号常量PI,使数值3.14与PI等价 */
int main(void)
{
    double r,circum,area;  /* 声明变量 */
    printf("Input r:");    /* 提示用户输入半径的值 */
    scanf("%lf",&r);       /* 以双精度实型从键盘输入半径的值 */
    circum=2*PI*r;         /* 计算圆的周长 */
    area=PI*r*r;           /* 计算圆的面积 */
    printf("circumference=%f\n",circum);  /* 输出圆的周长 */
    printf("area=%f\n",area);   /* 输出圆的面积 */
    return 0;
}
```

在程序中定义符号常量的语句"#define PI 3.14"放在主函数开始之前,PI为用户定义的符号名称,3.14是与之等价的常量,它们之间用空格间隔。一旦符号常量被定义,程序编译时,预处理器将用它的等价值替代程序中每一个出现的该符号常量。

注意,定义符号常量的语句不使用分号结束,并且符号常量的值不能在其后被程序改变。如在程序中出现下面语句,会引起编译错误:

```
PI =3.1415926;                  /* 错误,符号常量一旦定义,其值不能改变 */
```

如果想改变 π 的精度,只需要改动一处,即能做到“一改全改”。例如将:

```
#define  PI  3.14
```

改为:

```
#define  PI  3.1415926
```

即可使程序中所有 π 取近似值 3.1415926。

为了与源程序中的变量名有所区别,习惯上用字母全部大写的单词来命名符号常量。将程序中出现的标识符替换成字符串的过程称为宏替换。宏替换时是不做任何语法检查的,因此,只有在对已被宏展开后的源程序进行编译时才会发现语法错误。

2. 常变量

我们已经发现,使用符号常量最大的问题是,符号常量没有数据类型,编译器不对其进行类型检查,只进行简单的字符串替换,这极易产生意想不到的错误。

如果要声明具有某种数据类型的常量,就要用到常变量(也称 const 常量),如:

```
const int a =3;
```

表示 a 被声明为一个整型变量,指定其值为 3,而且在变量存在期间其值不能改变。

在声明语句中,只要将 const 类型修饰符放在类型名之前,即可将类型名后的标识符声明为具有该类型的常变量。由于编译器将其放在只读存储区,不允许在程序中改变其值,因此,常变量只能在定义时赋初值。

【例 2.6c】使用常变量定义 π,编程从键盘输入圆的半径,计算并输出求圆的周长和面积。

【程序代码】

```
#include <stdio.h>
int main(void)
{
    const double PI =3.14;
                              /* 定义双精度实型的 const 常量 PI,并赋初值为 3.14 */
    double r,circum,area;           /* 声明变量 */
    printf("Input r:");             /* 提示用户输入半径的值 */
    scanf("% lf",&r);               /* 以双精度实型从键盘输入半径的值 */
    circum =2 * PI * r;             /* 计算圆的周长 */
    area =PI * r * r;               /* 计算圆的面积 */
    printf("circumference =% f\n",circum);  /* 输出圆的周长 */
    printf("area =% f\n",area);     /* 输出圆的面积 */
}
```

由于常变量有数据类型,编译器能对常变量进行类型检查,因此如果第 4 行语句中的 double 误写为 int,那么程序编译时会出现警告,提示有可能丢失数据信息。

常变量与常量的异同是,常变量具有变量的基本属性,有类型,占内存单元,只是不允许改变。可以说,常变量是有名字的不变量,而常量是没有名字的不变量,有名字就便于在程序中被引用。

2.3　基本运算

2.3.1　算术运算符和表达式

程序中常需要对数据进行运算。在运算中,参与运算的数据称为操作数,用于算术运算的运算符,称为算术运算符,由算术运算符及其操作数组成的表达式称为算术表达式。

1. 基本的算术运算符

最常用的算术运算符如表 2-10 所示。

表 2-10　基本的算术运算符

运算符	含义	举例	结果	优先级	结合性
+	正号	+a	a 的值	最高	从右向左
-	负号	-a	a 的负值		
*	乘法	a*b	a 与 b 的积	较低	从左向右
/	除法	a/ b	a 除以 b 的商		
%	求余	a% b	a 除以 b 的余数		
+	加法	a+b	a 与 b 的和	最低	从左向右
-	减法	a-b	a 与 b 的差		

其中,+(正号)和-(负号)为一元运算符,又称单目运算符,只需要一个操作数即可参与运算。其余五个运算符为二元运算符,又称双目运算符,需要两个操作数参与运算。

除+(正号)和-(负号)运算符的结合性为右结合外,其余的算术运算均为左结合(即同一优先级的运算符进行混合运算时,按从左向右顺序进行计算)。例如,在下面的语句中:

a = -5*3+1-4

第一个"-"是一元的负号运算符,而第二个"-"是二元的减法运算符。由于前者的优先级高于后者,所以,上面的语句等价于:

a=(-5)*3+1-4

而不等价于:

a=-(5*3+1-4)

/(除法运算符)根据操作数的类型进行相应的运算:当参与运算的两个操作数都为整型数据时,做整除运算,运算结果为两者整除的商;当有一个操作数为浮点型数据,做实数除法,运算结果为双精度型数据,如:

运算	结果
5/ 2	2
5.0/ 2	2.5
9.3/ 3.1	3.0

%(求余运算符)要求参与运算的操作数都为整型,其运算结果也为整型,如:

运算	结果
7%3	1
7.0%3	系统报错

【例2.7】计算并输出一个三位整数的个位、十位和百位数字之和。

【问题分析】要计算一个三位整数的个位、十位和百位数字值,首先必须从一个三位整数中分离出它的个位、十位和百位数字,我们可以巧妙利用整数除法和求余运算符解决这个问题。例如:

整数357的个位数字是7,它刚好是357对10求余的余数,即357%10=7

整数357的百位数字是3,它刚好是357整除100的结果,即357/100=3

而中间的十位数字5可以通过两种方法得到:

(357-3*100)/10=57/10=5　或　(357/10)%10=35%10=5

【程序代码】

```
#include<stdio.h>
int main(void)
{
    int n,a,b,c,sum;
    n=357;
    a=n/100;                    /*计算百位数字*/
    b=(n-a*100)/10;             /*计算十位数字*/
    c=n%10;                     /*计算个位数字*/
    sum=a+b+c;
    printf("n=%d,sum=%d\n",n,sum);
    return 0;
}
```

【运行结果】

n=357,sum=15

2. 自增、自减运算符

自增、自减运算由自增(++)、自减(--)运算符对变量进行运算,将变量的值加1或减1,如:

```
int i=3;
++i;                        /*将i的值加1,此时i为4*/
```

自增、自减运算符都是一元运算符,只需要一个操作数,且操作数须有“左值性质”,必须是变量,不能是常量或表达式。如:

```
++3;                        /*错,自增自减运算符只能对变量进行运算*/
```

自增、自减运算符有前置和后置的区别:

- ++i,--i:在使用i之前,i的值加(减)1
- i++,i--:在使用i之后,i的值加(减)1

例如:

```
int  i=3,j;
j=++i;            /*先将 i 的值加 1,i 为 4,再将 i 的值赋给 j,j 为 4 */
printf("%d,%d\n",i,j);
```

输出的是 4,4

又例如：

```
int  i=3,j;
j=i++;            /*先将 i 的值 3 赋给 j,j 为 3,再将 i 的值加 1,i 为 4 */
printf("%d,%d\n",i,j);
```

输出的是 4,3

自减运算符(--)与自增运算符相似,不同的是在运算时将变量的值减 1。

下面再看一个复杂的例子,如果 n 值为 3,那么执行语句:"m=-n++;"后,m 和 n 的值又各为多少呢?

在上面赋值的右侧表达式中,出现了 ++ 和 - 两个运算符,它们都是一元运算符,而且优先级相同,此时要根据它们的结合性来确定运算的顺序,它们都是右结合的,需要自右向左计算,因此该语句等价于:

m=-(n++);

而不等价于:

m=(-n)++;

这是一个不合法的操作,因为不能对表达式进行自增操作。

2.3.2　赋值运算

1. 赋值运算符和表达式

在前面的程序中,我们多次用到赋值语句给变量赋值,赋值运算是 C 程序中一种常用的运算,用赋值运算符完成。如例 2.1 中就用到:

```
sum=MaScore+EnScore+CScore;          //计算总分
aver=sum/3.0;                        //计算平均分
```

这 2 条都是赋值语句,其中"="称为赋值运算符,两边的数称为操作数,功能是将其右侧的数据赋给左侧的变量。由赋值运算符"="和操作数组成的合法表达式称为赋值表达式。例如:

a=3

是一个赋值表达式,而一个赋值表达式加一个分号称为赋值语句,那么:

a=3;

就称为一条赋值语句。

赋值运算符"="的左边必须是一个变量。判断以下的表达式是否正确:

① x=x+3

② a+b=8

③ 3=x-4

④ y=c+5

分析:

① 正确,赋值符号是从右向左计算,先计算 x+3 的值,再将 x+3 的值赋给 x;

② 错误,赋值运算符的优先级低于算术运算符, a+b 优先计算,但 a+b 不是一个变量,“=”左边必须是一个变量,不能是表达式;

③ 错误,“=”左边不能是常量;

④ 正确,先计算 c+5 的值,再将 c+5 的值赋给变量 y。

2. 赋值表达式的值与类型

与算术表达式一样,赋值表达式也有值和类型。如:x=10,表达式将 10 赋给了左侧变量 x,表达式的值就是“=”左侧变量 x 的值 10,其类型与变量 x 的类型一致。因此,赋值表达式可以作为一个整体参与运算,如:

a=b=5+(c=d=10)

具体计算过程如下:

① 先计算 d=10,即将 10 赋给变量 d,赋值表达式 d=10 的值为 d 的值 10;

② 再将赋值表达式 d=10 的值 10 赋给变量 c,则 c 的值为 10,赋值表达式 c=10 的值也就为 c 的值 10;

③ 再将 5 与赋值表达式 c=10 的值 10 相加,得 15,再赋值给 b,则 b 的值为 15,赋值表达式 b=15 的值也就为 b 的值 15;

④ 再将赋值表达式 b=15 的值 15 赋给变量 a,则 a 的值为 15,赋值表达式 a=15 的值也就为 a 的值 15;

⑤ 最终得到,变量 a 和 b 的值都为 15,c 和 d 的值都为 10,整个赋值表达式的值为 15。

3. 复合赋值运算

复合赋值运算符是在赋值运算符“=”前面加上另一个运算符构成的,如:“a+=b”中的“+=”就是复合赋值运算符,等同于 a=a+b。常用的算术复合运算符如表 2-11 所示。复合赋值运算符书写形式更简洁,执行效率也更高。

表 2-11 常用的算术复合运算符

运算符	实例	等价式
+=	a+=b	a=a+b
-=	a-=b	a=a-b
*=	a*=b	a=a*b
/=	a/=b	a=a/b
%=	a%=b	a=a%b

与“=”一样,复合赋值运算符的优先级很低,结合方向为从右向左。假如定义变量:

int a=4, b=5, c=6;

执行下列语句后,变量 a 的值为多少?

a*=b-=c+3;

具体计算过程如下:

① 先执行 c+3 运算,结果为 9;

② 执行 b-=9 运算,即 b=b - 9,将 b-9 的结果赋给 b,b 为 -4;

③ 执行 a * = -4 运算,即 a=a * -4, a=4 * -4 ,a 为 -16。

2.3.3　自动类型转换与强制类型转换

1. 表达式中的自动类型转换

程序中经常会遇到不同类型的数据进行运算,当一个运算符(+ - */)两侧的操作数类型不相同时,编译系统先自动进行类型转换,将两者的转换成一致的类型,再计算。

例如在计算表达式 6 * 3.5 时,编译系统先将整型常量 6 转换成和 double 型常量 3.5 一样的类型,再进行计算,得到的结果也是 double 型。

自动类型转换的规则如图 2-7 所示,混合运算的规律为:

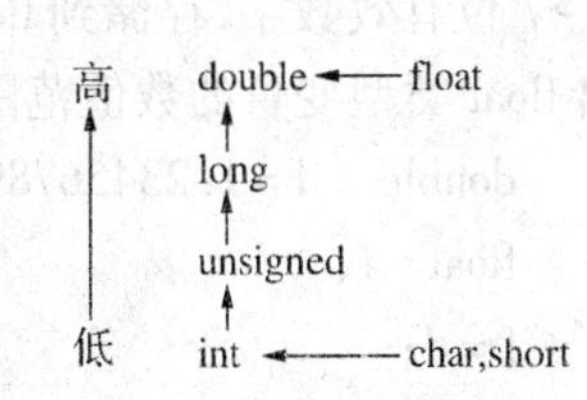

图 2-7　自动类型转换规则

(1) 字符型(char)或 short 型数据与整型(int)数据参与运算,先将 char 型或 short 型转换成 int 型再进行运算。char 型参与运算时,以字符的 ASCII 码值和整型数据进行运算,结果为整型。如: 'a' + 5 ,将字符 'a' 的 ASCII 码 97 和 5 相加,结果为 102,int 型。

(2) 所有的浮点运算以 double 类型进行,即使仅含 float 型运算的表达式,也要先转换成 double 型,再作运算。

(3) 若整型(int)或单精度型(float)与双精度类型(double)进行运算,先将整型(int)或单精度型(float)转换成 double 类型,再进行运算,结果为 double 类型。

假设已定义变量 int i=3; float f=4.5; double d=6.9; 分析以下表达式的结果类型:

'a' + 10 + i * f - d/3

编译时,运算次序为:

① 从左至右扫描,进行 'a' + 10 的运算,将字符 'a' 自动转换成其整型 ASCII 码值 97 进行运算,结果为 107,int 类型;

② 因“ * ”优先级高于“ + ”,先进行 i * f 的运算,将 i 和 f 的类型自动转换成 double 类型再运算,结果为 13.5, double 类型;

③ 整型 107 与 i * f 的积(double 类型 13.5)相加,先将整型 107 转换成 double 类型,再与 i * f 的积相加,结果为 120.5,double 型;

④ “/ ”优先级高于“ - ”运算,先进行 d/ 3 的运算,结果为 2.3,double 类型;

⑤ 最后执行“ - ”运算,将 120.5 与 2.3 相减,结果为 118.2,double 类型。

2. 赋值运算中的自动类型转换

赋值运算时,如果赋值运算符两侧的数据类型一致,则直接赋值,如:

```
int   i;                /* 定义整型变量 i */
i=234;                  /* 为变量 i 赋整型值 234 */
```

如果赋值运算符左侧变量的类型与右侧表达式值的类型不一致,则系统进行自动类型转换,将右侧表达式的值转换成左侧变量的类型,再进行运算。转换规则如下:

(1) 将浮点型(float、double)数据赋给整型变量,先将浮点型数据转换成整型,去掉其小数部分,再赋予整型变量。如:

```
int   x;      /* 定义整型变量 x */
```

x =4.6;　　/* 为整型变量赋值4.6(double 型),将4.6 转换成4,赋给 x,x 的值为4 */

(2) 将整型数据赋值给浮点型(float、double)变量,保持整型数据数值不变,转换成浮点型(float、double)数据,再赋值给 float 型变量。如:

float　f;　　/* 定义 float 型变量 f */

f =100;　　/* 将 100 转换成 float 型 100.0 赋值给 f */

(3) 将 float 类型数据赋值给 double 类型变量,保持 float 类型数据数值不变,将其转换成 double 类型,即扩展至 8 个字节存储空间,有效位数扩展到 15 位,再赋值给 double 类型变量。

(4) 将 double 类型数据赋值给 float 类型变量,将 double 类型转换为 float 类型,即只取 6 ~7 位有效数字,存储到 float 类型变量的 4 个字节中。应注意 double 类型数值大小不能超出 float 类型变量的数值范围,如:

double　d =1.234567891234e100;　　/* 定义 double 类型变量 d,并赋值 */

float　f;　　/* 定义 float 类型变量 f */

f =d;　　/* 将 d 的值赋给变量 f,错误 */

由于 double 型变量 d 的值超过了 float 类型变量 f 可表示的数值范围,f 无法容纳这个数值,出现错误。

(5) 将字符型数据(char)赋给整型变量,将字符的 ASCII 码赋给整型变量,如:

int　i;　　/* 定义整型变量 i */

i ='a';　　/* 将 'a' 的 ASCII 码 97 赋给 i,i 值为 97 */

(6) 将较短的整型数据(包括字符型)赋给较长的整型变量,如将 short int 型数值赋给 long int 型,扩展较短整型数的表示位数再赋值,即扩展较短整型数据的高位,若是无符号数,则扩展的高位补 0,若为有符号数,则扩展的高位补较短整型数据的符号位。

(7) 将较长整型数据赋值给较短整型变量或字符变量,如将 int 型数据赋值给 char 型变量,发生截断操作,只保留其低字节,舍弃高位部分。

3. 强制类型转换

在进行表达式运算和赋值时,如果操作数的类型不一致,系统会进行自动类型转换。除了这种方式外,C 语言还提供了由用户指定的强制类型转换,用来将一种类型转换为指定类型,形式如下:

(数据类型)表达式

如: int　i =1, j =5;　　/* 定义整型变量 i 和 j,分别赋值 1 和 3 */

double　f =4.5;　　/* 定义双精度型变量 f,赋值 4.5 */

f =(double)i/ j;　　/* 将 i 强制转换成 double 型,使 i/ j 做实数除法,f 值为 0.2 */

i =(int)4.3% (int)f +3;

/* 将 4.3、f 强制转换成整型,使% 两侧操作数都为整型,i 值为 1 */

2.3.4　C 语言的其他运算

除了前面介绍的算术运算、自增自减运算和赋值运算,C 语言还提供关系运算、逻辑运算、位运算、条件运算、逗号运算、指针运算、求字节数运算、成员运算、下标运算等十二种主要运算。各种运算使用的运算符如下：

(1) 算术运算符　+　-　*　/　%　+(正号) -(负号)

(2) 自增自减运算符　++　--

(3) 关系运算符　>　<　==　>=　<=　!=

(4) 逻辑运算符　!　&&　||

(5) 赋值运算符　=　+=　-=　*=　/=　%=　以及其他扩展复合赋值运算

(6) 位运算符　<<　>>　~　|　∧　&

(7) 条件运算符　? :

(8) 逗号运算符　,

(9) 指针运算符　*　&

(10) 求字节数运算符　sizeof( )

(11) 成员运算符　.　->

(12) 下标运算符　[ ]

各种运算符的优先级和结合方向见附录 D。在以后各章节中将结合有关内容陆续介绍这些运算符。

2.4　常用数学库函数

尽管 C 语言中提供了各种运算,但对于数学中常用的如求幂、求平方根、求绝对值、求对数和求正弦、余弦等三角函数运算,C 语言中并不存在这样的运算符。为了方便程序编写,降低程序复杂性,C 语言提供了标准数学库函数供程序使用,这些数学库函数都被定义在系统头文件 math. h 中。因此要使用这些函数,在文件开头要使用如下代码:

```
#include <math.h>
```

表 2－12 总结了一些最常用的数学库函数,完整的数学库函数见附录 E。

表 2－12 常用的数学库函数(要求包含 math. h 头文件)

函数	用途	实例	使用函数	说　明
abs(x)	求整型 x 的绝对值	$\lvert -4 \rvert$	abs(-4)	结果为 int 型 若 x 为浮点型,计算结果为 0
fabs(x)	求 x 的绝对值	$\lvert -3.5 \rvert$	fabs(-3.5)	x 可为整型或浮点型,计算结果为 double 型
exp(x)	求 e^x 的幂	$e^{-3.2}$	exp(-3.2)	x 可为整型或浮点型,计算结果为 double 型
log(x)	求 e 为底 x 的自然对数 lnx	ln18.697	log(18.697)	x 可为整型或浮点型,计算结果为 double 型
log10(x)	求 10 为底 x 的自然对数 $\log_{10}x$	$\log_{10}18.697$	log10(18.697)	x 可为整型或浮点型,计算结果为 double 型

续表

函数	用途	实例	使用函数	说 明
pow(x, y)	求 x^y	2^4	pow(2, 4)	x可为整型或浮点型,计算结果为double型
sqrt(x)	求x的平方根$\sqrt{x}$	$\sqrt{16}$	sqrt(16)	x可为整型或浮点型,计算结果为double型

数学库函数本身可以看成是一个“黑盒子”,我们不需要知道函数的功能是如何被实现和执行的,只需要知道库函数的名字、完成什么功能,如何使用,得到什么样的结果,就可以利用它来解决问题。

【例2.8】已知直角三角形的两直角边长a和b,计算斜边长度的公式为:

$c = \sqrt{a^2 + b^2}$。

【问题分析】将计算斜边的数学公式写成如下合法的C语言表达式:

c = sqrt(pow(a,2) + pow(b,2))

【解题步骤】

1. 输入两个直角边长a和b;

2. 利用公式计算斜边长度c;

c = sqrt(pow(a,2) + pow(b,2))

3. 输出三边长a,b,c。

【程序代码】

```
#include <stdio.h>
#include <math.h>/* 使用数学库函数,要包含 math.h 头文件 */
int main(void)
{
    double  a,b,c;
    a =3;
    b =4;
    c = sqrt(pow(a,2) + pow(b,2));
    printf("a = % f,b = % f,c = % f\n",a,b,c);
    return 0;
}
```

【运行结果】

```
a =3.000000,b =4.000000,c =5.000000
```

2.5 数据的输入输出

2.5.1 格式化输出函数 printf()

在前面的例题中,我们多次使用了printf函数来输出数据。下面再做比较系统的介绍。

1. 函数 printf( )的一般形式

printf(格式控制字符串,输出值参数列表)

例如:printf("a = %d, b = %f \n", a, b)

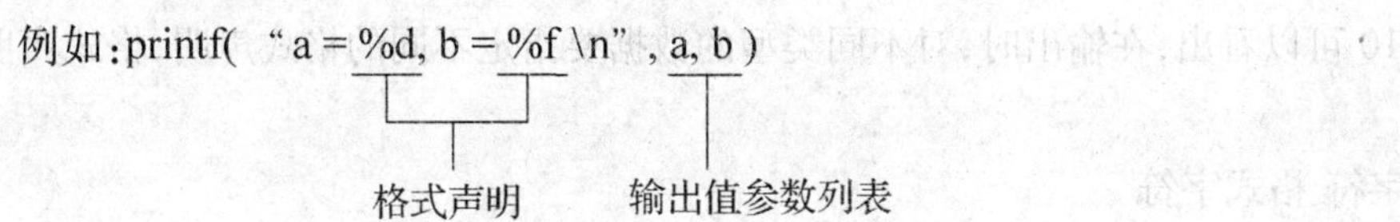

(1) 格式控制字符串是用双引号括起来的字符串,包括格式声明和普通字符。

格式声明将要输出的数据转换为指定的格式后输出,如%d,%f,%c;

普通字符是在输出时原样输出的字符,如上面 printf( )函数中的"a = "、逗号、换行字符都为普通字符。

(2) 输出值参数列表是需要输出的一个或多个数据项的列表,可以是常量、变量或表达式。输出值参数之间用逗号分隔,其数量、类型、顺序应与格式控制字符串的格式声明相匹配。

函数 printf( )可以只有格式控制字符串,没有输出值参数列表。

【例 2.9】在屏幕输出如下的欢迎信息。

Welcome!

【程序代码】

```
#include <stdio.h>
int main(void)
{
    printf("Welcome!\n");
    return 0;
}
```

【运行结果】

```
Welcome!
```

此时,格式控制字符串中的字符都为普通字符,原样输出。

【例 2.10】输出不同类型的数据。

【程序代码】

```
#include <stdio.h>
int main(void)
{
    int a =4;
    float b =5.2;
    char c ='M';
    printf("a =%d,b =%f,c =%c\n", a, b, c);
    return 0;
}
```

【运行结果】

a = 4, b = 5.200000, c = M

2. 格式声明

从例2.10可以看出，在输出时，对不同类型的数据要指定不同的格式声明，格式声明的形式为：

%附加字符 格式字符

格式声明由“%”开始，并以格式字符结束，如%d，%f，%c等。在“%”和格式字符之间还可加入附加字符，如%ld，%lf等。格式声明的作用是将要输出的数据转换为指定的格式后输出。输出时常用的格式字符有以下几种：

(1) d格式字符

用于输出一个带符号的十进制整数。使用时可以在格式声明中指定输出数据的域宽。

【例2.11】用%d格式符输出带符号的十进制整数。

【程序代码】

```
#include <stdio.h>
int main(void)
{
    int a =123, b = -456;
    char c ='M';
    printf("%d,%d,%d.\n", a, b,c);
    printf("% 5d,% 5d,% 5d.\n", a, b,c);
    printf("% -5d,% -5d,% -5d.\n", a, b,c);
    printf("% 5d,% 5d,% 5d.\n", 123, -456,'M');
    return 0;
}
```

【运行结果】

```
123,-456,77.
  123, -456,   77.
123  , -456 ,77   .
  123, -456,   77
```

可以看出：

%d格式不仅可以输出整型数据，也可以输出字符型数据的ASCII码值（字符'M'的ASCII码值为77）。

第一个printf()函数没指定域宽输出时，按a、b、c的实际长度输出。

第二个printf()函数指定域宽%5d输出时，输出的数据占5列，数据显示在这5列区域的右侧，不足的部分以空格占位。

第三个printf()函数指定域宽% -5d输出时，输出的数据占5列，数据显示在这5列区域的左侧，不足的部分以空格占位。

第四个printf()函数可以指定域宽输出常量。

(2) c 格式字符

用于输出一个字符。输出时,也可指定域宽。

【例2.12】用%c 格式符输出字符。

【程序代码】

```
#include < stdio.h >
int main(void)
{
    char c = 'M';
    int  a =77;
    int  b =333;
    printf("% c,% c,% c.\n", c,a,b);
    printf("% 5c,% 5c,% 5c.\n", c,a,b);
    return 0;
}
```

【运行结果】

```
M,M,M.
    M,    M,    M.
```

可以看出:

无论字符型数据还是整型数据,都可以使用%c 输出它的字符形式。

若是在0~127范围中的整数,在输出前,系统会将该整数作为ASCII码转换成相应的字符。如变量a的值是77,而ASCII码值为77的字符是'M',故输出a的字符形式'M'。

若整数较大,则只取最后一个字节的数值转换为字符形式输出。如变量b的值为333,将它转换为二进制形式,取低八位01001101(如图2-8所示),即十进制值77,为'M'的ASCII码,故输出b的字符形式为'M'。

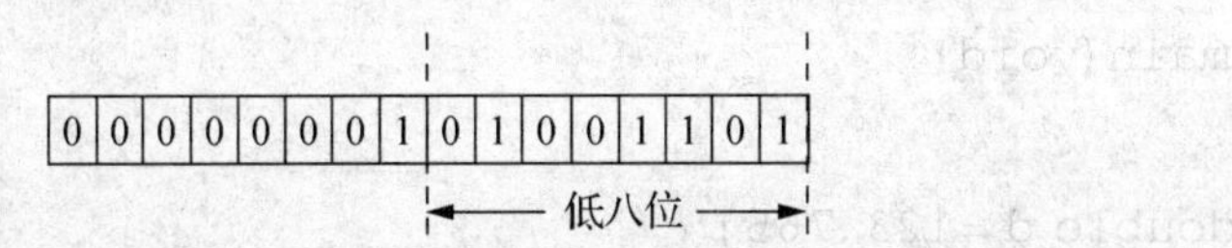

图2-8　对b只取低八位

(3) f 格式字符

用于输出包括单、双精度的浮点数,以小数形式输出,可以指定数据宽度和小数位数。

【例2.13】用%f 格式符以小数形式输出浮点数。

【程序代码】

```
#include < stdio.h >
int main(void)
{
    float a =5432.16;
    float b =2.123456789;
```

```
    double d =2.123456789;
    printf("% f,% f,% f.\n",a,b,d);
    printf("% 6.4f,% 20.15f,% 20.15f.\n",a,b,d);
    printf("% -6.4f,% -20.15f,% -20.15f.\n",a,b,d);
    return 0;
}
```

【运行结果】

```
5432.160156,2.123457, 2.123457.
5432.1602, 2.123456716537476, 2.123456789000000
5432.1602, 2.123456716537476 ,2.123456789000000
```

可以看出 f 格式有三种用法：

①% f,整数部分全部输出,小数部分输出 6 位(四舍五入)。注意:float 型数据只能保证 6 - 7 位有效数字,double 型数据能保证 15 - 16 位有效数字。不要以为计算机输出的所有数字都是绝对精确有效的。

②% m. nf,m 为数据总共所占的列数,小数点占一列,n 为小数位数。数据右对齐,左端不足的部分补空格。

③% - m. nf,数据左对齐,右端不足的部分补空格。

(4) e 格式字符

使用% e 可以以指数形式输出浮点数。若不指定输出数据的宽度和精度,一般系统默认小数位数为 6 位,指数部分 5 位,也可以使用% m. ne 指定输出数据的宽度 m 和小数精度 n。

【例 2.14】用% e 格式符以指数形式输出浮点数。

【程序代码】

```
#include <stdio.h>
int main(void)
{
    double d =123.765;
    printf("%e\n", d);
    printf("%15.2e\n", d);
    return 0;
}
```

【运行结果】

```
1.237650e +002
1.24e +002
```

格式字符 e 也可用大写形式 E 表示,则显示时也为大写形式。

除了常用的格式字符外,C 语言还提供其他格式字符及相应的附加字符,如表 2 - 13 和表 2 - 14 所示。实际使用时,可根据需要选择合适的字符进行处理。

表2-13　printf()函数常用的格式字符

格式字符	功　能
d, i	以带符号十进制形式输出整数,正数的符号省略
o	以无符号八进制形式输出整数,不输出前导符0
x	以无符号十六进制形式(小写)输出整数,不输出前导符0x
X	以无符号十六进制形式(大写)输出整数,不输出前导符0x
u	以无符号十进制形式输出整数
c	以字符形式输出,只输出一个字符
s	输出字符串
f	以十进制小数形式输出浮点数(包括单、双精度),隐含输出6位小数
e,E	以指数形式输出浮点数,如2.5e+03,1.2E-06
g, G	自动选取f或e格式中输出宽度较小的一种使用,且不输出无意义的0
%	输出百分号
p	输出十六进制形式地址量

表2-14　printf()函数常用的附加字符

格式修饰符	功　能
l	修饰格式字符d, o, x, u时,用于输出长整型数据
L	修饰格式字符f, e, g时,用于输出long double型数据
h	修饰格式字符d, o, x时,用于输出short型数据
域宽m	m为十进制整数,指定显示数据的最小宽度。若实际数据宽度 < m,根据对齐方式在前/后补足空格或0;若实际数据宽度 > m,按实际数据宽度全部输出
.n	n为大于等于0的整数。 对于浮点数,用于指定输出浮点数的小数位数 对于字符串,用于指定从字符串左侧开始向右截取的字符个数

2.5.2　格式化输入函数scanf()

在前面的例题中,我们已经知道如何利用scanf()函数输入数据,下面再做比较系统的介绍。

1. 函数scanf()的一般形式

scanf(格式控制字符串,地址列表)

函数scanf()从键盘中读取若干字符按照格式控制字符串中的转换说明转换为指定类型数据,保存到对应的地址中,地址可为变量或字符串的地址。地址列表中的地址与格式控制字符串中的转换说明在个数、顺序、类型上要一一对应。

【例 2.15】输入不同类型的数据。

【程序代码】

```
#include <stdio.h>
int main(void)
{
    int a;
    float f;
    char c;
    double d;
    scanf("%d% f% c% lf",&a,&f,&c,&d);
    printf("a = %d,f = %f,c = %c,d = %f.\n",a,f,c,d);
    return 0;
}
```

【运行结果】

```
1 2.3M44.56
a = 1,f = 2.300000,c = M,d = 4.560000.
```

可以看到：

执行第 8 行 scanf 语句时，要读入 4 个数据，输入的第一个数据 1 将转换成 int 型存储到变量 a 中（&a 为变量 a 的地址），第二个数据 2.3 将转换成 float 型存储到变量 f 中，第三个数据 M 将转换成 char 型存储到变量 c 中，第四个数据 4.56 将转换成 double 型存储到变量 d 中。

2. 格式控制字符串

与 printf( )函数一样，scanf( )函数的格式控制字符串中，格式声明如下：

% 附加字符 格式字符

格式字符和附加字符的用法与 printf( )函数相似，如表 2-15 和表 2-16 所示。

表 2-15 scanf( )函数的格式字符

格式字符	功 能
d, i	输入有符号的十进制整数
u	输入无符号的十进制整数
o	输入无符号的八进制整数
x, X	输入无符号的十六进制整数(大小写作用相同)
f	输入浮点数，可按小数形式和指数形式输入
e, E, g, G	与 f 的功能相同(e、g 大小写作用相同)
c	输入单个字符
s	输入字符串

表 2-16　scanf( )函数的附加字符

格式修饰符	功　能
l, L	输入长整型数据(%ld,%lu,%lo,%lx),输入 double 型数据(%lf,%e,%g) 输入 long double 型数据(%Lf,%Le,%Lg)
h	输入短整型数据(%hd,%ho,%hx)
域宽	指定输入数据所占宽度,域宽为正整数(如:%5d)
*	输入的字段不赋给相应的变量

3. 用 scanf( )函数输入数据应注意的问题

(1) scanf( )函数中的“格式控制”后面应当是变量地址,而不是变量名。

(2) 如果格式控制字符串中只有格式声明,输入的时候要注意:

输入数值时,要在两个数值之间插入空格(或其他分隔符),以使系统能区分两个数值。

输入字符时,不要再插入空格(或其他分隔符),因为空格(或其他分隔符)会当做输入的字符存储到字符变量中。例如:

scanf("%d%f%c%lf",&a,&f,&c,&d);

若输入:

1 2.3 M 4.56　(4 个数据之间都有一个空格)

就出错了,主要原因就是 M 之前有个空格,系统此时存储到变量 c 中的将是空格字符,而不是 'M' 字符。我们也可以修改该 scanf 语句,如在%c 之前加一个空格:

scanf("%d%f %c%lf",&a,&f,&c,&d);

此时输入:

1 2.3 M 4.56 (4 个数据之间都有一个空格)

就不会出错了。

(3) 格式控制字符串中除了格式字符和附加字符,还可以有一些普通字符。

如果该 scanf 语句改为:

scanf(“a=%d,f=%f,c=%c,d=%lf”, &a, &f, &c, &d);

执行时应输入:

a=1,f=2.3, c=M, d=4.56 ↙　(在对应的位置上输入同样的数据,正确)

若输入:

a=1　f=2.3　c=M　d=4.56 ↙　(用空格分隔数据,与要求不符,错误)

(4) 使用指定域宽输入数据。

如果该 scanf 语句改为:

scanf(“%2d%3f%3lf”, &a, &f, &d);

执行时输入:

123.45.6 ↙　(按指定域宽输入数据,正确)

因指定%2d,所以取两位域宽字段 12 赋值给 a,对于 float 和 double 类型数据,小数点占一位域宽,所以%3f 指定 3.4 三位域宽字段赋值给 f,%3lf 指定 5.6 三位域宽字段赋值给 d。

(5) 输入数值数据时,输入非数值字符,认为该数据结束。如:

scanf(“%d%d”, &a, &b);

执行时输入:

1　23o ↙

则 1 赋给变量 a,23 赋给变量 b,字符 'o' 认为数据结束。

若输入:

123o ↙

则 123 赋值给变量 a,由于 123 之后是一个非数值字符 'o',认为输入数据结束,故 b 没有得到赋值,保持原来的值不变。

(6) 输入字符型数据时,空格字符和转义字符中的字符都作为有效字符输入,如:

scanf("%c%c%c", &c1, &c2, &c3);

printf("c1 = %c \ nc2 = %c \ nc3 = %c \ n", c1,c2, c3);

执行时输入:

abc ↙　(字符间没有空格,正确)

输出为:

c1 = a

c2 = b

c3 = c

若输入:

a b c ↙　　(字符间插入空格,赋值错误)

则输出为:

c1 = a

c2 = □　(□表示空格)

c3 = b

2.5.3　字符数据的输入输出函数

1. 用 putchar( )函数输出一个字符

putchar( )函数的作用是向显示器输出单个字符常量或字符变量的值,它的一般形式为:putchar(字符常量或变量)

【例 2.16】用 putchar( )函数输出字符。

【程序代码】

```
#include <stdio.h>
int main(void)
{
    char c1 ='A', c2 ='B';          /*定义两个字符变量并赋值*/
    putchar(c1);                    /*输出字符变量 c1 的值*/
    putchar('\n');                  /*输出一个换行字符(转义字符)*/
    putchar(c2);                    /*输出字符变量 c2 的值*/
    putchar('\40');                 /*输出一个空格字符(八进制转义字符)*/
    putchar('C');                   /*输出一个字符常量 C*/
    putchar(68);                    /*输出 ASCII 码值为 68 的字符 D*/
```

```
    putchar('\n');            /* 输出一个换行字符(转义字符) */
    return 0;
}
```

【运行结果】

A

B CD

putchar()函数在输出字符常量时可以使用一般字符(如 'C'),转义字符(如 '\n', '\40'),也可使用对应于字符 ASCII 码的整型值来输出字符。

2. 用 getchar()函数输入一个字符

getchar()函数的作用是从计算机终端(一般为键盘)输入一个字符,即计算机获得一个字符。它的一般形式为:

getchar()

getchar()函数只能接收一个字符,其函数值就是从输入设备得到的字符。

【例 2.17】用 getchar()函数接受字符。

【程序代码】

```
#include <stdio.h>
int main(void)
{
    char c1, c2, c3;          /* 定义三个字符变量 */
    c1 = getchar();           /* 从键盘输入一个字符,送给字符变量 c1 */
    c2 = getchar();           /* 从键盘输入一个字符,送给字符变量 c2 */
    c3 = getchar();           /* 从键盘输入一个字符,送给字符变量 c3 */
    putchar(c1);              /* 输出变量 c1 的值 */
    putchar(c2);              /* 输出变量 c2 的值 */
    putchar(c3);              /* 输出变量 c3 的值 */
    putchar('\n');            /* 输出换行 */
    return 0;
}
```

【运行结果】

ABC↙

ABC

输入字符并按 Enter 键后,字符才能送到计算机中。本例需要输入 3 个字符,因此连续输入 ABC 并按 Enter 键,将这三个按字符一起送入计算机中,并按先后顺序分别赋值给相应的变量:c1 得到 'A', c2 得到 'B', c3 得到 'C'。

若输入一个字符后,立即按 Enter 键,运行结果如下:

A↙

B↙

A

B

因为 getchar()函数可以接收换行符作为输入字符,所以用户输入 A 并按 Enter 键,实际输入了两个字符,A 赋给了 c1,换行字符赋给了 c2;第二行输入 B 并按 Enter 键,B 赋给了 c3,Enter 键作为字符输入结束的按键,没有送给任何变量。再用 putchar()函数输出变量值,就会在第三行开始时输出 c1、c2、c3 的值,其中 c1 为 A,c2 为换行,c3 的值 B 在第四行输出,B 后的换行字符是由语句"putchar('\n');"输出的。

用 getchar()函数得到的字符不仅可以赋给字符变量,也可以赋给整型变量,以及参与运算。

【例 2.18】从键盘输入一个大写字母,在显示屏上显示对应的小写字母。

【解题思路】字符数据以 ASCII 码存储在内存的形式与整数的存储形式相同,所以字符型数据和其他算术型数据可以相互赋值和运算。从附录 B 中可以得到转换的规律:即同一个字母,小写字母 ASCII 码比大写字母的 ASCII 码大 32。

【程序代码】

```
#include <stdio.h>
int main(void)
{
    int c1,c2;              /* 定义字符型变量 c1,c2 */
    c1 = getchar();         /* 从键盘输入一个字符,赋值给 c1 */
    c2 = c1 + 32;           /* 计算对应小写字母的 ASCII 码,存入变量 c2 中 */
    putchar(c2);            /* 输出字符型变量 c2 的值 */
    putchar('\n');
    return 0;
}
```

【运行结果】

M

m

第一行输入 M,按 Enter 键后,将 M 赋值给整型变量 c1,根据赋值时的类型转换规则,c1 得到字符 M 的 ASCII 码值 77,执行加法运算即"c2 = c1 + 32;",c2 得到 109(即 m 的 ASCII 码),用 putchar()输出的就是字符 m。

小 结

一、知识点概括

本章主要介绍了顺序结构程序的设计,在顺序结构中,各语句按照书写的先后顺序自上而下顺序执行,这些程序主要包括三个基本操作:

(1) 输入数据;

(2) 进行运算和数据处理;

(3) 输出运算结果。

读者在领会顺序结构程序设计思想的同时,需掌握 C 语言的基础知识,包括:

1. 基本类型数据的表示及使用

基本类型的类型标识符(int, float, double, char)、类型修饰符(long, short, signed, unsigned)的意义及使用。

2. 基本类型常量的表示及使用

(1) int 型常量的十进制、八进制、十六进制形式

(2) float 型常量、double 型常量的十进制小数形式、十进制指数形式

(3) char 型常量的形式,常用的转义字符

(4) 字符串常量的形式

(5) 符号常量的命名、定义与使用

3. 基本类型变量的命名、声明、初始化及使用方法

4. 算术运算、赋值运算的运算规则,及各运算符的优先级和结合方向,以及在运算和赋值时的自动类型转换和强制类型转换规则。

二、常见错误列表

错误实例	错误分析
a(a-b)(a+b) a×(a-b) ×(a+b)	将乘法运算符省略,或写成×,不符合C语法规范,错误。
s=π*r*r	使用非法标识符π
5/2	欲做浮点数除法,但两边的操作数都为整型,做整除操作,结果为2。可改为5.0/2
5.9%5	求余运算符要求参与运算的操作数都为整型
sinx	使用数学库函数,应将参数用小括号括起来,应为sin(x)
int a,b;	使用了中文输入法的标点符号(逗号,分号),系统报错为非法字符,应在英文半角输入法下输入字符。
#define pi =3.14;	符号常量定义错误,符号常量名后没有 =,末尾没有分号,应为#define pi　3.14
a+ =4; a- =9;	复合赋值运算符 +=, -=, *=, /= 的两个符号间应该没有空格
[(a+b)+c]*d	使用"[]"限定运算顺序,系统报错,C语言中只能使用"()"限定运算顺序,应为((a+b)+c)*d

习　题

1. 编写程序,输入华氏温度f,利用公式c=5/9(f-32)转换成摄氏温度c后输出。

2. 编写程序,把560分钟换算成小时和分钟表示,然后输出。

3. 编写程序,输入两个整数:1500和350,求出它们的商数和余数进行输出。

4. 编写程序,读入三个整数给a、b、c,然后交换它们中的数,把a中原来的值给b,把b中原来的值给c,把c中原来的值给a。

5. 假如我国的国民生产总值的年增长率为9%,计算10年后我国国民生产总值与现在相比增长多少百分比。计算公式为:$p=(1+r)^n$,其中r为增长率,n为年数,p为与现在相

比的倍数。编程,输入 r 和 n 的值,计算并输出 p 的值。

6. 编写程序,读入三个双精度数,求它们的平均值并保留此平均值小数点后一位数,对小数点后第二位数进行四舍五入,最后输出结果。

7. 以下程序多处有错。在按下面指定的形式输入数据和输出数据时,请对该程序做相应的修改。

```
#include <stdio.h>
int main(void)
{  double a,b,c,s,v;
    printf(input a,b,c:\n);
    scanf("%d%d%d",a,b,c);
    s=a*b;
    v=a*b*c;
    printf("%d%d%d",a,b,c);
    printf("s=%f\n",s,"v=%d\n",v);
    return 0;
}
```

当程序执行时,屏幕的显示和要求输入形式如下:

```
input  a,b,c:2.0  2.0  3.0                 //此处的 2.0 2.0 3.0 是用户输入的数据
a=2.000000,b=2.000000,c=3.000000          //此处是要求的输出形式
s=4.000000,v=12.000000
```

第3章　选择结构程序设计

一般情况下,所有程序的正常流程都是顺序的,即执行完上一个语句就无条件的自动执行下一个语句,不作任何条件判断,也就是前面介绍的顺序结构。而实际问题中,很多情况下需要根据某个条件来判断是否执行指定的操作,这就需要选择结构(Selection Structure)来解决问题。

3.1　引　例

【例3.1】根据输入的学生成绩,判断该学生成绩是否合格。

【问题分析】首先需要输入学生成绩,然后根据该学生成绩进行判断,如果大于等于60分,就在屏幕输出“合格”,否则,就输出“不合格”。这是一个简单的选择结构条件判断流程如图3-1所示。

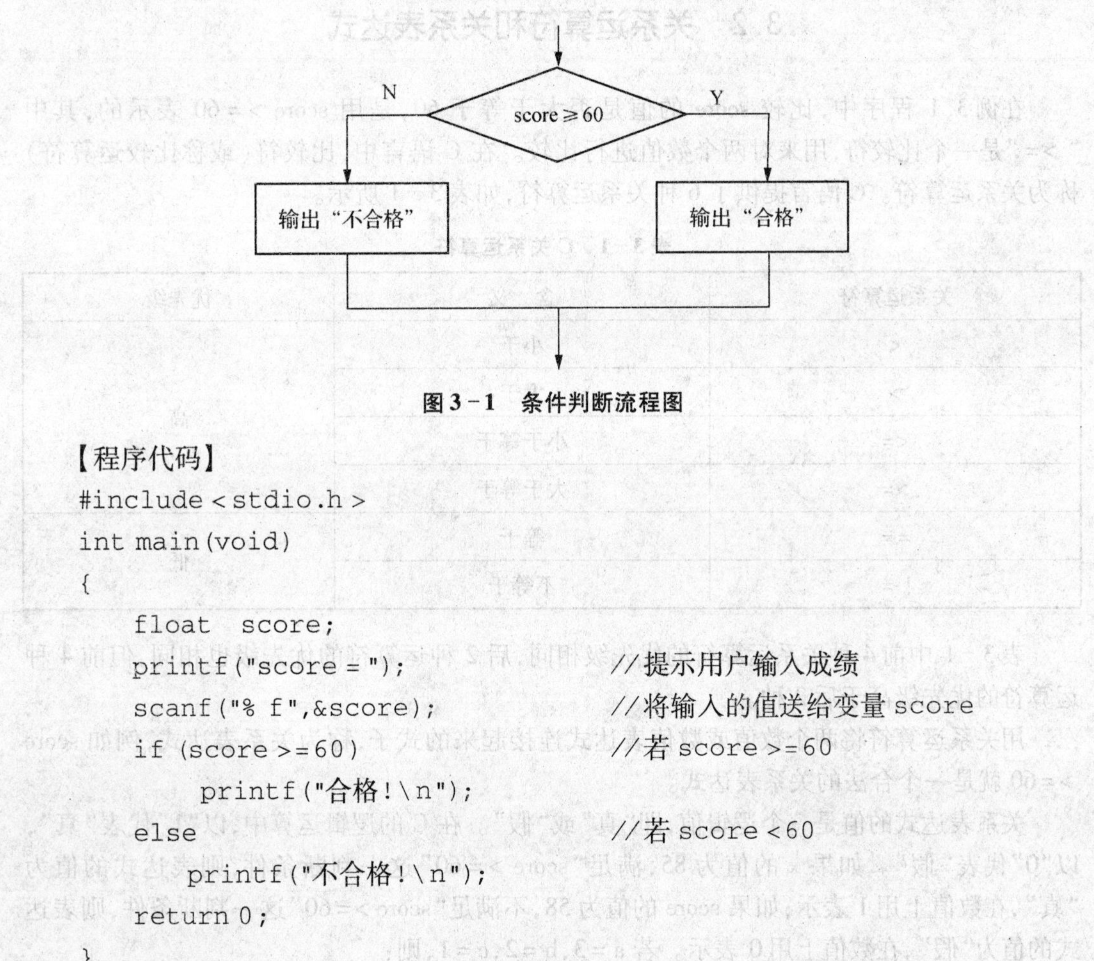

图3-1　条件判断流程图

【程序代码】

```
#include <stdio.h>
int main(void)
{
    float  score;
    printf("score = ");                 //提示用户输入成绩
    scanf("% f",&score);                //将输入的值送给变量score
    if (score >=60)                     //若score >=60
        printf("合格!\n");
    else                                //若score <60
        printf("不合格!\n");
    return 0;
}
```

【运行结果】

当输入 score 的值为 58 时,程序输出“不合格”:

score = 58 ↙

不合格!

当输入 score 的值为 85 时,程序输出“合格”:

score = 85 ↙

合格!

【程序分析】程序第 7 ~ 10 行的代码就是一个 if 选择结构,if 语句对给定条件“score≥60”进行判断后,形成两条路径,一条是输出“合格”,另一条是输出“不合格”语句。

其实在日常生活和工作中,有许多这样需要判断的情况:

- 公交车给老人儿童让座(需要判断是否为老人或儿童);
- 红灯停,绿灯行(需要判断灯的状态);
- 求方程 $ax^2 + bx + c = 0$ 的根(需要判断 $b^2 - 4ac \geq 0$ 是否满足)。

选择的结果和判断条件是密切相关的,正确的表述判断条件才能做出正确的选择。C 语言中常采用关系运算和逻辑运算来表述判断条件。

3.2 关系运算符和关系表达式

在例 3.1 程序中,比较 score 的值是否大于等于 60,是用 score >= 60 表示的,其中“>=”是一个比较符,用来对两个数值进行比较。在 C 语言中,比较符(或称比较运算符)称为关系运算符。C 语言提供了 6 种关系运算符,如表 3 - 1 所示。

表 3 - 1 C 关系运算符

关系运算符	含 义	优先级
<	小于	高
>	大于	
<=	小于等于	
>=	大于等于	
==	等于	低
!=	不等于	

表 3 - 1 中前 4 种关系运算符的优先级相同,后 2 种运算符的优先级也相同,但前 4 种运算符的优先级高于后 2 种。

用关系运算符将两个数值或数值表达式连接起来的式子,称为关系表达式,例如 score >= 60 就是一个合法的关系表达式。

关系表达式的值是一个逻辑值,即“真”或“假”。在 C 的逻辑运算中,以“1”代表“真”,以“0”代表“假”。如果 x 的值为 85,满足“score >= 60”这一判断条件,则表达式的值为“真”,在数值上用 1 表示;如果 score 的值为 58,不满足“score >= 60”这一判断条件,则表达式的值为“假”,在数值上用 0 表示。若 a = 3, b = 2, c = 1,则:

(1) 关系表达式“a > b”的值为“真”,表示为 1。

(2) 关系表达式“(a > b) = = c”的值为“假”,表示为 0。

(3) 关系表达式“b + c < a”的值为“假”,表示为 0。

进行关系运算时,要注意以下几点:

(1) 参与运算的操作数可以是任何基本类型的数据或表达式,字符作为操作数时用字符的 ASCII 码值参与运算。

(2) 在判断两个操作数是否相等时,使用关系运算符“= =”,而不是“=”,例如判断 x 与 3 是否相等应用 x = =3,而不能写成 x =3,“ = ”是赋值运算符,x =3 表示将 3 赋值给 x,使用时注意区别。

(3) 比较两个实数是否相等,不能直接用“ = = ”来判断。

因为精度问题,实数在计算机中实际表示时存在误差。因此,相等的两实数,在计算机实际表示时可能不相等。判断两个实数 a、b 是否相等一般通过比较 a、b 之差的绝对值是否小于一个给定的精度来判断,如表达式 fabs (a – b) < 1e – 6 成立,说明如果 a、b 之差的绝对值小于10^{-6},就认为 a、b 相等。

3.3　逻辑运算符和逻辑表达式

前面我们提到“在公交车上给老人和小孩让座”要进行条件判断的问题,现假设老人是年龄大于 65 岁的人,小孩是小于 12 岁的人,这样就有两个条件要判断:(1)年龄 age <12;(2)年龄 age >65。这个组合是不能够用一个关系表达式来表示的,要用两个表达式的组合来表示,即:

```
age <12 || age >65
```

这个表达式的含义是:age <12 或者 age >65 至少有一个为真时,逻辑表达式 age <12 || age > 65 为真。||是“或”的意思,即表示“有一即可”,在两个条件中有一个满足即可。

再如,我们要表示“参赛者年龄必须是 6 岁到 12 岁”可以用:

```
age >=6 && age <=12
```

这个表达式的含义是:age >=6 和 age <=12 都为真时,逻辑表达式 age >=6 && age <=12 才为真。&& 是“与”的意思,即表示“两者都”,两个条件缺一不可。

这里用到的“&&”和“||”都是逻辑运算符,用逻辑运算符将关系表达式或其他逻辑量连接起来的式子就是逻辑表达式。逻辑表达式的值,即逻辑运算的结果只有“真”和“假”两个值,在数值上分别用 1 和 0 表示。

C 语言中提供了三种逻辑运算符:! (逻辑非),&&(逻辑与),||(逻辑或),其特性如表 3 – 2 所示。

表 3 – 2　C 的逻辑运算符

逻辑运算符	含义	类型	结合性	优先级
!	逻辑非	一元	从右向左	高
&&	逻辑与	二元	从左向右	中
||	逻辑或	二元	从左向右	低

!(逻辑非)是一元运算符,对操作数取反。例如"!(3<8)",因3<8成立,关系表达式值为1,用!进行取反,则逻辑表达式"!(3<8)"的值为0。

&&(逻辑与)为二元运算符,对两个操作数的值进行判断,当两个操作数的值都为1时,运算结果为1,否则,运算结果为0。例如"(3<8) &&(-3>8)",因3<8成立,关系表达式值为1,但-3>8不成立,其关系表达式值为0,两个操作数有一个为0,故逻辑表达式"(3<8) &&(-3>8)"的值为0。

||(逻辑或)为二元运算符,当参与运算的两个操作数中,只要有一个操作数的值为1,运算结果就为1,当两个操作数的值都为0时,运算结果才为0。例如"(3<8) ||(-3>8)",虽然-3>8不成立,关系表达式值为0,但3<8成立,表达式值为1,所以有一个操作数为1,"(3<8) ||(-3>8)"逻辑表达式的值为1。

数值表达式也可以进行逻辑运算。数值表达式的值不只限于0和1两种情况,C语言规定值:非0表示为逻辑"真"即1,0则表示逻辑"假"即0。表3-3为逻辑运算的真值表。

表3-3　逻辑运算的真值表

A的值	B的值	!A	A&&B	A||B
非0	非0	0	1	1
非0	0	0	0	1
0	非0	1	0	1
0	0	1	0	0

定义整型变量"int a=-3, b=8, c=0;",我们来运算下列逻辑表达式的值:

(1) !a的值为0,因为a=-3,值为非0,是"逻辑真",则!a是"逻辑假",因此!a的值为0。

(2) a && b的值为1,因为a、b都为非0,即"逻辑真",所以a && b的值为1。

(3) c || (a<b)的值为1,因为c=0为假,但a<b成立,a<b的值为1,所以c || (a<b)的值为1。

注意:在逻辑表达式求解中,并不是所有的逻辑运算符都被执行,只是在必须执行下一个逻辑运算符才能求出表达式的解时,才执行该运算符。如定义"int a=-3, b=8, c=0";

(1) a||(b=c),整个表达式的值为1,b的值还是8。这是因为"||"运算只要a为真,就已经能确定整个表达式的值为1了,就不必执行后面的b=c这个赋值表达式了,所以b的值依然保持原来的8。

(2) c &&(b=a),整个表达式的值为0,b的值也还是8。这是因为"&&"运算只要c为假,就已经能确定整个表达式的值为0了,就不必执行后面的b=a这个赋值表达式了,所以b的值依然保持原来的8。

熟练掌握C语言的关系运算符和逻辑运算符后,就可以巧妙地运用各种运算符构成表达式来表示复杂的条件。常见的各种运算符的优先级关系如图3-2所示,详见附录D。

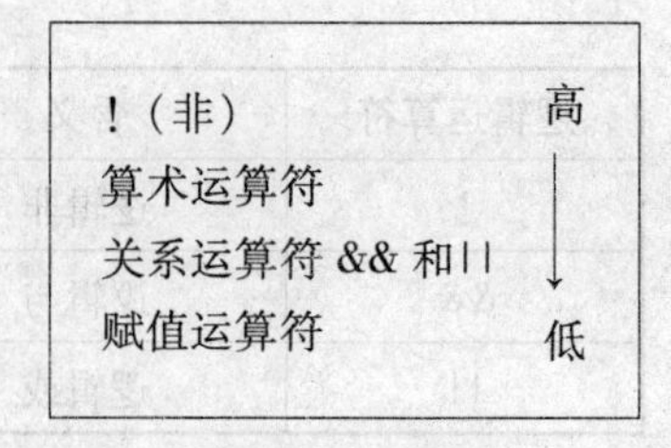

图3-2　优先级

当然,我们记不住复杂的优先级关系的时候,要善于用圆括号将优先计算的表达式括起来,因为在C语言中,圆括号也是一种运算符,而且它的优先级永远是最高的。

例如:判断 year 表示的年份是否为闰年。闰年的条件符合下面二者之一即可:

(1) 能被 4 整除,但不能被 100 整除;

(2) 能被 400 整除。

则 year 是闰年的逻辑表达式为:(year%4 ==0 && year%100!=0) || (year%400 ==0)

3.4　用 if 语句实现选择结构

用传统流程图表示的选择结构如图 3-3 所示,表示当条件成立(为真),执行语句模块 A,否则执行语句模块 B。如果语句模块 B 为空(即什么也不做),则为单分支选择结构;如果语句模块 B 不为空,则为双分支选择结构;如果语句模块 A 或 B 中又包含另一个选择结构,则构成了一个多分支选择结构。

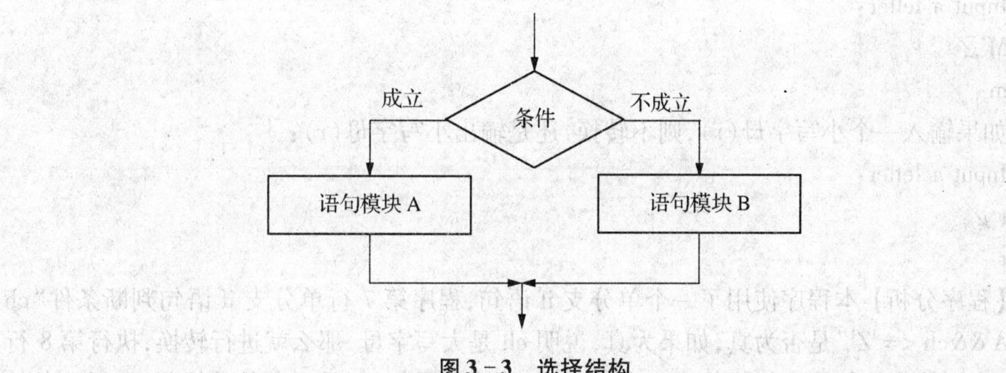

图 3-3　选择结构

从例 3.1 可以看到,在 C 语言中选择结构主要是用 if 语句实现的,下面我们分别介绍 if 语句的几种形式。

1. 单分支 if 语句

单分支 if 语句的一般形式如下:

if (<条件表达式>) 语句

单分支 if 语句只给出一个分支,仅当满足给定的条件(条件表达式的值为非 0 时),才执行给定的语句,否则不执行,跳过给定的语句执行后续语句。

【例 3.2】编程,输入一个字符,判别它是否为大写字母,如果是,将它转化成小写字母;如果不是,不转换。然后输出最后得到的字符。

【程序分析】这个问题的算法很简单,先输入一个字符,然后判断该字符是否是大写字母,如果是,就将该字符加上 32,最后输出该字符。

算法流程图如图 3-4 所示。

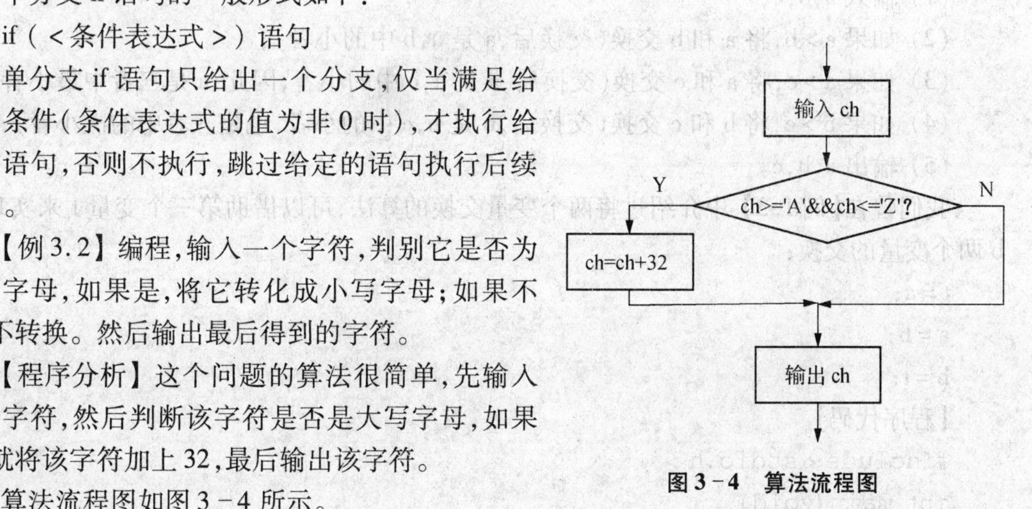

图 3-4　算法流程图

```
#include <stdio.h>
int main(void)
{
    char ch;
    printf("Input a letter:\n");
    scanf("% c",&ch);
    if (ch>='A'&&ch<='Z')
      ch=ch+32;
    printf("% c\n",ch);
    return 0;
}
```

【运行结果】

如果输入一个大写字母(M),则转换成小写字母输出(m):

Input a letter:

M↙

m

如果输入一个小写字母(r),则不转换,还是输出小写字母(r):

Input a letter:

r↙

r

【程序分析】本程序使用了一个单分支 if 语句,程序第 7 行单分支 if 语句判断条件"ch>='A'&&ch<='Z'"是否为真,如果为真,说明 ch 是大写字母,那么就进行转换,执行第 8 行语句,否则就不执行第 8 行语句。注意,第 9 行的输出语句,不受 if 条件的控制,即无论条件是否为真,第 9 行的输出语句都是要执行的。

【例 3.3】输入 3 个数 a、b、c,要求按由小到大的顺序输出。

【解题步骤】

(1) 输入 a,b,c;

(2) 如果 a>b,将 a 和 b 交换(交换后,a 是 a,b 中的小者);

(3) 如果 a>c,将 a 和 c 交换(交换后,a 是 a,c 中的小者,因此,a 是三者中最小者);

(4) 如果 b>c,将 b 和 c 交换(交换后,b 是 b,c 中的小者,也是三者中的次小者);

(5) 输出 a,b,c。

我们曾在【例 1.3】中介绍过将两个变量交换的算法,可以借助第三个变量 t 来实现 a,b 两个变量的交换:

t=a;

a=b;

b=t;

【程序代码】

```
#include <stdio.h>
int main(void)
```

```
{
    float a,b,c,t;
    scanf("% f,% f,% f",&a,&b,&c);
    if(a >b)
    {
        t =a;
        a =b;
        b =t;
    }
    if(a >c)
    {
        t =a;
        a =c;
        c =t;
    }
    if(b >c)
    {
        t =b;
        b =c;
        c =t;
    }
    printf("% 5.2f,% 5.2f,% 5.2f\n",a,b,c);
    return 0;
}
```

【运行结果】

4,9,2 ↙

2.00, 4.00, 9.00

【程序分析】当条件为真时,若要执行的语句多于一条,则必须用一对“{}”将这些语句括起来,这组语句称为复合语句。本程序使用了3个单分支的if语句,当条件为真时,执行的语句是包含3条简单语句的复合语句。

2. 双分支if语句

双分支if语句的一般形式如下:

```
if (<条件表达式>)
    语句1
else
    语句2
```

双分支if语句给出两个分支,当条件表达式为真时,执行一个分支,否则,执行另一个分支。

注意:语句1和语句2可以是一个简单语句,也可以是一个复合语句,还可以是另一个

if语句。

【例3.4】根据输入x的值,按以下公式计算y的值。

$$y=\begin{cases}1+x & (x\geqslant 0)\\ 1-x & (x<0)\end{cases}$$

【解题步骤】

(1) 由键盘输入数据x;

(2) 进行条件判断,根据x的值计算y的值;

(3) 输出数据为y。

条件判断流程如图3-5所示。

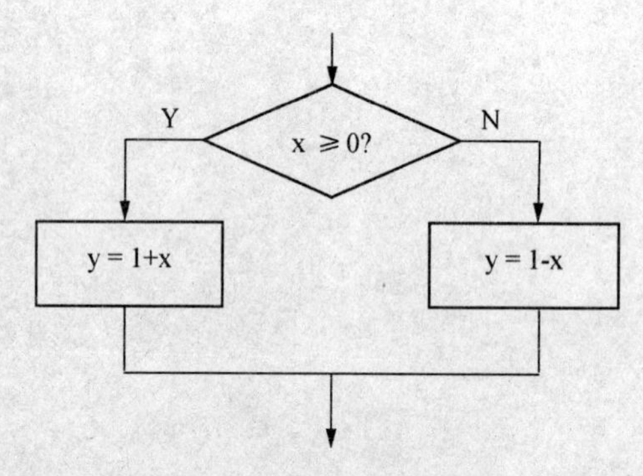

图3-5 条件判断流程图

【程序代码】

```
#include <stdio.h >
int main(void)
{
    int  x, y;
    printf("x = ");                     /* 提示用户输入 x 的值 */
    scanf("%d",&x);                     /* 将输入的值送给变量 x */
    if (x >=0)                          /* 若 x >=0 */
      y =1 +x;
    else                                /* 若 x <0 */
        y =1 -x;
    printf ("y = %d\n", y);             /* 输出 y 的值 */
    return 0;
}
```

【运行结果】

若输入6,则输出7:

x =6 ↙

y =7

若输入 -6,结果还是输出7:

x = -6 ↙

y = 7

【例3.5】根据用户输入三角形的三边 a,b,c,用海伦公式计算三角形的面积 s,计算公式为:$s=\sqrt{p(p-a)(p-b)(p-c)}$,其中,$p=\frac{a+b+c}{2}$。

【问题分析】输入数据为三角形的三边 a,b,c,输出数据为面积 s,可用双精度类型定义这些变量。在计算面积 s 之前,首先要判断用户输入的 a,b,c 是否能构成一个三角形(即两边之和要大于第三边),如果能构成三角形,计算面积 s 并输出,否则,输出不能构成三角形的提示信息,程序可用双分支 if 语句来实现判断。算法流程图如图 3-6 所示。

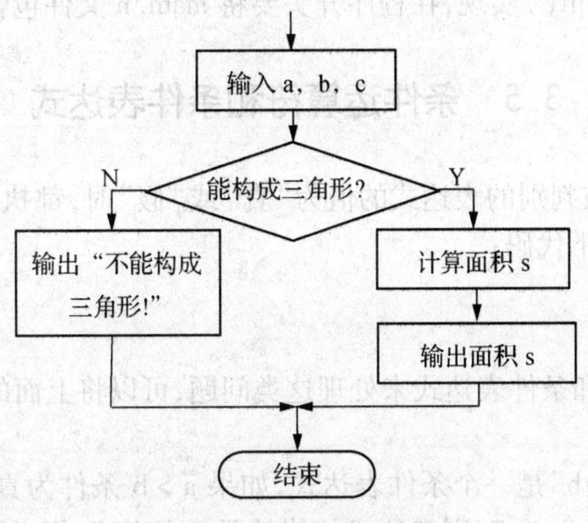

图 3-6　算法流程图

【程序代码】

```
#include <stdio.h>
#include <math.h>
int main(void)
{
    double a, b, c, p, s;
    printf("请输入三边的边长:\n");
    scanf("%lf%lf%lf",&a, &b, &c);
    if (a + b > c && a + c > b && b + c > a)
    {  /* 能构成三角形 */
        p = (a + b + c)/2;
        s = sqrt(p * (p - a) * (p - b) * (p - c));
        printf("面积 s 为%lf\n", s);
    }
    else          /* 不能构成三角形 */
        printf("不能构成三角形!\n");
    return 0;
}
```

【运行结果1】

请输入三边的边长:
1 2 3↙
不能构成三角形!
【运行结果2】
请输入三边的边长:
3 4 5↙
面积s为6.000000

【程序分析】在计算s时要用到中间变量p,需在变量定义时说明,公式中要用到开平方根,可用系统库函数sqrt()实现,在程序开头要将math.h文件包含进去。

3.5 条件运算符和条件表达式

有一种if语句,当被判别的表达式的值为“真”或“假”时,都执行一个赋值语句且向同一个变量赋值。如有如下代码:

```
if(a>b)   max=a;
else      max=b;
```

C语言提供条件运算符和条件表达式来处理这类问题,可以将上面的代码改写为:

```
max=a>b? a:b;
```

赋值号右侧的“a>b? a:b”是一个条件表达式,如果a>b条件为真,则表达式的值等于a,否则等于b。如果a为3,b为7,则表达式的值就是b的值7,把它赋值给变量max,则max的值为7。

C语言的条件运算符为 ? 和 :,它是唯一一个三元运算符,由条件运算符及其相应的操作数构成的表达式,称为条件表达式。它的一般形式如下:

<表达式1> ? <表达式2> : <表达式3>

若表达式1的值为非0,则该条件表达式的值是表达式2的值,否则是表达式3的值。

注意:条件运算符的优先级很低,但高于赋值运算符(详见附录D)。

【例3.6】(用条件运算符改写例3.4)程序根据输入x的值,按以下公式计算y的值。

$$y=\begin{cases}1+x & (x\geqslant 0)\\1-x & (x<0)\end{cases}$$

【程序代码】

```
#include <stdio.h>
int main(void)
{
    int x, y;
    printf("请输入x的值\n");
    scanf("%d", &x);
    y=x>=0 ? (1+x) : (1-x);     //用条件运算符实现双分支选择
    printf("y=%d\n", y);
    return 0;
}
```

可以看到,用条件运算符构成的条件表达式来改写,将使程序变得更简单、直观。

3.6　if语句的嵌套

在if语句中又包含一个或多个if语句称为if语句的嵌套,可以用于多个条件的判定,其一般形式如下:

```
if( <条件表达式A> )
        if( <条件表达式1> )  ┐
            语句1             │
        else                  ├ 内嵌if
            语句2             ┘
else
        if( <条件表达式2> )  ┐
            语句3             │
        else                  ├ 内嵌if
            语句4             ┘
```

注意:if与else的配对关系。else总是与它上面最近的未配对的if配对。在使用时,根据实际需求可在分支中嵌套单条件if语句或多分支if语句,也可以多层嵌套。

【例3.7】编写程序,根据用户输入x的值,求出相应的y值,求值公式为:

$$y=\begin{cases}x & (x<1)\\ 2x-1 & (1\leqslant x<10)\\ 3x-11 & (x\geqslant 10)\end{cases}$$

【问题分析】输入数据为x,输出数据为y,将输入转换成输出的公式,要根据x的取值进行判断,我们用if语句实现。实现方法可以有3种:

方法1:用单一if语句对每一种情况分别进行处理。

(1) 输入x

(2) 若 $x<1$, $y=x$

(3) 若 $1\leqslant x<10$, $y=2x-1$

(4) 若 $x\geqslant 10$, $y=3x-11$

(5) 输出y

【程序代码1】

```
#include <stdio.h>
int main(void)
{
    int x, y;
    printf("请输入x的值:\n");
    scanf("%d", &x);
    if (x<1)y=x;
```

```
    if (x >=1 && x <10)y =2 * x -1;
    if (x >=10)  y =3 * x -11;
    printf ("y = %d \n ", y);
    return 0;
}
```

方法 2:用嵌套的 if 语句进行多条件处理。

(1) 输入 x

(2) 若 x <1,y = x

否则

若 x <10,y =2 x -1

否则

y =3x - 11

(3) 输出 y

算法流程图如图 3 -7 所示。

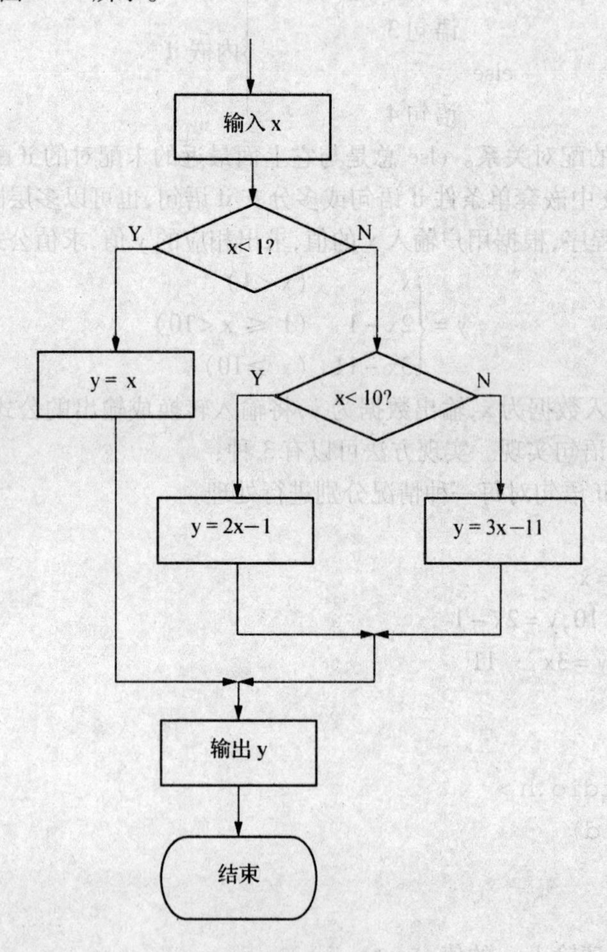

图 3 -7　嵌套 if 语句流程图

【程序代码2】

```
#include <stdio.h>
int main(void)
{
    int x, y;
    printf("请输入 x 的值:\n");
    scanf("%d",&x);
    if (x<1)
        y=x;
    else
        if (x<10)
            y=2*x-1;
        else
            y=3*x-11;
    printf ("y=%d \n ", y);
    return 0;
}
```

方法3:使用嵌套的 if 语句还可以这样进行处理:

(1) 输入 x

(2) 若 $x \geqslant 1$

　　若 $x \geqslant 10, y=3x-11$

　　否则 $y=2x-1$

　否则 $y=x$

(3) 输出 y

【程序代码3】

```
#include <stdio.h>
int main(void)
{
    int x, y;
    printf("请输入 x 的值:\n");
    scanf("%d ", &x);
    if (x>=1)
        if (x>=10)
            y=3*x-11;
        else
            y=2*x-1;
    else
        y=x;
    printf ("y=%d \n", y);
    return 0;
}
```

注意:嵌套的 if 语句中 if 和 else 的配对关系,else 总是与它上面的最近的未配对的 if 配对。为了使逻辑关系清晰,一般采用程序代码 2 的嵌套方式,书写时注意格式成锯齿状缩进,以便程序清晰、易读。

对于多分支结构,我们常采用以下形式:

if(表达式 1)　　语句 1(在 else 部分又嵌套了多层的 if 语句)
else if(表达式 2) 语句 2
else if(表达式 3) 语句 3
⋮
else if(表达式 m) 语句 m
else　语句 m+1

【例 3.8】编程,输入百分制成绩,要求输出等级,其对应关系为:90 ~ 100 分为 A 等,80 ~ 89分为 B 等, 70 ~ 79 分为 C 等, 60 ~ 69 分为 D 等,60 分以下为 E 等。

【程序代码】

```
#include <stdio.h>
int main(void)
{
    float score;                              /* 定义百分制成绩变量 */
    printf("请输入百分制成绩:\n");
    scanf("% f", &score);
    if(score <0 || score > 100)               /* 进行输入有效性验证 */
        printf("输入成绩错误!\n");
    else
        if(score >=90)
            printf("等级为 A \n");
        else if(score >=80)
            printf("等级为 B \n");
        else if(score >=70)
            printf("等级为 C \n");
        else if(score >=60)
            printf("等级为 D \n");
        else
            printf("等级为 E \n");
    return 0;
}
```

【运行结果】

请输入百分制成绩:
45.5 ↙
等级为 E

可见,对于多分支 if 结构,写成上面的“if... else if... else if... else if ... else”形式更为直观和简洁。

3.7　实现多分支选择的 switch 语句

在上一节,我们通过嵌套的 if 语句实现多分支结构,但当需要分支处理的情况较多时(大于3个),使用嵌套的 if 语句层数多,程序冗长,可读性差,C 语言提供了 switch 语句来简化程序的设计。switch 语句是个开关语句,它使程序的控制流程形成多个分支,根据一个表达式的不同取值,选择其中一个或多个分支去执行。

【例3.9】编程实现简单的计算器功能,要求用户按如下格式从键盘输入算式:

操作数1　运算符 op　　操作数2

计算并输出表达式的值,其中算术运算符包括:加减乘除。

【程序代码】

```
#include <stdio.h>
#include <math.h>
int main(void)
{
    float a,b;
    char op;
    printf("请输入算式:");
    scanf("%f%c%f",&a,&op,&b);
    switch(op)                  //根据输入的运算符确定执行的运算
    {
        case '+':               //加法运算
            printf("%f+%f=%f\n",a,b,a+b);
            break;
        case '-':               //减法运算
            printf("%f-%f=%f\n",a,b,a-b);
            break;
        case '*':               //乘法运算
            printf("%f*%f=%f\n",a,b,a*b);
            break;
        case '/':               //除法运算
            if(fabs(b)<=1e-7)   //检验除数是否为0
                printf("除数不能为0\n");
            else
                printf("%f/%f=%f\n",a,b,a/b);
            break;
        default :               //非法运算符
            printf("输入错误!");
            break;
    }
    return 0;
```

```
}
```

【运行结果】

请输入算式:5 +6 ↙

5.000000 +6.000000 =11.000000

程序执行到第 8 行的 switch 语句时,switch 将 op 的值和各 case 中给出的值(+、-、*、/)自上而下进行比较,寻找与 op 相匹配的 case 常量,找到后则按顺序执行此 case 后的所有语句,直到遇到 break 语句或右花括号“}”为止。若没有任何一个 case 常量与表达式的值相匹配,则执行 default 后面的语句。

每个 case 后面的语句末尾都有一个 break 语句,其作用是使流程转到 switch 语句的末尾(即 switch 语句结束的右花括号处)。如果去掉第 13 行的 break 语句,程序运行的结果将会是 5 -6 = -1,为什么会是这样呢? 因为程序执行完第 12 行语句后,又继续执行了第 14 行 case 后的语句,进行了减法运算,直到遇到 break 才跳出 switch 执行输出语句。

程序第 21 行是比较除数即浮点型变量 b 与 0 是否相等,这时不能用“b = =0”来判断,而是使用了“fabs(b) <1e -7”来判断浮点型变量 b 的值是否位于 0 附近的一个很小的区间内,因为内存中的浮点数所示表示的精度是有限的。标准数学函数 fabs(b)用来对 b 进行取绝对值运算,所以还要在程序开头中包含文件 <math.h>。

switch 语句的一般形式如下:

```
switch( <表达式> )
{
    case   常量 1:语句序列 1
    case   常量 2:语句序列 2
    ……
    case   常量 n:语句序列 n
    default:       语句序列 n +1
}
```

说明:

(1) switch 后的表达式是进行多分支判断的依据,其值的类型只能为整型或字符类型。

(2) 在 switch 花括号中的多个 case 给出的是表达式可能的各个取值,因此 case 后应是一个值为整型或字符型的常量或常量表达式。

(3) 每个 case 后面的常量只起到一个语句标号的作用,每一个 case 后的常量或常量表达式的值必须互不相同,否则会产生二义性,程序无法运行。

从例 3.9 可以看到,switch 语句在执行多分支处理时十分简便,但由于它要求作为条件判断依据的表达式为整型或字符型,使得 switch 语句在处理问题时受到很大局限,我们须将数据做一些必要的处理,才能使用 switch 语句。

【例 3.10】用 switch 语句改写例 3.8 程序,输入百分制成绩,要求输出等级,其对应关系为:90 ~100 分为 A 等, 80 ~89 分为 B 等, 70 ~79 分为 C 等, 60 ~69 分为 D 等,60 分以下为 E 等。

【问题分析】这是一个 5 分支结构,如果改用 switch 语句来实现,首先要找到作为判断条件的表达式。变量 score 的取值不是一个离散的常数,而是连续的取值范围,不好用 case 语句一一给出其可能的取值。我们只有将连续的量转换成离散的量,才可以用 switch 语句来处理这个问题。

将 score 整除 10 取商,可以得到下列对应关系:

score	整除 10 的结果
≥90	9 或 10
80 ~ 89	8
70 ~ 79	7
60 ~ 69	6
<60	其他

经过处理,可以用有限个离散的整型常量来代替连续取值范围的分数值,符合 switch 语句的要求,可以用 switch 语句来编写程序。

【程序代码】

```
#include <stdio.h>
int main(void)
{
    float score;                        /* 定义百分制成绩变量 */
    printf("请输入百分制成绩\n");
    scanf("%f", &score);
    if(score < 0 || score > 100)        /* 进行输入有效性验证 */
        printf("输入成绩错误!\n");
    else
        switch((int)score/10)
        {
            case 10:
            case 9: printf("等级为 A \n"); break;
            case 8: printf("等级为 B\n"); break;
            case 7: printf("等级为 C \n"); break;
            case 6: printf("等级为 D \n"); break;
            default: printf("等级为 E\n");
        }
    return 0;
}
```

注意:因为 switch 后的表达式必须是整型或字符型,所以要进行强制类型运算(int) score 后得到一个 int 类型的临时值,它的值等于 score 的整数部分,再进行整除 10 的运算,得到的是一个整型数据。

多个 case 标号可以共用一组执行语句,如本例中:

case 10:

case 9: printf("等级为 A \ n"); break;

…

当表达式的值为 10 或 9 时,都执行同一组语句"printf("等级为 A \ n"); break;"。

小 结

一、知识点概括

1. 关系运算符及其使用：

<，<=，>，>=的优先级高于==，!，=，但低于算术运算符。

2. 逻辑运算符及其使用：

! 为一元运算符，优先级最高，&& 和|| 为二元运算符，|| 优先级最低；

3. if 条件语句的使用：

（1）单条件的 if 语句；

（2）二选一的 if 语句；

（3）嵌套的 if 语句。

4. 条件运算符？:的使用，它是唯一一个三元运算符。

5. switch 语句：实现多分支的开关语句。

二、常见错误列表

错误实例	错误分析
if (x > 0); y = 1 + x;	在 if 条件表达式(x > 0)后，多加了一个分号

if (x >0)
y = 1 + x;
printf("y = %d\n", y);
else
y = 1 - x;
	满足 if 条件，若要执行多条语句，要使用大括号括起来，应为：
	if (x >0)
	{ y = 1 + x;
	printf("y = %d\n", y);
	}
	else
	y = 1 - x;

if (x =0) printf("x equals 0\n");	错误使用赋值符号 = 来判断两个数是否相等，应使用关系运算符 ==
if (x = =0) printf("x equals 0\n");	将关系运算符==，! =，>=，<=的两个符号之间多加了空格，系统报错
if (x = < 0) y = 1 + x;	将关系运算符! =，>=，<=的两个符号写反
if (x ==6.7)	用==或! =测试浮点数是否相等，系统运行时错误。
float score; switch(score/ 10) …	switch 后的表达式必须为整型或字符型，可改为 switch((int) score/ 10) …

习　题

1. 根据下列函数：

$$max=\begin{cases}a & (a>b)\\ b & (a\leqslant b)\end{cases}$$

编程，输入 a 和 b 的值，输出 max 相应的值。

2. 编程，判断某一年是否为闰年。

3. 用户输入一元二次方程 $ax^2+bx+c=0$ 的系数 a、b、c，编程，判断该方程在实数范围内是否有根，并输出其实数根。

4. 根据下列函数：

$$y=\begin{cases}-1 & (x<0)\\ 0 & (x=0)\\ 1 & (x>0)\end{cases}$$

编程，输入 x 的值，输出 y 相应的值。

5. 编写一个商场购物打折的程序。

计算方法如下：

$$y=\begin{cases}x & x<1000\\ x*0.9 & 1000\leqslant x<2000\\ x*0.8 & 2000\leqslant x<4000\\ x*0.7 & 4000\leqslant x<6000\\ x*0.6 & x\geqslant 6000\end{cases}$$

要求：

(1) 用 if 语句编写程序。

(2) 用 switch 语句编写程序。

第 4 章　循环结构程序设计

4.1　引　例

【例 4.1】编写程序,输入全班 30 个学生的数学、英语、计算机成绩,计算每位学生的总分和平均分,并输出。

【问题分析】在第 2 章例 2.1 中我们输入了 1 个学生的数学、英语、计算机成绩,并计算输出了这位同学的总分和平均分。现在是要对全班 30 个同学进行同样的操作。你会如何编写程序? 一个简单的方法就是相同的代码重复写 30 次。这种方法虽然可以实现要求,但显然工作量大,程序冗长、重复、难以阅读和维护。

能不能把程序写得简单一些,让计算机自动重复执行相同的代码呢? 实际上,几乎每一种计算机高级语言都提供了循环控制,用来处理需要进行的重复操作。

【程序代码】

```
#include <stdio.h>
int main(void)
{
    int i,MaScore,EnScore,CScore,sum;
    float  aver;
    i =1;                    //循环变量 i 赋初值为 1
    while(i <=30)            //当 i <=30 时执行花括号内的语句
    {
      printf("Input Math score,English score,Computer score:\n");
      scanf("%d%d%d",&MaScore,&EnScore,&CScore);
      sum = MaScore + EnScore + CScore;
      aver = sum/3.0;
      printf("The sum is%d\nThe average is%.1f\n", sum,aver);
      i ++;                  //循环变量 i 的值加 1
    }
    return 0;
}
```

可以看到,我们用一个循环语句(while 语句),就把需要重复执行 30 次的代码简化了,一个 while 语句实现了一个循环结构。

顺序结构、选择结构和循环结构是用于结构化程序设计的三种基本结构。按照结构化程序设计的观点,任何复杂问题都可用这三种结构编程实现,它们是各种复杂程序设计的基础。

4.2　循环控制结构与循环语句

C 语言提供 while、do-while、for 三种循环语句来实现循环结构。循环语句在给定条件成立的情况下,重复执行某个程序段,这个被重复执行的程序段称为循环体。

1. while 循环

while 循环属于当型循环,即当某个给定的条件成立时执行循环体,否则终止循环体的执行。

while 语句的一般形式为:

while(表达式) 循环体

其中"表达式"是判定循环是否执行的条件,称为循环条件表达式。当此表达式为"真"(以非0值表示)时,就执行循环体语句,为"假"(以0表示)时,就不执行循环体语句。循环体则是当条件成立时要执行的语句。循环体只能是一个语句,可以是一个简单语句,也可以是一个复合语句(用花括号括起来的若干语句)。

while 循环的执行过程如下:

(1) 计算循环条件表达式的值;

(2) 如果循环条件表达式的值为"真"(非0),则执行循环体的语句序列,并返回步骤(1);否则,转(3);

(3) 循环结束。

其流程如图4-1所示。

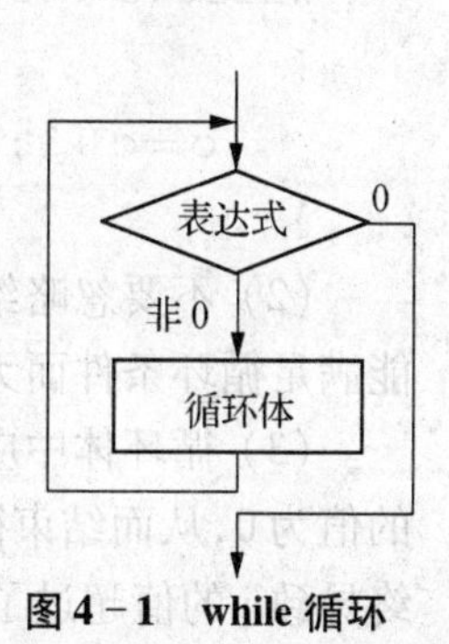

图4-1　while 循环

while 循环的特点是:先判断条件表达式,后执行循环体语句。

例4.1 用 while 语句实现了循环输出,实现的语句为:

```
i =1;
while(i <=30)
{
    printf ("Input Math score,English score,Computer score:\n");
    scanf("%d%d%d",&MaScore,&EnScore,&CScore);
    sum =MaScore +EnScore +CScore;
    aver =sum/3.0;
    printf("The sum is%d\nThe average is% .1f\n", sum,aver);
    i ++;
}
```

注意:

(1) 如果循环体是一个复合语句,里面包含多条语句,一定要用花括号括起来,否则仅 while 后面的第一条语句会被当做循环体中的语句来处理,while 语句的范围直到 while 后面第一个分号处,从而导致逻辑错误。

```
i =1;
while(i <=30)
```

```
    printf("Input Math score,English score,Computer score:\n");
    scanf("%d%d%d",&MaScore,&EnScore,&CScore);
    sum=MaScore+EnScore+CScore;
    aver=sum/3.0;
    printf("The sum is%d\nThe average is%.1f\n", sum,aver);
    i++;
```

这段程序去掉了花括号,那么就只有“printf("Input Math score,English score,Computer score:\n");”这1条语句会重复30次,后面的其他语句都只会执行1次。

如果循环体是一个简单语句,即只包含一条语句,则可以不用花括号,例如:

```
c=1;
while(c<=10) c=c+1;
```

建议:为了使程序易于维护,建议即使循环体内只有一条语句,也将其用花括号括起来。例如:

```
c=1;
while(c<=10)
{
    c=c+1;
}
```

(2) 不要忽略给i赋初值,否则在进入循环前,它的值是不可预测的,造成一开始就不能满足循环条件而无法进入循环体。

(3) 循环体中应有使循环趋向结束的语句,使得在某一次进行循环条件判断时,表达式的值为0,从而结束循环。如例4.1程序中,循环体里的“i=i+1;”使得i的值不断增大,最终导致i的值超过了30,不满足表达式“i<=30”,循环终止。如果无此语句,i的值始终保持不变,表达式“i<=30”永远成立,循环将不能结束,陷入死循环。

2. do-while 循环

do-while循环属于直到型循环,先执行循环体,再检查给定的条件是否成立,若成立,继续执行循环体,否则,循环结束。

do-while循环的一般形式为:

```
do
        循环体
while(表达式);
```

do-while的执行过程如下:

(1) 执行循环体中的语句;

(2) 计算循环条件表达式的值;

(3) 如果循环条件表达式的值为“真”(非0),则转(1),否则,转(4);

(4) 循环结束。

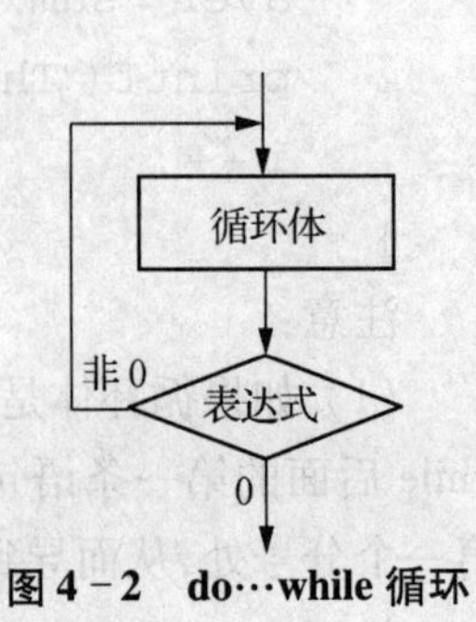

图4-2 do…while循环

其流程如图4-2所示。

do-while循环的特点是:先无条件地执行循环体语句,然后判断循环条件表达式。

用 do-while 语句实现例4.1中的循环输出,实现的语句为:

```
i =1;
do
{
    printf("Input Math score,English score,Computer score:\n");
    scanf("%d%d%d",&MaScore,&EnScore,&CScore);
    sum = MaScore + EnScore + CScore;
    aver = sum/3.0;
    printf("The sum is%d\nThe average is% .1f\n", sum,aver);
    i++;
} while(i <=30);
```

使用 do-while 循环的注意事项与 while 循环是一样的,要区别的有以下两点:

(1) 在 do-while 循环中,while( )是循环语句的结尾,“( )”后面的分号不能缺少;而在 while 循环中,while( )是循环语句的开始,后面一般不加分号,如果加上分号,则表示循环体为空。例如:

```
while(c <=10);
    c =c +1;
```

表示当从 c <=10 成立时,执行的循环体为“;”,即 C 语言中的空语句,不执行任何操作。当循环结束时,才执行循环之后的语句“c = c +1;”。

(2) 与 while 不同,do-while 循环的循环条件判断是在执行循环体之后进行的,所以,do-while 循环至少执行一次。在某些情况下,用 while 和 do-while 循环,执行的结果是不一样的。

例如:在下面两个程序中,i 的初值都设为101,试运行看两个程序的结果有什么不同?

① 用 while 循环执行程序

```
#include <stdio.h>
int main(void)
{
    int i;
    i =101;
    while(i <=100)
    {
      i =i +1;
    }
    printf("%d\n",i);
    return 0;
}
```

② 用 do-while 循环执行程序

```
#include <stdio.h>
int main(void)
```

```
{
    int i;
    i =101;
    do
    {
      i =i +1;
    } while(i <=100);
    printf("%d\n",i);
    return 0;
}
```

比较两种循环的运行结果：

第①个程序运行后输出为:101

第②个程序运行后输出为:102

当i的初值为1时，两段程序的运行结果是一致的，但是当i的初值为101时，不满足循环条件"i <= 100"，while循环先进行条件判断，条件为假，循环体一次也不执行，故输出的还是101。而do-while先执行一次循环体，再判断，条件为假，退出循环，故输出的是102。

结论：当循环体、循环条件相同时，在循环条件表达式第一次的值为"真"时，两种循环执行的结果相同，否则，两者的执行结果不相同。

3. for循环

for循环属于当型循环结构。与while和do-while循环相比，for循环的使用方式更加灵活，在C语言程序中的使用频率也最高。其一般形式如下：

for(表达式1; 表达式2; 表达式3)
    循环体

3个表达式的主要作用是：

表达式1：一般用来对循环控制变量进行初始化，只执行一次，可以为零个、一个或多个变量设置初值。

表达式2：是控制循环继续执行的条件。

表达式3：一般用来控制每执行一次循环后，如何对循环控制变量进行调整。

for循环的执行过程如下：

(1) 求解表达式1；

(2) 求解表达式2，若表达式2的值为"真"(非0)，转(3)，否则，转(5)；

(3) 执行循环体的语句序列；

(4) 求解表达式3，转(2)；

(5) 循环结束。

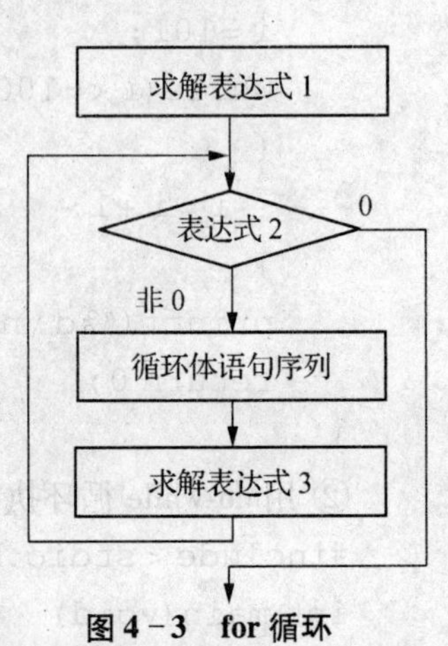

图4-3 for循环

其流程如图4-3所示。

用for语句实现例4.1中的循环输出，实现的语句为：

```
#include <stdio.h>
int main(void)
```

```
{
    int i,MaScore,EnScore,CScore,sum;
    float  aver;
    for(i =1;i <=30;i ++)   //控制循环次数,i 由 1 变为 30,共循环 30 次
    {
      printf("Input Math score,English score,Computer score:\n");
      scanf("%d%d%d",&MaScore,&EnScore,&CScore);
      sum = MaScore + EnScore + CScore;
      aver = sum/3.0;
      printf("The sum is%d\nThe average is% .1f\n", sum,aver);
    }
    return 0;
}
```

可以看到,与 while 循环相比,for 循环简单、方便。

一般情况下,for 循环和 while 循环可以相互替代,例如:

```
for(表达式 1; 表达式 2; 表达式 3)
{
        语句序列
}
```

可改写成:

```
        表达式 1;
while(表达式 2)
{
        语句序列
        表达式 3
}
```

二者无条件等价。

使用 for 循环时,要注意以下几点:

(1) 当循环体只有一条语句时,可以不使用花括号,则 for 语句的范围直到 for 后面第一个分号处。例如:

```
for(i=1;i<=30;i++)   printf("%d\n",i);
```

当循环体多于一条语句时,必须要使花括号。

(2) for 循环的三个表达式之间的分隔符是分号,有且仅有两个分号,既不能多,也不能少。这三个表达式可以是任意表达式,也可以是 C 语言的逗号表达式。例如:

```
for(s =0,i =1; i <=100; i ++)
{
    s =2 * i +1;
}
```

表达式 1 是一个逗号表达式,即用逗号运算符连接的表达式,如“s =0, i =1”,表达式 1

为 s 和 i 同时赋了初值。

遇到逗号表达式时,程序按照从左到右的顺序依次运算各表达式的值,并将最后一个表达式的值作为整个逗号表达式的值。例如:

```
int x=3,y;
y=(x+3,x-=5,x+6);
```

逗号运算符的级别最低,低于赋值运算符,使用小括号将逗号表达式优先计算。先计算"x+3",再计算"x-=5",最后计算"x+6",得到:

```
y=(x+3,x-=5,x+6)
y=(6 ,x=-2,4)
y=(6 ,-2,4)
y=4
```

取最后一个表达式的值 4 作为整个逗号表达式的值,赋给 y,故 y=4。

当表达式 2 为逗号表达式时,要注意循环条件的判断,例如:

```
for(i=1;i<=10,s<=10;i++)
{
    s=i*2+1;
}
```

此时表达式 2 为"i<=10, s<=10",先运算"i<=10",再运算"s<=10,"并将"s<=10"作为循环继续执行的条件。可以看出,当"i=5"时,循环执行后,s 的值为 11,"i++"后 i 的值为 5,此时表达式 2 中逗号表达式的值就不满足"s<=10"了,循环结束。

表达式 3 也可为逗号表达式,可同时使两个循环变量增值,例如:

```
for(i=1,j=0;i<=10;i++,j++)
{
    s=i+j;
}
```

表达式 1 和表达式 3 都为逗号表达式,表达式 1 同时为两个循环变量 i 和 j 赋初值,表达式 3 同时使 i 和 j 增值。

(3) for 循环的三个表达式均可以省略,但两个分号不可少。

① 省略表达式 1

```
i=1;                          /*循环变量赋初值*/
for(;i<=100;i++)
{
    printf("%d\t%d\n",i,i*i);
}
```

将表达式 1 省略,即不赋初值,表达式 1 后的分号不能少,对循环变量赋初值的语句应放在 for 循环之前。

② 省略表达式 2

```
for(i=0; ;i++)
{
```

```
    printf("%d\t%d\n",i,i*i);
}
```

将表达式2省略,即不设循环条件。表达式2后的分号不能少,相当于表达式2的值始终为"真"(非0),此时循环无限的进行下去,陷入死循环。

因此,为了能正确执行循环,应将循环条件放在循环体内判断,例如:

```
for(i=0; ;i++)
{
    if(i<=30)              /*用if条件语句进行判断选择*/
        printf("%d\n",i);
    else
        break;             /*不满足条件,用break结束循环*/
}
```

③ 省略表达式3

```
for(i=1;i<=30;)
{
    printf("%d\n",i);
    i++;                   /*使循环变量增值*/
}
```

将表达式3省略,即没有循环变量增值表达式,但为了保证循环可以正常结束,应在循环体中增加循环变量增值的语句。

④ 同时省略多个表达式

若同时省略表达式1和表达式3,则在循环之前将循环变量赋初值,在循环体中使循环变量增值。或者,将三个表达式同时省略,还应在循环体中增加循环条件判断的语句,才能保证循环正常结束。

4.3 几种循环的比较

一般的情况下while,do-while和for循环都可以用来处理同一问题,它们也可以相互替代。

【例4.2】编程求累加之和,从键盘输入n,计算$s=\sum_{i=1}^{n} i=1+2+3+\cdots+n$的和,并输出和。

【问题分析】这是一个累加问题,需要先后将n个数相加,如果用s_i表示前i项之和,那么有如下公式:

$$\left.\begin{array}{l} s_0=0 \\ s_1=s_0+1 \\ s_2=s_1+2 \\ \cdots \\ s_n=s_{n-1}+n \end{array}\right\} \Rightarrow s_i=s_{i-1}+i \Rightarrow s=s+i$$

但我们无需设这么多变量,只需要设一个变量 s 来表示累加和就够了,再将要加的数用变量 i 表示,那么每一次进行的操作相同,重复进行 n 次加法运算。显然可以用循环结构来实现,循环体即"s = s + i;",循环 n 次。"s = s + i;"中赋值号右侧的 s 表示前"i - 1"项之和,加上 i 之后就是前 i 项之和了,赋值号左侧的 s 表示前 i 项之和。i 的初值为 1,以后每次自增 1,只要"i≤n",就将它累加到 s 上去,当"i > n"时,终止计算。

【解题步骤】

(1) 输入 n 的值;

(2) 初始化累加器变量"s = 0",循环控制变量 i = 1;

(3) 判断循环条件,若"i <= n",转第 4 步,否则转第 5 步,

(4) 进行累加运算"s = s + i",循环变量发生改变"i ++ ",转第 3 步;

(5) 打印输出累加和 s;

(6) 结束。

【程序代码】

方法 1:用 for 语句编程实现。

```
#include <stdio.h>
int main(void)
{
    int s = 0, i, n;
    printf("请输入 n 的值:\n");
    scanf("%d", &n);
    for(i = 1;i <= n; i ++)
    {
        s = s + i;
    }
    printf("s = %d\n", s);
    return 0;
}
```

方法 2:用 while 语句编程实现。

```
#include <stdio.h>
int main(void)
{
    int s = 0, i = 1, n;
    printf("请输入 n 的值:\n");
    scanf("%d", &n);
    while(i <= n)
    {
        s = s + i;
        i = i + 1;
    }
```

```
    printf("s = %d\n", s);
    return 0;
}
```

方法 3:用 do-while 语句编程实现。

```
#include <stdio.h>
int main(void)
{
    int s = 0, i = 1, n;
    printf("请输入 n 的值:\n");
    scanf("%d", &n);
    do
    {
        s = s + i;
        i = i + 1;
    } while(i <= n);
    printf("s = %d\n", s);
    return 0;
}
```

【运行结果】

请输入 n 的值:

100↙

s = 5050

【程序分析】

(1) 在进行累加求和运算时,要将求和变量 s 的初始赋 0,累加变量 i 的初值赋 1。变量若不赋初值,其初值将是一个随机值。

(2) 由于每次循环体执行完以后,都要执行一次增值表达式。因此,在最后退出循环后,i 的值实际为 n + 1。

几种循环的比较:

(1) 循环变量初始化:while、do-while 在循环前指定;for 循环可以在表达式 1 中指定。

(2) 循环判断条件:while、do-while 在 while 后面的括号内指定循环条件;for 循环在表达式 2 中指定循环条件。

(3) 循环变量的改变:为了使循环能正常结束,while 和 do-while 应在循环体中包含使循环趋于结束的语句;for 循环可以在表达式 3 中包含使循环趋于结束的操作,甚至可以将循环体中的操作全部放到表达式 3 中。因此,for 语句的功能更强,凡用 while 循环能完成的,用 for 循环都能实现。

(4) while、for 先判循环条件,后执行;do-while 先执行,后判断循环条件。

(5) while、do-while、for 循环均可用 break 语句跳出循环,用 continue 提前结束本次循环体的执行,而进入下一次循环(break 语句和 continue 语句见第 4.5 节)。

实际应用中,需要重复处理的操作都可以用循环结构来实现。但在不同问题中,需重复操作的次数,有时是已知的,称为计数控制的循环(Counter Controlled Loop),有时是未知的,需要某个条件来控制,称为条件控制的循环(Condition Controlled Loop)。在遇到不同问题时,可以选择适当的语句来解决。

对于计数控制的循环,循环次数事先已知。习惯上用 for 语句实现循环更简洁、方便。

【例 4.3】编程求累乘之积,从键盘输入 n,计算 n!,并输出。

【问题分析】这是一个累乘问题,需要先后将 n 个数相乘,如果用 t_i 表示前 i 项之积,那么有如下公式:

$$\left.\begin{aligned} t_0 &= 1 \\ t_1 &= t_0 * 1 \\ t_2 &= t_1 * 2 \\ &\cdots \\ t_n &= t_{n-1} * n \end{aligned}\right\} \Rightarrow t_i = t_{i-1} * i \Rightarrow t = t * i$$

同样只需要设一个变量 t 来表示累乘积就够了。将要乘的数用变量 i 表示,那么每一次进行的操作相同,重复进行 n 次乘法运算。显然可以用循环结构来实现,循环体即"t = t * i;",循环 n 次。"t = t * i;"中赋值号右侧的 t 表示前 i - 1 项之积,乘以 i 之后就是前 i 项之积了,赋值号左侧的 t 表示前 i 项之积。i 的初值为 1,以后每次自增 1。只要 i≤n,就将它累乘到 t 上去。当 i > n 时,终止计算。

【解题步骤】

(1) 变量定义和初始化,初始化累乘器变量 t = 1;

(2) 输入 n;

(3) 用 for 循环求 t 的值,其中表达式 1 为 i 赋初值 1,表达式 2 设循环条件 i <= n,表达式 3 为循环变量增值 1,循环体为"t = t * i;";

(4) 输出 t。

【程序代码】

```
#include <stdio.h>
int main(void)
{
    int i,n;
    long int t =1;          /* 因阶乘取值范围较大,故 t 定义为长整型 */
    printf("请输入 n 的值:\n");
    scanf("%d", &n);
    for(i =1;i <=n;i ++)
    {
        t =t * i;
    }
    printf("%d!=% ld\n", n, t);
    return 0;
}
```

【运行结果】

请输入n的值:

10↙

10! =3628800

【程序分析】在进行累乘求积运算时,要将累乘器变量t赋初值为1。

条件控制的循环,循环次数事先不能确定,由某个条件来控制循环的执行,通常使用while或do-while语句实现循环。

【例4.4】编程,用"欧几里德"算法求两个自然数m和n的最大公约数。

【问题分析】"欧几里德"算法又称"辗转相除法",是求两个自然数的最大公约数的经典算法。它先将m除以n求余数r,并判断余数r是否为0,如果余数r为0,则n就是最大公约数,否则,就辗转赋值(m=n,n=r),再重复相除求余并判断,直到余数r为0为止。例如:

m	n	r(m%n)	判断条件(m%n! =0)
第1次	24	9	6成立
第2次	9	6	3不成立
第3次	6	3	0不成立(终止)

则3为所求得的最大公约数。

算法流程如图4-4所示,因为循环次数不确定,我们用while或do-while来实现。

输入m和n
r=m%n
m=n
n=r
当r! =0时
输出最大公约数

图4-4　算法流程图

【程序代码1】

```
#include <stdio.h>
int main(void)
{
    int m, n, r;
    printf("请输入两个整数:\n");
    scanf("%d,%d", &m, &n);
    do
    {
        r = m% n;
        m = n;
        n = r;
    }while(r!=0);
    printf("最大公约数为:%d\n",m);
    return 0;
}
```

【运行结果】

请输入两个整数:

18,24↙

最大公约数为:6

【程序1分析】本程序采用的是后测型do-while循环,注意最后输出的最大公约数是m

而不是n,这是为什么呢？我们看到,在循环体中求余后,并没有马上判断,而是先进行了辗转赋值(m=n,n=r),然后才判断余数是否为0,如果余数为0,最大公约数已经从n传给了m,此时变量n中存放的是r的值。

【程序代码2】

```c
#include <stdio.h>
int main(void)
{
    int m, n, r;
    printf("请输入两个整数:\n");
    scanf("%d,%d", &m, &n);
    while (n!=0)
    {
        r=m% n;
        m=n;
        n=r;
    }
    printf("最大公约数为:%d\n",m);
    return 0;
}
```

【程序2分析】本程序采用了前测型while循环,但循环条件不是“r! =0”,因为r的值是在循环体内才求的,第一次进入循环时r的值是不确定的,但n的值是确定的,且循环体中的最后执行了“n=r;”,所以这里完全可以采用“n! =0”来作循环条件。

【程序代码3】

```c
#include <stdio.h>
int main(void)
{
    int m, n, r;
    printf("请输入两个整数:\n");
    scanf("%d,%d", &m, &n);
    while (1)
    {
        r=m% n;
        if(r==0) break;
        m=n;
        n=r;
    }
    printf("最大公约数为:%d\n",n);
    return 0;
}
```

【程序3分析】本程序采用的是while循环,循环条件永远为真,在循环体中设置了if语句判断余数r是否为0,如果为0,则立即终止循环,注意此时最大公约数还在n中。

4.4　循环嵌套

如果循环体的实现用到了循环结构,则称为嵌套循环。

【例4.5】编程,根据输入的边长n(即字符*的个数),输出下列字符图形。如n=5时:

```
*****
*****
*****
*****
*****
```

【问题分析】

首先,我们来看如何输出一行"*****"。

它是连续输出n个"*",所以可以用循环来实现:

```
for(j=1;j<=n;j++)
    printf("*");
```

现在,我们把"*****"这个图形当作一个整体,把它的输出过程重复n遍,就可以得到完整的字符图形。

【程序代码】

```
#include<stdio.h>
int main(void)
{
    int n,i,j;
    printf("请输入图形的边长n:");
    scanf("%d",&n);
    for(i=1;i<=n;i++)              //外循环实现打印n行
    {
        for(j=1;j<=n;j++)          //内循环实现一行打印n个*
            printf("*");
        printf("\n");              //输出一行*后,要换行
    }
    return 0;
}
```

【运行结果】

```
请输入图形的边长n:5
*****
*****
*****
```

```
*****
 *****
```

【程序分析】

程序中,在一个循环体内又完整地包含另一个循环,称为循环的嵌套。这是一个嵌套的 for 循环,用来打印一个 5 行 5 列的字符图形矩阵,i 称为外循环,控制打印的行数,j 称为内循环,控制每行的字符个数。内循环后的 printf("\n")用于换行输出。

在嵌套循环中,如果内层循环的循环体内还包含一个循环,那么就是多层循环嵌套。

【例 4.6】编程,用穷举法解决百钱买百鸡问题:一百个铜钱买了一百只鸡,其中公鸡一只 5 钱、母鸡一只 3 钱,小鸡一钱 3 只,问一百只鸡中公鸡、母鸡、小鸡各多少?

【问题分析】

这是一个古典数学问题,设一百只鸡中公鸡、母鸡、小鸡分别为 x、y、z,则可以得到:

$$\begin{cases}5x+3y+z/3=100\\ x+y+z=100\end{cases}$$

这里 x,y,z 为正整数,且 z 是 3 的倍数;由于鸡和钱的总数都是 100,可以确定 x、y、z 的取值范围:

(1) x 的取值范围为 1 ~20(一百钱最多买 20 只公鸡);

(2) y 的取值范围为 1 ~33(一百钱最多买 33 只母鸡);

(3) z 的取值范围为 3 ~99,步长为 3(小鸡一买就是 3 只,且小鸡的数量不能超过总数 100)。

对于这个问题我们可以用穷举的方法,遍历 x、y、z 的所有可能组合,只要满足"百钱,百鸡"的条件,即可得到问题的解。

【程序代码】

```
#include <stdio.h>
int main(void)
{
    int x,y,z;
    for(x =1; x <=20; x ++)
    {
        for(y =1; y <=33; y ++)
        {
            for(z =3; z <=99; z + =3)
            {
                if((5 * x +3 * y + z/3 = =100)&&(x +y +z = =100))
                      printf("公鸡只数:%d,母鸡只数:%d,小鸡只数:%d\n",
x, y, z);
            }
        }
    }
    return 0;
```

```
}
```

【运行结果】

公鸡只数:4,母鸡只数:18,小鸡只数:78

公鸡只数:8,母鸡只数:11,小鸡只数:81

公鸡只数:12,母鸡只数:4,小鸡只数:84

【程序分析】可以看出,本程序中,第一层循环的次数是20,第二层循环的次数是33次,第三层循环的次数也是33次,内层循环体的if判断操作要执行20 * 33 * 33 = 21780次。事实上,x和y确定了以后,z的个数也就确定了:100 - x - y,因而z的数量就不要再列举了。

【改进的程序代码】

```
#include <stdio.h>
int main(void)
{
    int x,y,z;
    for(x =1; x <=20; x ++)
    {
        for(y =1; y <=33; y ++)
        {
            z =100 -x -y;
            if((5 *x +3 *y +z/3 ==100) && (z% 3 ==0))
                                                //z必须是3的倍数
                printf("公鸡只数:%d,母鸡只数:%d,小鸡只数:%d\n", x, y, z);
        }
    }
    return 0;
}
```

改进后的程序只用了两重循环,内层循环体的if判断操作只要执行20 * 33 = 660次,大大提高了效率。

3种循环(while循环、do-while循环和for循环)可以相互嵌套,根据具体的问题可以选择合适的循环语句实现循环结构。例如,下面几种都是合法的形式:

```
(1) while()
    { ...
      while()
      {...}
    }
```

```
(2) do
    { ...
      do
      {...}
      while();
    } while();
```

```
(3) for(;;)
    {
        tor(; ;)
          {...}
    }
```

```
(4) while()
    { ...
        do
        {...}
        while();
    ...
    }
```

```
(5) for(; ;)
    { ...
        while()
            {...}
    …
    }
```

```
(6) do
    { ...
        for(; ;)
          {...}
    }while();
```

4.5 流程控制语句

顺序结构、选择结构和循环结构都是按照预先规定的流程执行的。但有时需要改变预先指定的流程,这就要用流程控制语句来实现。

4.5.1 用 break 语句提前终止循环

break 语句用在 switch 语句中用来结束 switch 语句的执行。break 语句也可以用在循环语句中,提前终止循环。

【例4.7】某大学生生病,急需手术费8万元,现面向全院2000个学生募捐,当总数达到8万元时就结束,统计此时捐款的人数,以及平均每人捐款的数目。

【问题分析】捐款过程可以用循环来处理,但循环的实际次数事先不能确定,但最多循环2000次,在循环中累计捐款总数,并用if语句检查是否达到8万元,如果达到,就用break语句终止循环,不再累加,并计算人均捐款数。

在程序中定义变量m,用来存放捐款数,变量t,用来存放累加后的总捐款数,变量aver,用来存放人均捐款数,以上3个变量均为单精度浮点型。定义变量i作为循环变量。

【程序代码】

```
#include <stdio.h>
int main(void)
{  float amount,total,aver;
   int i;
   for (i =1,total =0;i <=2000;i ++)
    {
        printf("please enter amount:");
        scanf("% f",&amount);
        total =total + amount;
        if (total >=80000) break;
```

```c
    }
    aver = total/i ;
    printf("num = %d\naver = %10.2f\n",i,aver);
    return 0;
}
```

【程序分析】for 循环本来指定执行循环体 2000 次,在每一次循环中,输入一个学生的捐款金额数,并将它累加到 total 中,如果没有 if 语句,则执行循环体 2000 次。现在设置一个 if 语句,在每一次累加了捐款金额数 amount 后,立即检查累加和 total 是否达到或超过 8 万,当 total >= 80000 时,就执行 break 语句,流程跳转到循环体的花括号外,提前结束循环。此时变量 i 的值就是实际捐款的人数,用捐款总金额 total 除以捐款人数,得到的就是人均捐款额 aver。

注意:break 语句只能用于循环语句和 switch 语句之中,而不能单独使用。

4.5.2　用 continue 语句提前结束本次循环

实际编程中,有时并不希望终止整个循环的操作,而只希望提前结束本次循环,而接着执行下次循环。这时可以用 continue 语句。

【例 4.8】输出 1 ~ 100 之间不能被 3 整除的数。

【问题分析】此题需要对 1 ~ 100 之间的每一个整数检查,如果不能被 3 整除,就将此数输出,提前进入下一个的检查。如果能被 3 整除,就不输出此数。无论是否输出此数,都要继续检查下一个数(直到 100 为止)。

流程图如图 4-5 所示。

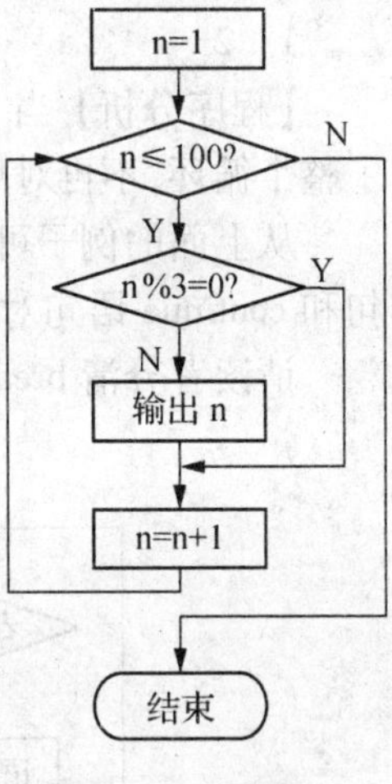

图 4-5　流程图

【程序代码】

```c
#include <stdio.h>
int main(void)
{
    int n;
    for(n =1;n <=100;n ++)
    {  if (n% 3 ==0)
         {
            continue;
         }
       printf("% 4d",n);
    }
    printf("\n");
    return 0;
}
```

【运行结果】

```
   1   2   4   5   7   8  10  11  13  14  16  17  19  20  22  23  25  26  28  29
  31  32  34  35  37  38  40  41  43  44  46  47  49  50  52  53  55  56  58  59
  61  62  64  65  67  68  70  71  73  74  76  77  79  80  82  83  85  86  88  89
  91  92  94  95  97  98 100
```

【程序分析】当 n 能被 3 整除时，不需要输出 n，这里用 continue 语句使流程跳转到表示循环体结束的右花括号的前面，，从而漏过了“printf("%4d",n);”这一输出语句，提前结束了本次循环，进入下一次循环。

若使用 break 语句代替 continue 语句，程序如下：

【程序代码】

```
#include <stdio.h>
int main(void)
{
    int n;
    for(n=1;n<=100;n++)
    {  if (n%3==0)
       {
           break;
       }
       printf("%4d",n);
    }
    printf("\n");
    return 0;
}
```

【运行结果】

1 2

【程序分析】当 i=3 时，条件“i%3==0”第一次得到满足，执行 break 语句后立即结束了整个循环，不再对后面的 i 进行判断，故输出的结果为 3 之前的数。

从上面的例子可以看出，break 语句和 continue 语句都可以用在循环语句中，但 break 语句和 continue 语句对循环的控制效果是不同的，如图 4-6、图 4-7 所示。

请读者分清 break 和 continue 语句的区别，选择合适的语句使用。

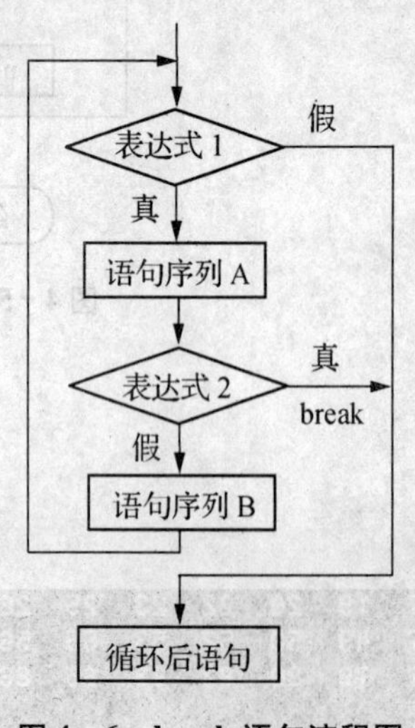

图 4-6 break 语句流程图

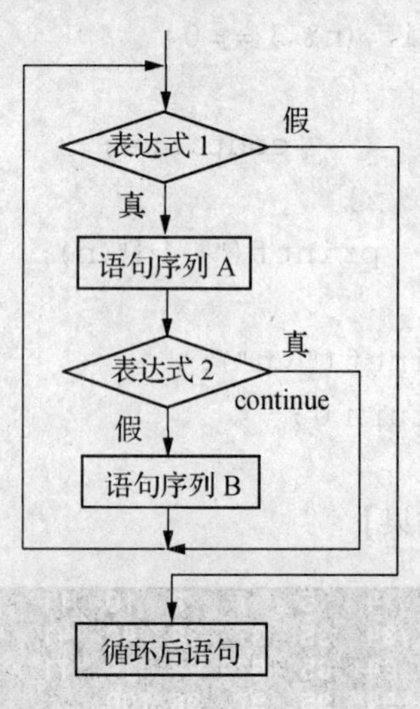

图 4-7 continue 语句流程图

4.6 循环程序举例

【例4.9】编程,从键盘输入n,计算 $s=\sum_{i=1}^{n} i! = 1! + 2! + 3! + \cdots + n!$ 的值,并输出。

【问题分析】此题可结合例4.2(累加求和)和例4.3(累乘求积)的程序,用嵌套循环来实现。其中,外层循环控制变量i的值从1变化到n,以计算从1到n的各个阶乘值的累加求和,而内层循环控制变量j的值从1变化到i,以计算从1到i的累乘结果即阶乘i!。

【程序代码】

```
#include <stdio.h>
int main(void)
{
    int i,j, n;
    long s =0,t;                        //累加求和变量s初始化为0
    printf("请输入n的值:");
    scanf("%d", &n);
    for(i =1;i <=n;i ++)
    {
        t =1;                           //累乘求积变量t赋初值为1
        for(j =1;j <=i;j ++)
        {
            t =t * j;                   //累乘求积
        }
        s=s+t;                          //累加求和
    }
    printf("1!+2!+...+%d!=% ld\n", n,s);
    return 0;
}
```

【运行结果】

请输入n的值:10↙

1! +2! +⋯ +10! =4037913

【程序分析】方框中的代码用于求i!,作为内循环。请注意累加和变量s和累乘积变量t的初始化位置,s初始化是0在外循环之前,而t初始化是1在外层循环体内、内层循环语句之前进行的。

在这段程序中,我们利用了嵌套循环,每当i发生变化时,都要从1开始累乘到i来计算i!。比如i为4时,需要从1开始累乘到4来计算4!,当i为5时,也要从1开始累乘到5来计算5!。然而,要计算5!,其实可以不必从1开始累乘到5,只需要利用上一次计算得到的4!乘以5就可得到5!。因此,我们将程序改进如下:

【改进的程序代码】

```
#include <stdio.h>
int main(void)
{
    int i,n;
    long s=0,t=1;          //累乘求积变量t只需在循环前初始化一次即可
    printf("请输入n的值:");
    scanf("%d", &n);
    for(i=1;i<=n; i++)
    {
        t=t*i;             //赋值号右边的t值是上一次循环中求的阶乘值
        s=s+t;
    }
    printf("1!+2!+...+%d!=% ld\n", n,s);
    return 0;
}
```

【程序分析】在这段程序中,我们根据累加和的前项和后项的关系,利用前项来计算后项,即将累加项表示为"t=t*i;",因为t只在循环之前初始化过,在第i次循环中,赋值号右侧的t中保留的是上一次累乘的结果,即(i-1)!,再用(i-1)!*i得到的就是i!了。程序只用了单重循环,大大减少了循环的次数,提高了效率。

循环体语句"s=s+t;"中s是累加和,t是累加项,就是每次要累加的项。编写累加求和的关键在于寻找累加项的构成规律。

(1) 当累加的项较为复杂或者前后项之间无关时,需要单独计算每个累加项。

(2) 而当累加项的前项与后项之间有关时,我们可以根据累加项的后项与前项之间的关系,通过前项来计算后项。如例4.9改进的程序代码就利用了累加项的后项和前项的关系。若t_i表示第i项,t_{i-1}表示第i-1项,后项与前项存在如下比例关系:

$$\frac{t_i}{t_{i-1}}=\frac{i!}{(i-1)!}=i$$

$$=>t_i=t_{i-1}*i$$

$$=>t=t*i$$

在程序中,不需要将每一次的累加项都另设一个变量来保存,而是只设一个变量t来保存,所以赋值号右侧的t代表的就是上一次的累加项t_{i-1},赋值号左侧的t代表的是这一次的累加项t_i。

【例4.10】编程,求$s=\sum_{i=1}^{n}\frac{x^i}{i}$。

【问题分析】累加项为$\frac{x^i}{i}$,可用数学库函数pow(x,i)来求x^i,再除以i就可直接得到累加项的值。

【程序代码】

```
#include <stdio.h>
#include <math.h>              //程序中用到了数学库函数pow()
int main(void)
{
    int i,n,x;
    double s,t;
    s=0;
    printf("Please input n,x:");
    scanf("%d,%d",&n,&x);
    for(i=1;i<=n; i++)
    {
        t=pow(x,i)/i;          //直接用表达式计算出累加项t
        s=s+t;
    }
    printf("s=%f\n",s);
    return 0;
}
```

【运行结果】

Please input n,x:3,2↙

s=6.666667

【例4.11】编程，计算 $s=1-\frac{x}{1!}+\frac{x^2}{2!}-\frac{x^3}{3!}+\cdots=1+\sum_{i=1}^{n}(-1)^i\frac{x^i}{i!}$ 的值(直到最后一项小于10^{-6}为止)。

【问题分析】累加项为 $(-1)^i\frac{x^i}{i!}$，可以用后项与前项的关系来求累加项：

$$\frac{t_i}{t_{i-1}}=\frac{(-1)^i\frac{x^i}{i!}}{(-1)^{i-1}\frac{x^{i-1}}{(i-1)!}}=-\frac{x}{i}$$

$$=>t_i=t_{i-1}*(-x/i)$$

$$=>t=t*(-x/i)$$

【程序代码】

```
#include <stdio.h>
#include <math.h>              //用到fabs()函数,要包含头文件math.h
int main(void)
{  int i;
   float x;
   double s=1,t=1;             //累加器变量s赋初值1,累加项变量t赋初值1
   printf("Please input x:");
```

```
    scanf("% f",&x);
    i =1;
    while(fabs(t)>=1e-6)
                        //检查当前项 t 的绝对值是否大于或等于 10 的 -6 次方
    {
        t =t * (-x/i);          //累加项 t 的值由前项乘以(-x/i)得到
        s =s +t;                //将累加项 t 累加到累加器 s 中
        i ++;
    }
    printf("s =% f\n",s);
    return 0;
}
```

【运行结果】

Please input x:1 ↙

s =0.367879

【程序分析】累加器变量 s 也可初始化为 1,此时是将首项 1 直接放入 s 中,循环将从第二项 $-\frac{x}{1!}$开始累加。fabs 是求绝对值的数学库函数,从附录 F 可以看到,在 C 库函数中,有两个求绝对值的函数,一个是 abs(x),求整数 x 的绝对值,结果是整型。另一个是 fabs(x),x 是双精度数,得到的结果是双精度型。程序中需要求 t 的绝对值,而 t 是双精度数,因此要用 fabs()函数来求。在用数学函数时,要在本文件模块的开头加预处理指令:#include <math.h>。

【例 4.12】编程,求斐波纳契(Fibonacci)数列的前 20 项,每行输出 5 个。斐波纳契(Fibonacci)数列定义如下:

$$\begin{cases} F_1 = 1 & n=1 \\ F_2 = 1 & n=2 \\ F_n = F_{n-1} + F_{n-2} & n\geqslant 3 \end{cases}$$

【问题分析】除第 1 项和第 2 项外,数列中其余的每项都是前两项之和。我们可以用递推的方法来实现。设第 1 项、第 2 项分别为 f1 =1,f2 =1,则第 3 项 f3 = f2 + f1,第 4 项 f4 = f3 + f2,…但我们不可能定义太多的变量,会使得程序冗长,因此采取重复使用变量名的方法,使同一个变量名在不同时间表示不同的项,如:

1 1 2 3 5 8 13 21 34 …

第 1 次: f1 f2 f

第 2 次: f1 f2 f

第 3 次:f1 f2 f

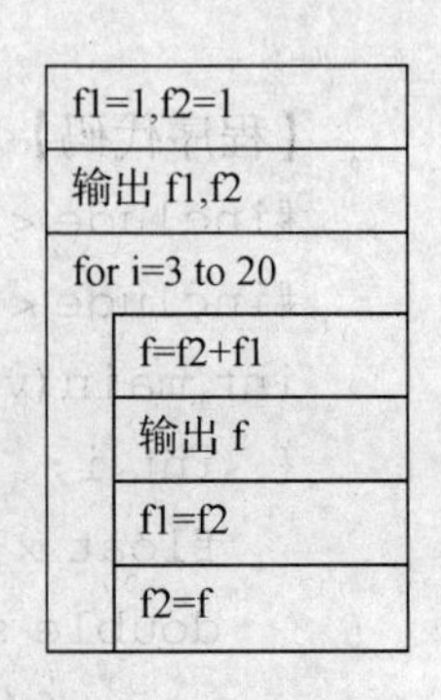

图 4-8 流程图

可以看出,第 1 项、第 2 项的值都为 1,可以直接输出。f 从第 3 项开始计算,每一次计算总有 f = f1 + f2;进行下一次计算时,f1 取前一次 f2 的值,f2 取前一次 f 的值,再计算 f。重复着这个步骤 18 次,可计算从第 3 项到第 20 项的 f 值,这是一个用次数确定的循环。

算法流程图如图 4-8 所示。

【程序代码】

```
#include <stdio.h>
int main(void) {
    int f1 =1,f2 =1,f,i;                     /* 前两项的值固定为1 */
    printf("% 12d% 12d", f1, f2);            /* 输出数列的前两项 */
    for(i =3;i <=20;i ++)                    /* 计算第3 项到第20 项 */
    {
        f = f1 + f2;                         /* 每一项等于前两项的和 */
        printf("% 12d", f);                  /* 输出当前计算出的项 f */
        if (i% 4 ==0)                        /* 如果当前输出的项是4 的倍数 */
            printf("\n");                    /* 输出换行符 */
        f1 = f2;                             /* f1 取前一次 f2 的值 */
        f2 = f;                              /* f2 取前一次 f 的值 */
    }
    printf("\n");                            /* 数列输出完毕,输出换行符 */
    return 0;
}
```

【运行结果】

```
           1           1           2           3
           5           8          13          21
          34          55          89         144
         233         377         610         987
        1597        2584        4181        6765
```

【程序改进】上面的程序每循环一次只求出一项,其实可以同时求出两项,而且只用两个变量 f1 和 f2 就够了,不必用 f。技巧是,把 f1 + f2 的结果不放在 f 中,而放在 f1 中取代了 f1 的原值,f1 不再是第1 项,而是第3 项。再执行 f2 + f1,结果放入 f2 中,f2 不再是原来的第2 项,而是第4 项了。如此递推下去,只需要循环10 次,即可求出前20 项。如:

	1	1	2	3	5	8	13	21	34	…
第1 次:	f1	f2								
第2 次:			f2	f1						
第3 次:					f1	f2				

算法流程图如图4 - 9 所示。

f1=1,f2=1	
for i=1 to 10	
	输出 f1,f2
	f1=f1+f2
	f2=f2+f1

图4 - 9　流程图

【改进的程序代码】

```
#include <stdio.h>
int main(void)
{
    int f1 =1,f2 =1,i;                /* 前两项的值固定为1 */
    for(i =1;i <=10;i ++)             /* 每次循环输出2 项 */
    {
```

```
        printf("%12d%12d", f1, f2);
        if(i%2==0)
            printf("\n");
        f1 = f1 + f2;
        f2 = f2 + f1;
    }
    printf("\n");                    /* 数列输出完毕,输出换行符 */
    return 0;
}
```

【改进程序分析】循环体中 if 语句的作用是使输出 4 个数后换行，i 是循环变量，当 i 为偶数时换行，由于每次循环要输出 2 个数(f1,f2)，因此 i 为偶数时意味着输出了 4 个数，执行换行。

【例 4.13】编程，输入一个大于 3 的整数 n，判定它是否为素数(prime，又称质数)。

【问题分析】素数除了 1 和本身之外，不能被任何数整除。要判断 n 是否为素数，可采用的算法：使 n 依次除以 i，i=2,3,…,(n-1)，用循环实现，在这个循环中，如果 n 能被当前的 i 整除，则 n 不是素数，不需要再判断 n 是否能被 i+1 整除了，立即结束循环，此时 i<n；如果 n 不能被当前的 i 整除，则将 i 自增 1，判断 n 是否能被下一个 i 整除。当 i 的值超过了 n-1，表示在[2,n-1]范围内没有找到一个数能整除 n，则 n 为素数。

【程序代码】

```
#include <stdio.h>
int main(void)
{
    int n,i;
    printf("请输入一个大于3的整数:\n");
    scanf("%d", &n);
    for(i=2;i<n;i++)
    {
        if(n%i==0)                   /* n能被i整除 */
            break;                   /* n不是素数,立即结束循环 */
    }
    if(i<n)                          /* 如果i<n,说明提前退出了循环 */
        printf("%d不是素数\n",n);    /* 输出n不是素数 */
    else                             /* 如果i>n,说明循环完毕才退出 */
        printf("%d是素数\n",n);      /* 输出n是素数 */
    return 0;
}
```

【运行结果】

请输入一个大于 3 的整数:127 ↙

127是素数

【程序分析】在循环语句中,如果if条件满足,即n能被当前的i整除,可以立即得出结论"n不是素数",并且不能再去判断下一个i值了,我们用break提前结束了循环。但是反过来,如果if条件不满足,我们却不能得到"n是素数"的结论,比如9不能被2整除,我们不能说"9是素数",因为9能被3整除。所以要得出"n是素数"的结论,必须全部循环完毕,若n不能被任何一个i值整除,就可以得出"n是素数"的结论。所以,结论必须在退出循环后才能得出。循环语句有两个退出条件,如果退出后i<n,那么说明它满足了if条件,提前退出的,n不是素数;如果退出后i>=n,说明是循环完毕才退出的,在循环期间,n从来没被任何i值整除过,n是素数。

【程序改进】在判断n是否能被i整除时,不必将i的范围设为[2,n-1],只需判断[2,$\sqrt{n}$]范围内的整数i是否能整除n即可。例如判断23是否为素数,只要判断23是否能被2、3、4整除,若2、3、4都不能整除23,那么23一定是一个素数。这样就大大减少了循环的次数,提高了执行效率。

【改进的程序代码】

```
#include <stdio.h>
#include <math.h>          /* 用到 sqrt()函数,要包含头文件 math.h */
int main(void)
{
    int n,i;
    printf("请输入一个大于3的整数:");
    scanf("%d", &n);
    for(i =2; i <= sqrt(n); i ++)
    {
        if(n% i ==0)
            break;
    }
    if(i <= sqrt(n))
        printf("%d 不是素数\n",n);
    else
        printf("%d 是素数\n",n);
    return 0;
}
```

【例4.14】输出100~200间所有的素数,一行输出5个。

【问题分析】可以用循环依次判断[100,200]内的整数n是否为素数,而循环体中则用例4.13中的改进方法判断当前的n是不是素数,若是,则输出;若不是,则n自增1,再判断下一个数是不是素数。可见,这是个两重的嵌套循环,外层循环判断[100,200]内的整数n是否为素数,内层循环判断整数n是否能被[2,$\sqrt{n}$]内的某个数整除。

【程序代码】

```
#include <stdio.h>
#include <math.h>
int main(void)
{
    int n, i, k = 0 ;                          /* k 记录输出的素数个数 */
    for(n = 101; n <= 200; n = n + 2)          /* 外层循环 */
    {
        for(i = 2; i <= sqrt(n); i ++ )        /* 内层循环 */
        {
            if(n% i == 0)                      /* 满足条件,即当前的 n 不是素数 */
                break;                         /* break 语句结束内层循环 */
        }
        if(i > sqrt(n))                        /* 如果 n 是素数 */
        {
            printf("%d \t",n);                 /* 输出 n */
            k ++;                              /* 输出素数的个数增 1 */
            if (k% 5 == 0)                     /* 若一行输出了 5 个 */
                printf("\n");                  /* 换行 */
        }
    }
    printf("\n");
    return 0;
}
```

【运行结果】

```
101  103  107  109  113
127  131  137  139  149
151  157  163  167  173
179  181  191  193  197
199
```

【程序分析】

(1) 根据常识,偶数不是素数,所以不必对偶数进行判定,只对奇数进行检查。故外循环变量 n 从 101 开始,每次增值 2。

(2) k 的作用是累计输出素数的个数,控制每行输出 5 个数据。

【例 4.15】编程,输入一行字符,分别统计出其中英文字母、空格、数字和其他字符的个数。

【问题分析】要分别统计出其中英文字母、空格、数字和其他字符的个数,需要设 4 个变量作为计数器,变量 letters 用来存放英文字母的个数,变量 space 用来存放空格的个数,变量

digit 用来存放数字的个数,变量 other 用来存放其他字符的个数。4 个变量初值均为 0。输入一个字符变量 c,对该字符进行判断,如果是英文字母,就让 letters 自增 1;如果是空格,就让 space 自增 1;如果是数字,就让 digit 自增 1;如果是其他字符,就让 other 自增 1。判断完毕后就再输入一个字符,要输入一行字符可以用循环来实现,循环次数是不确定的,我们可以设定当用户输入换行符时结束。

【程序代码】

```
#include <stdio.h>
int main(void)
{
    char c;
    int letters = 0,space = 0,digit = 0,other = 0;
    printf("请输入一行字符:\n");
    c = getchar();                    //输入一个字符给字符变量 c
    while(c!='\n')
    {
        if (c >='a' && c <='z' || c >='A' && c <='Z')
            letters ++;
        else if (c ==' ')
            space ++;
        else if (c >='0' && c <='9')
            digit ++;
        else
            other ++;
        c = getchar();                //再输入下一个字符给字符变量 c
    }
    printf("字母数:%d\n",letters);
    printf("空格数:%d\n",space);
    printf("数字数:%d\n",digit);
    printf("其他字符数:%d\n",other);
    return 0;
}
```

【运行结果】

请输入一行字符:

I know 8 * 9 = 72. ↙

字母数:5

空格数:2

数字数:4

其他字符数:3

【程序分析】我们还可以把前后两个读入字符的“c = getchar();”合并为一个,并且放在While语句的检查条件中。

【改进的程序代码】

```
#include <stdio.h>
int main(void)
{
    char c;
    int letters=0,space=0,digit=0,other=0;
    printf("请输入一行字符:\n");
    while((c=getchar())!='\n')
                                   //输入一个字符给变量c并检查其值是否是换行符
    {
        if (c>='a' && c<='z' || c>='A' && c<='Z')
            letters++;
        else if (c==' ')
            space++;
        else if (c>='0' && c<='9')
            digit++;
        else
            other++;
    }
    printf("字母数:%d\n",letters);
    printf("空格数:%d\n",space);
    printf("数字数:%d\n",digit);
    printf("其他字符数:%d\n",other);
    return 0;
}
```

小　结

一、知识点概括

1. while循环、do-while循环、for循环的形式和使用方法,注意掌握循环语句的不同形式,灵活使用。

2. 空语句、逗号运算符和表达式的意义和使用。

3. 流程控制语句break和continue的意义和使用。

4. 循环常见算法:累加、累乘、穷举、递推等。

5. 常见经典问题:最大公约数、百鸡百兔问题、斐波纳契数列、素数等。

二、常见错误列表

错误实例	错误分析

int s, i = 0;while(i < 10)
{
　　s = s + i;
　　i ++ ;
}
	累加器变量 s 未初始化,导致运行结果出现乱码

while(i < 10)
　　s = s + i;
　　i ++ ;
	循环体的语句多于一条,忘记用大括号括起来,导致程序运行结果错误

for(i = 0;i <= 10;i ++)
　　s + = I;
　　m * = i;	

for(i = 0;i <= 10;i ++) ; 　　s + = i;	for 语句的括号后输入了一个分号,使 for 的循环体变成了空语句,不执行任何操作,导致程序运行结果错误,程序陷入死循环。

while(i < 10) ;
{
　　s = s + i;
　　i ++ ;
}
	while 语句的括号后输入了一个分号,使 for 的循环体变成了空语句,不执行任何操作,导致程序运行结果错误,程序陷入死循环

int i = 1, s = 0;
while(i < 10) ;
{
　　s = s + i;
}
	while 语句循环体中,没有改变循环条件的表达式,使得循环条件永远成立,陷入死循环

do
{
　　s = s + i;
　　i = i + 1;
} while(i <= n)
	do-while 语句 while 条件后面缺少分号

for (i = 1,i <= n;i ++) 　　t = t * i;	for 循环中三个表达式用两个分号隔开,两个分号必不可少,否则,系统报编译错误

for(i = 1; ;i <= 9; i ++)
{
　　for(j = 1;j <= i;j ++)
　　{
　　printf("%d%d\t",i,j);
　　printf("\n");
}
	嵌套循环中左括号与右括号不匹配

习 题

1. 编程,输入n值,计算$S=\sum_{i=1}^{n}(2*i-1)$,输出S的值。

2. 编程,输入n和a值,计算s=a+aa+aaa+…+aa…a,其中a是一个数字,n表示a的位数,例如,输入n为5,a为2,则计算s=2+22+222+2222+22222。

3. 编程,根据输入的行数n,输出如下所示的直角三角形。如n=5时:

```
*
* *
* * *
* * * *
* * * * *
```

4. 编程,输出所有的“水仙花数”,所谓“水仙花数”是指一个3位数,其各位数字立方和等于该数本身。例如,153是一水仙花数,因为$153=1^3+5^3+3^3$。

5. 一个数如果恰好等于它的因子之和,这个数就称为“完数”。例如,6的因子为1,2,3,而6=1+2+3,因此6是“完数”。编程,输出1000之内的所有完数。

6. 有一个分数序列

$\frac{2}{1},\frac{3}{2},\frac{5}{3},\frac{8}{5},\frac{13}{8},\frac{21}{13},\cdots$

编程,输出这个数列的前20项之和。

7. 为使电文保密,常要求将明文按照一定规律进行加密成密文,先设定规律如下:所有字母变为其后的第4个字母(如A变为E,b变为f,W变为A,x变为b),非字母字符保持不变。编程,输入一行明文,加密后,输出密文。

第5章　数　组

5.1 引　言

在我们的学生成绩管理系统中对于学生成绩的统计计算肯定是免不了的，现在我们运用在前面章节已经学过的知识来写下面这个程序。

【例5.1】求全班30位学生的平均成绩和高于平均成绩的人数。

使用简单变量和循环结构，求平均成绩的程序段如下：

```
aver =0;
for(i =1;i <=30; i ++)
{  printf("请输入第%d 位学生的成绩:",i);
   scanf("% f",&score);
   aver + =score;
}
aver =aver/30;
```

此时要统计高于平均成绩的人数则无法立即实现。因为存放学生成绩的变量 score 只能存放当前的学生成绩，下一个学生成绩数据输入后，就覆盖掉了上一个学生成绩数据，循环体执行完毕，变量 score 中只保留下了最后一位学生的成绩，也就不可能将全班所有学生的成绩与平均成绩进行比较。要解决这个问题，只能再接着编写程序，重新输入全班所有学生的成绩，这就造成大量重复输入且容易出错。当然，我们也可以定义30个不同的变量来存储这30个成绩数据，但很显然这也不是解决问题的好办法。

本章节我们将向大家介绍一种新的数据结构，来存放这30个数据，这种结构就是数组。运用数组可以很容易解决上述问题了。

【程序代码】

```
#include <stdio.h >
int main(void)
{  float score[30],aver =0;   //定义有 30 个 float 类型元素的数组 score
   int i,num =0;
   for(i =0; i <30; i ++)
   {  printf("请输入第%d 位学生的成绩:",i +1);
      scanf("% f",&score[i]);
      aver + =score[i];
   }
   aver =aver/30;
   for(i =0; i <30; i ++)           //逐个将 30 个学生的成绩与平均成绩进行比较
```

```
    if(score[i]>=aver)
            num++;
    printf("平均成绩:%.1f",aver);
    printf("高于平均成绩的人数:%d位",num);
    return 0;
}
```

score[0]、score[1]、…、score[29]分别存储第1个、第2个、…、第30个学生的成绩。

在C语言中,为了处理方便,把具有相同类型的若干变量按有序的形式组织起来。这些按序排列的同类数据元素的集合称为数组。数组属于构造数据类型。一个数组可以分解为多个数组元素,这些数组元素可以是基本数据类型或是构造类型。因此按数组元素的类型不同,数组又可分为数值数组、字符数组、指针数组、结构数组等各种类别。

本章介绍数值数组和字符数组,其余的在以后各章陆续介绍。

5.2 一维数组

5.2.1 一维数组的定义

在C语言中使用数组必须先进行定义。一维数组的定义方式为:

类型说明符 数组名[整型常量表达式];

其中,类型说明符是任一种基本数据类型或构造数据类型。数组名是用户定义的数组标识符,数组名与变量名命名规则相同。方括号中的整型常量表达式表示数据元素的个数,也称为数组的长度,通常是一个正整数,不能是负整数和0。例如:

```
int a[5],b[10];/*说明整型数组a,有5个元素,整型数组b,有10个元素  */
float c[20];/*说明实型数组c,有20个元素*/
char ch[30];/*说明字符数组ch,有30个元素*/
```

C语言的数组由连续的内存区构成,最低地址对应首元素,最高地址对应末元素。保存数组所需要的内存量直接与元素类型和数组大小有关。对一维数组而言,以字节为单位的总内存量可以这样来确定:

总字节数=sizeof(元素类型)×数组长度

例如上例中一维整型数组a,它所占内存字节数目为:

sizeof(int)×5=4×5=20个字节数。

此数组有5个元素,分别是a[0],a[1],a[2],a[3],a[4]。系统为a数组在内存中分配了5个连续的整型空间,共20个字节。假设分配到的这20个字节的起始地址是1000,其在内存中的结构如图5-1所示,图中的"?"表示该内存单元的值为不确定。

内存地址	单元内容	数组元素
1000	?	a[0]
1004	?	a[1]
1008	?	a[2]
1012	?	a[3]
1016	?	a[4]

图5-1　数组a在存储器中的表示

注意：

(1) 数组的类型实际上是指数组元素的取值类型。对于同一个数组，其所有元素的数据类型都是相同的。

(2) 数组名的书写规则应符合标识符的书写规定。

(3) 数组名不能与其他变量名相同。例如：

```
int x;
float x[10];
```

这是错误的。

(4) 不能在方括号中用变量来表示元素的个数，但是可以是符号常数或常量表达式。例如：

```
#define SIZE 4
...
int a[3+2],b[6+SIZE];
```

这是合法的。但是下述说明方式是错误的。

```
int n=5;
int a[n];
```

5.2.2　一维数组元素的引用

数组元素是组成数组的基本单元。数组元素也是一种变量，其标识方法为数组名后跟一个下标。下标表示了元素在数组中的顺序号。

数组元素的一般形式为：

数组名[下标]

其中下标规定为0到数组长度-1，并且只能为整型常量或整型表达式。如为小数时，C编译将自动取整。例如：

```
a[2]
a[i++]
a[i+1]
```

在C语言中，框住下标的方括号“[ ]”实际上被看成一个运算符，与圆括号“( )”具有相同的优先级。

数组元素通常也称为下标变量。必须先定义数组，才能使用下标变量。在C语言中只能逐个地使用下标变量，而不能一次引用整个数组。例如，输出有5个元素的数组必须使用循环语句逐个输出各下标变量：

```
for(i=0; i<4; i++)
    printf("%d",a[i]);
```

而不能用一个语句输出整个数组。因此，下面的写法是错误的：

```
printf("%d",a);
```

【例5.2】通过键盘输入10个整数，并倒序输出。

【程序代码】

```
#include<stdio.h>
int main(void)
{  int i,a[10];
   for (i=0;i<=9;i++)
       a[i]=i;
   for (i=9;i>=0;i--)
      printf("%d ",a[i]);
   return 0;
}
```

注意：

C语言不检查数组的边界，因此程序可以在数组的两边越界。如上例for循环这样改写：

```
for (i=0;i<=10;i++)
   a[i]=i;
```

循环体会执行语句"a[10]=10;"这已经越界。而在编译时并不会提示出错，但这种错误常常会带来严重的后果，所以程序员必须在编程时进行边界检查。

5.2.3 一维数组元素的初始化

数组定义后，要对数组进行初始化，数组初始化赋值是指在数组定义时给数组元素赋予初值，否则数组元素的值不确定。一维数组初始化的形式是：

数据类型　数组名[数组长度]={数值,数值,…};

数组初始化是在编译阶段进行的。这样将减少运行时间，提高效率。其中在{}中的各数据值即为各元素的初值，各值之间用逗号间隔。例如：

int a[10]={0,1,2,3,4,5,6,7,8,9};

相当于

a[0]=0; a[1]=1;…a[9]=9;

注意：

（1）可以只给部分元素赋初值。当"{}"中值的个数少于元素个数时，只给前面部分元素赋值。例如：

int a[10]={0,1,2,3,4};

表示只给a[0]、a[1]、a[2]、a[3]、a[4]这5个元素赋了初值，而后5个元素自动赋值0。

(2) 只能给元素逐个赋值,不能给数组整体赋值。例如给10个元素全部赋值1,只能写:

int a[10] = {1,1,1,1,1,1,1,1,1,1};

而不能写为:

int a[10] = 1;

(3) "{ }"中数值的个数不能大于元素个数。例如:

int a[5] = {1,2,3,4,5,6};

由于声明中,a数组只有5个元素,因此初始化的数值个数也只能小于等于5,否则编译时会提示出错。

(4) 如给全部元素赋值,则在数组说明中,可以不给出数组元素的个数。例如:

int a[5] = {1,2,3,4,5};

可写为:

int a[ ] = {1,2,3,4,5};

这是一个具有5个元素的数组。

5.2.4　一维数组的应用(1)

【例5.3】利用键盘输入10个整数并输出最大值。

【问题分析】

解决本题需要一个数组a存放这十个数,还需要定义一个存放最大值的变量max,然后首先把第一个数送入max中,即假设第一个数为最大。其后的九个数逐个与max中的内容比较,若比max的值大,则把该数送入max中,因此max总是在已比较过的数中为最大者。

【解题步骤】

(1) 所需变量的定义;

(2) 利用循环输入十个整数存入数组a中;

(3) 给变量max赋初值a[0];

(4) 再次利用循环将数组元素a[1]~a[9]依次与max进行比较,若a[i]>max,则修改max的值为当前的a[i];

(5) 输出max的值;

【程序代码】

```
#include <stdio.h>
int main(void)
{  int i,max,a[10];
   printf("请输入10个整数:\n");
   for (i=0;i<10;i++)
      scanf("%d",&a[i]);
   max=a[0];
   for (i=1;i<10;i++)
      if(a[i]>max) max=a[i];
```

```
    printf("最大值为:%d\n",max);
    return 0;
}
```

【运行结果】

请输入十个整数:

23 12 3 64 20 13 11 18 6 55 ↙

最大值为:64

题目如若改成要求输出最大值的序号时,我们可将上面的程序中 max 稍作修改,改为存放元素的下标即可。修改后的程序代码如下:

```
#include <stdio.h>
int main(void)
{   int i,max,a[10];
    printf("请输入10个整数:\n");
    for (i =0;i <10;i ++)
        scanf("%d",&a[i]);
    max =0;
    for (i =1;i <10;i ++)
        if(a[i] >a[max]) max =i;
    printf("最大值是第%d个数,数值为:\n",max +1,a[max]);
    return 0;
}
```

【运行结果】

请输入10个整数:

23 12 3 64 20 13 11 18 6 55 ↙

最大值是第4个数,数值为:64

注意:在该程序中,我们将 max 存放的内容由原来的元素值改为元素下标,故给 max 赋的初始值改为0。观察这两个程序中 max 的不同用法,并注意元素下标和元素序号的不同。

【例5.4】用筛选法求100之内的素数(质数)。

【问题分析】

筛选法又称筛法,是求不超过自然数 N(N >1)的所有质数的一种方法。据说是古希腊的埃拉托斯特尼(Eratosthenes,约公元前274 ~194年)发明的,又称埃拉托斯特尼筛子。

具体做法是:先把N个自然数按次序排列起来。1不是质数,也不是合数,要划去。第二个数2是质数留下来,而把2后面所有能被2整除的数都划去。2后面第一个没划去的数是3,把3留下,再把3后面所有能被3整除的数都划去。3后面第一个没划去的数是5,把5留下,再把5后面所有能被5整除的数都划去。这样一直做下去,就会把不超过N的全部合数都筛掉,留下的就是不超过N的全部质数。

因为希腊人是把数写在涂腊的板上,每要划去一个数,就在上面记以小点,寻求质数的工作完毕后,这许多小点就像一个筛子,所以就把埃拉托斯特尼的方法叫做“埃拉托斯特尼筛”,简称“筛法”。

【解题步骤】

(1) 所需变量的定义;

(2) 给数组元素a[i]赋初始值i+1,这样a[0]~a[99]中依次存放1~100;

(3) 对元素a[1]~a[99]中的元素a[i]进行检测,如果其元素值非零,说明i+1为素数,将其数组中的所有倍数都改为0值;

(4) 输出数组中所有非零元素值。

【程序代码】

```
#include <stdio.h>
#include <math.h>
int main(void)
{  int i,j;
   int a[100];
   for (i =0;i <100;i++)
      a[i] =i +1;
   for(i =1;i <100;i ++)
   {  if(a[i] ==0)
        continue;
      for (j =i +1;j <100;j ++)
         if(a[j]% a[i] ==0)
                a[j] =0;
   }
      for(j =1;j <100;j ++)    //  下标j从1开始,去除a[0](其值为1),因为
      if(a[j]!=0)              //  1既不是质数,也不是合数
          printf("%d,",a[j]);
   printf("\n");
   return 0;
}
```

【运行结果】

2,3,5,7,11,13,17,19,23,29,31,37,41,43,47,53,59,61,67,71,73,79,83,89,97,

【例5.5】从键盘输入10个整数存入一维数组中,然后将该数组中的各元素按逆序存放后显示出来。在前面例5.2中,我们只要求将原数组内的数据倒序输出,故未对原数组存放的数据有任何改动,而在本题中,我们需要将数组中的数据存放位置进行倒置,例如,若原来数组中存放的数据依次为1,2,3,4,5;按逆序存放后数组内存放的数据依次为5,4,3,2,1。

【问题分析】

要将数组中的各元素按逆序存放,只要分别交换数组中对称位置的各元素,有n个元素的数组a,其对称位置元素的下标为i和n-i-1。

【解题步骤】

(1) 所需变量的定义;

(2) 利用键盘给数组 a 的所有元素赋值;

(3) 元素 a[i] 与元素 a[10 - i - 1]进行交换,注意循环的次数为元素个数的一半,大家可以分析一下,如若循环的次数改为元素个数,会怎样;

(4) 输出逆序后数组中所有元素值。

【程序代码】

```
#include <stdio.h>
int main(void)
{  int a[10],i,temp;
   printf("输入10个整数: ");
   for (i=0;i<10;i++)
      scanf("%d",&a[i]);
   for(i=0;i<10/2;i++)          //10个元素只需交换5次
   {  temp=a[i];                //a[i] 对应 a[10-i-1]进行交换
      a[i]=a[10-i-1];
      a[10-i-1]=temp;
   }
   printf("逆序存放后: ");
   for(i=0;i<10;i++)
      printf("%d ",a[i]);
   putchar('\n');
   return 0;
}
```

【运行结果】

输入10个整数:23 12 3 64 20 13 11 18 6 55 ↙

逆序存放后:55 6 18 11 13 20 64 3 12 23

【例5.6】用数组求 fibonacci 数列的前20项。

【问题分析】

斐波那契数列指的是这样一个数列:1、1、2、3、5、8、13、21、…这个数列从第三项开始,每一项都等于前两项之和。随着数列项数的增加,前一项与后一项之比逼近黄金分割的数值0.618,斐波纳契数列在现代物理、准晶体结构、化学等领域都有直接的应用。

斐波那契数列可以用数学上的递推公式来表示:

$$\begin{cases} f[0]=f[1]=1 \\ f[n]=f[n-1]+f[n-2] \quad 2\leqslant n\leqslant 19 \end{cases}$$

【解题步骤】

(1) 所需变量的定义;

(2) 给数列的前两项 f[0]和 f[1]赋初始值1;

(3) 从第三项开始利用公式 f[i] = f[i - 1] + f[i - 2]计算每一项的值;

(4) 输出数组中所有元素值。

【程序代码】

```
#include <stdio.h>
int main(void)
{  int i, f [20];
   f[0]=f[1]=1;
   for (i=2; i<20; i++)
      f[i]=f[i-1]+f[i-2];
   for(i=0; i<20; i++)
   {  printf("% -8d", f[i]);
                              //负号表示输出数据左对齐,8 为数据占用的列数
      if((i+1)% 5==0) printf("\n");
   }
   return 0;
}
```

【运行结果】

```
1       1       2       3       5
8       13      21      34      55
89      144     233     377     610
987     1597    2584    4181    6765
```

5.2.5 一维数组的应用(2)

排序是程序设计工作中最常用的技术之一。数组排序,即按某种特定的顺序(升序或降序)对数组的元素进行排序。在我们的学生成绩管理系统中,对学生成绩进行排序是其中非常重要的一项功能。

数组排序通常有三类:

(1) 交换排序(Exchange):即交换顺序打乱的元素,直到全部有序。

(2) 选择排序(Selection):即挑选出特定的(比如最小的)元素,然后在剩下的元素中再挑选最小的元素,排在其后,如此循环,直到全部挑选完毕。

(3) 插入排序(Insertion):即取出一个元素,放置在适当的位置,如此循环,直到全部取完。

数组的排序速度直接与比较次数和交换发生的次数有关,其中交换的影响更大。数组中一个元素与另一个元素比较,发生比较操作;两个数组交换时,发生交换操作。

1. 交换排序

【例5.7】输入学生的成绩,运用冒泡法对其进行从大到小排序。

【问题分析】

冒泡法的名字很形象,即数组中的各个元素如同水中的气泡,每个气泡都在寻找自身的平衡点。

其原理为:按照相邻原则两两比较待排序序列中的元素,并交换不满足顺序要求的各对

元素,直到全部满足顺序要求为止。

排序过程:

(1) 比较第一个数与第二个数,若为逆序 score[0] < score[1],则交换;然后比较第二个数与第三个数;依次类推,直至第 n-1 个数和第 n 个数比较为止——第一次冒泡排序,结果最小的数被安置在最后一个元素位置上。

(2) 对前 n-1 个数进行第二次冒泡排序,结果使次小的数被安置在第 n-1 个元素位置。

(3) 重复上述过程,共经过 n-1 次冒泡排序后,排序结束。

例:设有数组 T = {21,25,49,28,16,08},利用冒泡排序的每一次数组内数据存储的变化如下:

初态:【21, 25, 49, 28, 16, 08】

第 1 次后:【25, 49, 28, 21, 16】,08

第 2 次后:【49, 28, 25, 21】,16, 08

第 3 次后:【49, 28, 25】,21, 16, 08

第 4 次后:【49, 28】,25, 21, 16, 08

第 5 次后:【49】,28, 25, 21, 16, 08

【解题步骤】

(1) 所需变量的定义;

(2) 利用 for 循环输入 10 个成绩,假设全班只有 10 位学生;

(3) 排序处理:

执行 9 次循环:两两比较(需用循环,注意循环区间逐渐在缩小),找出数中最小数(即冒出一个泡)。

(4) 输出数组中所有元素值。

【程序代码】

```
#include <stdio.h>
int main(void)
{  int score[10],i,j,t;
   printf("input 10 scores :\n");
   for(i=0;i<10;i++)
        scanf("%d",&score[i]);
   printf("\n");
   for(j=0;j<9;j++)
                          //j 是控制循环趟次的变量(外循环变量),即冒出的气泡数
      for(i=0;i<9-j;i++)           //i 是两两比较的区间(内循环变量)
         if(score[i]<score[i+1])
                                    //前后两数进行比较,前者若大于后者,
         {  t=score[i];             //则两数交换位置
            score[i]=score[i+1];
            score[i+1]=t;
         }
```

```
    printf("the sorted scores:\n");
    for (i =0;i <10;i ++)
        printf("%d ",score[i]);
    return 0;
}
```

【运行结果】

input 10 scores:

86　60　94　78　52　65　76　100　95　83

the sorted scores:

100　95　94　86　83　78　76　65　60　52

冒泡法原理简单,但其缺点是交换次数多,效率低。冒泡法总是实施 n (n-1)/2 次比较,其中 n 是被排序的元素数目。由此可见,冒泡法中,外部循环执行 n-1 次,内部循环 n/2 次。即冒泡法排序的执行时间与排序元素总数目的平方成正比。由于冒泡法的执行时间随排序元素数目成指数增长。因此,在数组已经排序的情况下,交换次数为零;但在平均和最差情况下,交换的效率非常低。

下面介绍一种源自冒泡法的方法"选择法"。

2. 选择排序

【例5.8】输入学生的成绩,运用选择法对其进行从大到小排序。

【问题分析】

选择法循环过程与冒泡法一致,它还定义了记号 k = i,然后依次把 score[k]同后面元素比较,若 score[k] < score[j],则使 k = j。最后看看 k = i 是否还成立,不成立则交换 score[k]、score[i],这样就比冒泡法省下许多无用的交换,从而提高了效率。

排序过程:

(1) 首先通过 n-1 次比较,从 n 个数中找出最大的,将它与第一个数交换。第一次选择排序结束,最大的数被安置在第一个元素位置上。

(2) 再通过 n-2 次比较,从剩余的 n-1 个数中找出关键字次大的记录,将它与第二个数交换。第二次选择排序结束,第二大的数被安置在第二个元素位置上。

(3) 重复上述过程,共经过 n-1 次排序后,排序结束。

例:设有数组 T = {49, 38, 65, 97, 76, 13, 27},利用选择排序的每一次数组内数据存储的变化如下:

初态:【49, 38, 65, 97, 76, 13, 27】

第1次后:97,【38, 65, 49, 76, 13, 27】

第2次后:97,76,【65, 49, 38, 13, 27】

第3次后:97,76,65,【49, 38, 13, 27】

第4次后:97,76,65,49,【38, 13, 27】

第5次后:97,76,65,49,38,【13, 27】

第6次后:97,76,65,49,38,27,【13】

【解题步骤】

(1) 所需变量的定义;

(2) 利用for循环输入10个成绩,假设全班只有10位学生;

(3) 排序处理:

执行9次循环:找出第i大的数(需用循环,注意循环区间逐渐在缩小);

(4) 输出数组中所有元素值。

【程序代码】

```
#include <stdio.h>
int main(void)
{  int score[10],i,j,k,t;
   printf("input 10 scores :\n");
   for (i =0;i <10;i ++)
     scanf("%d",&score[i]);
   for(i =0;i <9;i ++)          //i 是控制循环趟次的变量(外循环变量)
   {  k =i;
      for (j =i +1;j <10;j ++)
          if(score[j] >score[k])  k =j;
                                   //k 总是存放区间内最大元素的下标
          if(i!=k)
            //当 k!=i 时才交换 score[i]与 score[k],否则 score[i]即为最大
          {  t =score[i]; score[i] =score[k]; score[k] =t;}
   }
   printf("the sorted scores:\n");
   for(i =0;i <10;i ++)
       printf("%d ",score[i]);
   return 0;
}
```

【运行结果】

同例

选择排序同样是n平方算法,它在比较次数上与冒泡法是一致的,但在平均情况下,它的交换次数要远远小于冒泡法。

3. 插入排序

【例5.9】输入学生的成绩,运用插入法对其进行从大到小排序。

【问题分析】

插入法是一种比较直观的排序方法。它首先把数组头两个元素排好序;再把第三个元素按顺序插入已排序的那两个元素中。然后,把第四个元素按序插入已排序的三个元素中,如此到所有元素都有序为止。

例:设有数组T={13,6,3,31,9,27,5,11},利用插入排序的每一次数组内数据存储的变化如下:

初态:【13】, 6, 3, 31, 9, 27, 5, 11

第1次后:【13,6】, 3, 31, 9, 27, 5, 11

第2次后:【13, 6, 3】, 31, 9, 27, 5, 11

第3次后:【31,13, 6, 3】, 9, 27, 5, 11

第4次后:【31,13, 9, 6, 3】, 27, 5, 11

第5次后:【31,27,13, 9, 6, 3】, 5, 11

第6次后:【31,27,13, 9, 6, 5, 3】, 11

第7次后:【31,27,13, 11 , 9, 6, 5, 3】

【解题步骤】

(1) 所需变量的定义;

(2) 利用for循环输入10个整数;

(3) 排序处理:

执行9次循环:插入第i个数到有序表(需用循环,注意循环区间逐渐在扩大);

(4) 输出数组中所有元素值;

【程序代码】

```
#include <stdio.h>
int main(void)
{  int score[10],i,j,t;
   printf("input 10 scores :\n");
   for (i =0;i <10;i ++)
       scanf("%d",&score[i]);
   for(i =1;i <10;i ++)
                              //将下标值为 i 的元素插入已排好的序列中(外循环)
   {  t =score[i];                       //t 为要插入的元素
      j =i -1;
      while(j >=0&&t >score[j])    //从 a[i -1]开始找比 t 大的数,同时把
      {  score[j +1] =score[j];    //数组元素向后移
         j --;
      }
      score[j +1] =t;                  //插入
   }
   printf("the sorted scores:\n");
   for (i =0;i <10;i ++)
      printf("%d ",score[i]);
   return 0;
}
```

【运行结果】

同例

插入排序的比较次数与被排序的数组的初始排列有关。如果数组是完全有序的,比较次数为 n - 1 次;否则按 n 平方次进行。因此,在最坏的情况及平均情况下,插入排序与冒泡法及选择法是一样的,效率都很低,时间复杂度均为 $O(n^2)$。排序的方法还有快速排序、堆

排序、折半插入排序、希尔排序等方法，这些将在后续课程《数据结构》中学到，在这里我们就不作介绍了。

5.3 二维数组

5.3.1 二维数组的定义

在学生成绩管理系统中，当我们需要解决这样的问题：对全班30名学生，3门课程，求每门课程的30个同学的平均成绩，如何处理。此时我们可以定义3个长度为30的一维数组来存储这3门课程的成绩：

float course1[30],course2[30],course3[30];

但若此时我们还需求出每个学生的3门课程的平均成绩，又能如何解决呢？此时，存储多名学生多门课程成绩时，一维数组已经不能表达，我们需要一种新的数据结构，二维数组。

二维数组定义的一般形式是：

类型说明符 数组名[常量表达式1][常量表达式2]

其中常量表达式1表示第一维下标的长度，常量表达式2表示第二维下标的长度。例如：

int a[3][4];

说明了一个3行4列的数组，数组名为a，其下标变量的类型为整型。该数组的元素有3×4共12个元素，如表5-1所示。

表5-1 二维数组的数组元素

行\列	0	1	2	3
0	a[0][0]	a[0][1]	a[0][2]	a[0][3]
1	a[1][0]	a[1][1]	a[1][2]	a[1][3]
2	a[2][0]	a[2][1]	a[2][2]	a[2][3]

C语言将二维数组看作一种特殊的一维数组：例如：若有如下定义，int a[3][4]；则可以把a看作是一个一维数组，它有三个元素：a[0]、a[1]、a[2]，如图5-2所示。此时，可以把a[0]、a[1]、a[2]看作是3个一维数组的名字，上面定义的二维数组可以理解为定义了3个一维数组。对这三个一维数组不需另作说明即可使用。这三个一维数组都有4个元素，例如：一维数组a[0]的元素为a[0][0],a[0][1],a[0][2],a[0][3]。必须强调的是，a[0],a[1],a[2]不能当作下标变量使用，它们是数组名，不是一个单纯的下标变量。

a[0]	→	a[0][0]	a[0][1]	a[0][2]	a[0][3]
a[1]	→	a[1][0]	a[1][1]	a[1][2]	a[1][3]
a[2]	→	a[2][0]	a[2][1]	a[2][2]	a[2][3]

图5-2 二维数组a可看作特殊的一维数组

C语言的这种处理方法在数组初始化和用指针表示时显得很方便，这在以后会体会到。

二维数组在概念上是二维的,即是说其下标在两个方向上变化,下标变量在数组中的位置也处于一个平面之中,而不是象一维数组只是一个向量。但是,实际的硬件存储器却是连续编址的,也就是说存储器单元是按一维线性排列的。

如何在一维存储器中存放二维数组,可有两种方式:一种是以行为主序,列为辅序,即放完一行之后顺次放入第二行。另一种是以列为主序,行为辅序,即放完一列之后再顺次放入第二列。

在C语言中,二维数组是按行排列的。即先存放a[0]行,再存放a[1]行,最后存放a[2]行。每行中有4个元素也是依次存放。由于数组a说明为int类型,该类型占4个字节的内存空间,所以每个元素均占有4个字节。

上例中的二维数组a在内存中先顺序存放第一行的元素,再存放第二行的元素,如图5-3所示。

存储器地址	存放内容	数组元素
1000	?	a[0][0]
1004	?	a[0][1]
…	…	…
1040	?	a[2][2]
1044	?	a[2][3]

图5-3　二维数组a在存储器中的表示

5.3.2　二维数组元素的引用

二维数组的元素也称为双下标变量,其表示的形式为:

数组名[下标][下标]

其中下标应为整型常量或整型表达式。二维数组的应用与矩阵有关,其中,从左起第一个下标表示元素所在的行数,第二个下标表示元素所在的列数。与一维数组一样,二维数组的下标也是从0开始的。例如:

a[2][3]

表示数组a的第3行第4列的元素。

下标变量和数组说明在形式中有些相似,但这两者具有完全不同的含义。数组说明的方括号中给出的是某一维的长度;而数组元素中的下标是该元素在数组中的位置标识。前者只能是常量表达式,后者可以是常量,变量或表达式。

5.3.3　二维数组的初始化

同一维数组类似,二维数组定义后也要对数组进行初始化,初始化的常用方法有:

(1) 分行给所有二维数组赋初值。例如:

int a[3][3] = {{1,2,3},{4,5,6},{7,8,9}};

第一个花括号内的数据赋给第一行的各元素,第二个花括号内的数据赋给第二行的各元素,…,即按行赋值。

(2) 可以只对每行的部分元素赋初值,未赋初值的元素自动取0值。例如:

int a[3][3] = {{1},{0,2},{3}};

这里每一对"{}"是对每一行元素赋值,未赋值的元素取0值。赋值后各元素的值为:

1 0 0
0 2 0
3 0 0

(3) 按行连续给所有数组元素赋值。例如:

int a[2][3] = {1,2,3,4,5,6};

与 int a[2][3] = {{1,2,3},{4,5,6}};

这两种赋值的结果是完全相同的;

(4) 按行连续给部分数组元素赋值。例如:

int a[2][3] = {1,2,3,4};

这是按照行为主序、列为辅序的原则逐一对每一行的每一列元素赋值,未赋值的元素取0值。赋值后各元素的值为:

1 2 3
4 0 0

注意:

给二维数组赋初值时允许省略第一维长度的说明,但是不能省略第二维的长度。例如:

① int a[3][3] = {1,2,3,4,5,6,7,8,9};

可以改为: int a[ ][3] = {1,2,3,4,5,6,7,8,9};

② int a[3][3] = {{1},{0,2},{3}};

可以改为: int a[ ][3] = {{1},{0,2},{3}};

③ int a[2][3] = {1,2,3,4};

可以改为: int a[ ][3] = {1,2,3,4};

也就是说,只有在我们利用给二维数组进行初始化的数据可以确定数组的行数时,才可以省略掉第一维的长度。例如:

int a[3][3] = {1,2,3,4};

若改为: int a[ ][3] = {1,2,3,4};

这时,该语句执行后C语言编译系统自动计算出第一维长度为2。系统会默认定义的是一个2行3列的二维数组而非3行3列的二维数组。这是我们要注意避免的错误。

对于一个二维数组,我们也可以在定义后通过二重循环语句来赋值,如对一个3行4列的数组a的赋值:

```
for(i=0;i<3;i++)
    for (j=0;j<4;j++)
        scanf("%d",&a[i][j]);
```

5.3.4 二维数组的应用

【例5.10】找出全班30名同学3门课程成绩中总分最高的学生的学号及所得总分。

【问题分析】

定义二维数组 stu[30][3],stu[0][0]、stu[0][1]、stu[0][2]中分别存放学号为1的学生的课程1、课程2、课程3的成绩,假设学号为1的学生三门课程的总分 max = stu[0][0] + stu[0][1] + stu[0][2] 最大,然后遍历二维数组,与其他学生三门课程的总分逐个比较,此二维数组的行下标 +1 即为该生学号。

【解题步骤】

(1) 所需变量的定义;

(2) 输入30名同学的3门课程成绩;

(3) 给存储学生三门课程的总分最高值的变量 max 和存储对应行下标 max_i 赋初始值;

(4) 遍历二维数组,将 max 与 stu[i][0] + stu[i][1] + stu[i][2] 比较,若 max < stu[i][0] + stu[i][1] + stu[i][2],则修改 max 及 max_i 的值;

(5) 输出 max_i 及 max 的值。

【程序代码】

```
#include <stdio.h>
int main(void)
{   int stu[30][3];
    int i,j,max,max_i;
    for(i =0;i <30;i ++)
    {   printf("请输入学号为%d 的学生的3 门课程的成绩:",i +1);
        for(j =0;j <3;j ++)
            scanf("%d",&stu[i][j]);
    }
    max = stu[0][0] + stu[0][1] + stu[0][2];
                                    //假设学号为1 的学生3 门课程成绩总分最高
    max_i =0;                       //max_i 对应最高值的行号
    for(i =0;i <30;i ++)
        if(max < stu[i][0] + stu[i][1] + stu[i][2])
        {   max = stu[i][0] + stu[i][1] + stu[i][2];
            max_i =i;
        }
    printf("学号为%d 的学生总分成绩最高,总分为%d\n", max_i +1,max);
    return 0 ;
}
```

【运行结果】

略

注意,调试该程序时,可将30名学生改为5名,方便数据的输入。

【例5.11】求一个矩阵的转置矩阵。

【问题分析】

转置矩阵就是将一个二维数组中的行元素和列元素互换后,存入另一个二维数组中。例如矩阵 a 的转置矩阵是 b:

array a: array b:

$$\begin{pmatrix}1 & 2 & 3\\4 & 5 & 6\end{pmatrix} \qquad \begin{pmatrix}1 & 4\\2 & 5\\3 & 6\end{pmatrix}$$

我们只需将 a[i][j]的值赋给 b[j][i]即可,在处理二维数组时,一般都要用到二重循环结构。其中,外循环用于控制行下标,内循环用于控制列下标。

【解题步骤】

(1) 所需变量的定义;

(2) 输出二维数组 a;

(3) 利用二重循环,执行 b[j][i] = a[i][j];

(4) 输出二维数组 b。

【程序代码】

```
#include <stdio.h>
int main(void)
{  int a[2][3] = {{1,2,3},{4,5,6}};
   int b[3][2],i,j;
   printf("矩阵 a 为 :\n");
   for(i =0;i <=1;i ++)
   {  for(j =0;j <=2;j ++)
      {  printf("% 4d",a[i][j]);
         b[j][i] = a[i][j];
      }
      printf("\n");
   }
   printf("矩阵 b 为 :\n");
   for(i =0;i <=2;i ++)
   {  for(j =0;j <=1;j ++)
       printf("% 4d",b[i][j]);
       printf("\n");
   }
}
```

【运行结果】

矩阵 a 为 :

1 2 3

4 5 6

矩阵 b 为 :

1 4

2 5

3 6

【例5.12】求一个3*3矩阵的主对角线元素之积。

【问题分析】

用二维数组a表示N*N方阵时,对应关系:

a[0][0]	a[0][1]	a[0][2]	主对角线	i==j
a[1][0]	a[1][1]	a[1][2]	上三角	i<=j
a[2][0]	a[2][1]	a[2][2]	下三角	i>=j

【解题步骤】

(1) 所需变量的定义及初始化;

(2) 遍历二维数组,将a[i][j]中满足条件i==j的元素值累乘进变量s中;

(3) 输出s的值。

【程序代码】

```
#include <stdio.h>
int main(void)
{  int a[3][3] ={1,2,3,4,5,6,7,8,9},i,j,s =1;
   for(i =0;i <3;i ++)
        for(j =0;j <3;j ++)
             if(i ==j)
                s =s * a[i][j];
   printf("s =%d",s);
   return 0;
}
```

【运行结果】

s =45

【例5.13】按下面格式输出杨辉三角形(要求打印出10行)。

1

1 1

1 2 1

1 3 3 1

1 4 6 4 1

1 5 10 10 5 1

…

【问题分析】

杨辉三角形有以下的性质:

(1) 首行只有一个元素1;

(2) 从第2行开始,首末两元素(a[i][0]和a[i][i])都为1,中间的第i行j列的元素值是第i-1行j-1列元素值与第i-1行j列元素值之和。

程序中,将数组的行数和列数N定义为符号常量,改变N的大小,就可以输出不同行数的杨辉三角形。

【解题步骤】

(1) 所需变量的定义及初始化;

(2) 遍历二维数组,运用公式:a[i][j] = a[i-1][j-1] + a[i-1][j]给a[i][j]赋值,注意循环区间设定;

(3) 输出杨辉三角形的值。

【程序代码】

```
#include <stdio.h>
#define N 10
int main(void)
{  int i,j,a[N][N];
   printf("\n");
   for(i =0;i <10;i ++)
   {  a[i][0] =1;
      a[i][i] =1;
   }
   for (i =2;i <N;i ++)
       for (j =1;j <i;j ++)
           a[i][j] =a[i -1][j -1] +a[i -1][j];
   for(i =0;i <N;i ++)
   {  for(j =0;j <=N;j ++)
          printf("% -6d",a[i][j]);
      printf("\n");
   }
   return 0;
}
```

【运行结果】

```
1
1    1
1    2    1
1    3    3    1
1    4    6    4    1
1    5    10   10   5    1
1    6    15   20   15   6    1
1    7    21   35   35   21   7    1
1    8    28   56   70   56   28   8    1
1    9    36   84   126  126  84   36   9    1
```

5.4　字符数组

5.4.1　字符数组的定义与初始化

1. 字符数组的定义

每个数组元素都是字符型数据的数组称为字符型数组,简称字符数组。其定义形式与前面介绍的数值数组相同。例如:

char c[10];

字符数组也可以是二维或多维数组。例如:

char c[5][10];

即为二维字符数组。

2. 字符串

在C语言中没有专门的字符串变量,通常用一个字符数组来存放一个字符串。其使用和处理方式又有不同于整型数组等表示数值大小数组的特殊性。

前面介绍字符串常量时,已说明字符串总是以 '\0' 作为串的结束符。因此,字符数组和字符串的区别是:字符串的末尾有一个空字符 '\0'。

当把一个字符串存入一个数组时,也把结束符 '\0' 存入数组,并以此作为该字符串是否结束的标志。有了 '\0' 标志后,就不必再用字符数组的长度来判断字符串的长度了。在处理字符数组的过程中,一旦遇到特殊字符 '\0' 就表示已经到达字符串的末尾。

需要说明的是:'\0' 就是 ASCII 码值为 0 的字符,它不是一个可以显示的字符。

3. 字符数组的初始化

字符数组也允许在定义时作初始化赋值。例如:

① char c[9] = {'c', '', 'p', 'r', 'o', 'g', 'r', 'a', 'm'};

赋值后各元素的值为:

c[0]	c[1]	c[2]	c[3]	c[4]	c[5]	c[6]	c[7]	c[8]
c		p	r	o	g	r	a	m

② char c[10] = {'c', ' ', 'p', 'r', 'o', 'g', 'r', 'a', 'm'};

赋值后各元素的值为:

c[0]	c[1]	c[2]	c[3]	c[4]	c[5]	c[6]	c[7]	c[8]	c[9]
c		p	r	o	g	r	a	m	\0

其中 c[9]未赋值,由系统自动赋予 '\0' 值。

③ 可直接把字符串赋给字符数组。例如:

char c[10] = "c program";

赋值后数组中各元素的值同②是一样的。字符串"c program"中的结束符 '\0' 也作为数据赋给了数组 c 的 c[9]元素。所以同字符串"c program"在内存中占 10 个字节一样,数组 c 的长度至少要定义成 10,即要有 10 个元素,以保证能存放结束符 '\0',否则语法出错。

④ 字符数组初始化时同样可以省略数组长度。例如:

char c[ ] =“c program”;或 char c[ ] = {“c program”},这时数组 c 长度默认为 10。

而 char c[ ] = {'c', ' ', 'p', 'r', 'o', 'g', 'r', 'a', 'm' },c 数组长度默认为 9。

如果一个字符数组中存储的一系列字符后加有 '\0' 结束标志,就可以说明该字符数组中存储的是一个字符串。否则只能说明存储了一系列字符。

⑤ 二维字符数组的初始化也类似。例如:

char s[4][20] = {“C/ C++”,“Java”, “Visual Basic”,“Programming”};

定义了二维字符数组 s,并分别将 4 个字符串赋值给数组 s 的第 1 行、第 2 行、第 3 行和第 4 行。

注意:

如果一维字符数组中存储了字符串,则引用数组名,就相当于引用其中的字符串。这是因为在 C 语言中,数组名是有值的,这个值为数组存储区的首地址。也就是说,是第一个数组元素对应的存储区的地址。由于字符串就存储在从该地址开始的一系列存单元中,并且以 '\0' 作为结束标志,因此,该地址唯一地确定了一个字符串。只要指定了字符数组中访问的起始地址,就可以访问从该地址开始的存储单元中的所有后续字符,直到遇到第一个 '\0' 为止。

在我们的学生成绩管理系统中,同样也需要用到字符数组,我们利用字符数组来存储学生的姓名。例如:

char name[10] = "张丽丽";

5.4.2 字符串的输入和输出

由于字符串存放在字符数组中,因此,字符串的输入和输出,实际上就是字符数组的输入和输出。

字符数组的输入或输出有两种方式:

(1) 采用“%c”格式符,每次输入或输出一个字符。例如:

```
har c[10] = "c program";
    for(i =0;c[i]!='\0';i ++)        //循环到字符串结束符 '\0'
        printf("% c",c[i]);
```

(2) 采用“%s”格式符,每次输入或输出一个字符串。这一点与其他类型的数组不同,其他类型的数组是不能整体输入和输出的。例如:

```
char c[10] = "c program";
printf("% s\n",c);
                    //格式符% s 表示输出数组 c 中的字符串,直到 '\0' 止
```

注意:

(1) 在使用 scanf( )函数输入字符串时,“地址表”部分应直接写字符数组的名字,而不再用取地址运算符“&”。因为在 C 语言中,数组名代表该数组的起始地址。如:

```
char str [10];
scanf("% s",str);
```

(2) 用"%s"格式符输入时,从键盘上输入的字符串的长度(字符个数)应小于已定义的字符数组的长度,因为在输入的有效字符后面,系统将自动地添加字符串结束标志'\0'。如:

```
char str[6];
scanf("% s",str);
```

从键盘上输入:Happy ↙

这时,str 数组中每个元素中存放的字符为:

str[0]	str[1]	str[2]	str[3]	str[4]	str[5]
H	a	p	p	y	\0

(3) 利用格式符"%s"输入字符串时以"空格"、TAB 或"回车"结束输入。也就是说,用格式符"%s"控制输入的字符串中,不能含有空格。例如:

```
char str[10];
scanf("% s",str);
printf("% s\n", str);
```

若输入:Good lucky ↙

则输出:Good

显然数组 str 中仅接收了字符串"Good"空格及以后的字符丢失。因此若要输入带空格的一行字符串,应使用 gets()函数。gets()函数我们将在下一节进行介绍。

(4) 在使用格式符"%s"输出字符串时,在 printf()函数中的"输出表"部分应直接写字符数组名,而不能写数组元素的名字。同时,所输出的字符串必须以'\0'结尾,但'\0'字符并不显示出来。

也就是说,用"%s"输出字符串时,是从字符数组名开始的地址单元输出,直到遇到第一个'\0'结束输出。若没有'\0',输出结果会有错误。如下面语句:

```
char str[] = {'G','o','o','d','\0'};
printf("% s",str);        //能够正确输出;若取消初始化列表中的'\0',则输出错误.
```

【例5.14】分析下列程序的输出结果。

【程序代码】

```
#include <stdio.h>
int main(void)
{  char c[10] = "c program";
   int i;
   c[5] = '\0';                          //将 c[5]修改为'\0'
   for(i = 0;c[i]!= '\0';i ++)
      printf("% c",c[i]);
   printf("\n");
   printf("% s\n",c);
   return 0;
```

```
}
```

【运行结果】

c pro

c pro

由运行结果可见,当数组元素 c[i]等于结束符 '\0' 时循环结束,不再输出。printf("%s\n",c);也是输出到 '\0' 为止,即使后面还有其他字符也不再输出。

5.4.3 字符串的处理函数

为了方便字符串的处理,C 语言编译系统中提供了很多有关字符串处理的库函数,这些库函数为字符串处理提供了方便。

1. 字符串输入函数 gets

一般格式:gets(字符数组)

作用:从终端输入一个字符串到字符数组。其返回值是用于存放输入字符串的字符数组的首地址,其调用形式为:

```
char s[15];
gets(s);
```

其中 s 是字符数组名,输入的字符串存放在数组 s 中。

注意:

用 gets()函数输入字符串时,可以接收包含空格的字符串,gets()函数只以回车作为输入结束(这是与 scanf()函数不同的)。存放时,输入的回车符自动转换为 '\0' 存放!

【例 5.15】分析下列程序的输出结果。

【程序代码】

```
#include <stdio.h>
int main(void)
{  char st[15];
   printf("input string:\n");
   gets(st);
   printf("%s\n",st);
   return 0;
}
```

【运行结果】

Good lucky ↙

Good lucky

2. 字符串输出函数 puts

一般格式:puts(字符数组)

作用:输出一个以 '\0' 结尾的字符串,且输出遇到 '\0' 时自动换行。其调用形式为:

```
char s[15];
…
puts(s);
```

相当于：

printf("%s\n",s)；

输出从地址 s 开始的内存单元中的字符，直到遇到 '\0' 为止。

注意：

puts()函数完全可以由 printf()函数取代。当需要按一定格式输出时，通常使用 printf()函数。使用 gets()，puts()函数输入、输出字符串时，需要使用预处理命令#include <stdio.h>将所需头文件包含到源程序文件中。

【例5.16】输入一行字符，统计出其中的空格总数。

【问题分析】

由于接收的字符串中含有空格，故不能用 scanf()函数而需用 gets()函数接收字符串。在循环执行时，扫描整个数组以统计出空格的数量，直到遇到字符 '\0'。每次循环执行时，都会更新计数器 i 和 count。

【解题步骤】

(1) 所需变量的定义；

(2) 利用 gets()函数接收字符串；

(3) 遍历字符数组的内容直至遇到字符串的结束标记 '\0'，若字符数组的内容是空格符，将计数器增1；

(4) 输出计数器的内容，即空格的个数。

【程序代码】

```
#include <stdio.h>
int main(void)
{  char line[30];
   int i,count =0;
   printf("\n请输入一行字符:\n");
   gets(line);
   i =0;
   while(line[i] !='\0')
   {  if(line[i] ==' ')
         count ++;
      i ++;
   }
   printf("\n其中的空格总数为%d \n",count);
   return 0;
}
```

【运行结果】

请输入一行字符：

C is a programming language ↙

其中的空格总数为4

3. 求字符串长度函数 strlen

一般格式:strlen(字符串)

作用:计算字符串的实际长度(不包含字符串结束标志'\0'),并将计算结果作为函数值返回。字符串既可以是字符串常量也可以是字符数组。例如:

```
char str[10]={"China"};
printf("%d",strlen(str));
```

输出结果不是10,也不是6,而是5。strlen()函数也可直接测试字符串常量的长度,例如:

```
printf("%d",strlen("China"));
```

输出结果是5。

4. 字符串连接函数 strcat

一般格式:strcat(字符数组1,字符数组2)

作用:将字符数组2中的字符串连接到字符数组1中字符串的后面,并删去字符数组1的字符串结束标志'\0'。strcat()函数的返回值是字符数组1的首地址。例如:

```
char str1[20]="Happy";
char str2[20]=" New Year!";
strcat(str1,str2);
```

它将str2字符串连接到str1字符串的后面,连接时取消字符串str1后面的'\0',即是从字符串str1的'\0'处开始,将字符串str2的字符一个个存入,直到遇字符串str2的'\0'结束,并且在新串后面加上一个'\0'。该函数执行完后,str1字符数组中的内容如下:

Happy New Year!

5. 字符串拷贝函数 strcpy

一般格式:strcpy(字符数组1,字符数组2)

作用:将字符数组2的字符复制字符数组1中,字符串结束标志'\0'也一起复制。字符数组1应有足够长度,以便能装入连接以后的字符串,字符串2也可以是字符串常量。

拷贝字符串时不允许使用简单的赋值方式。例如,C语言不允许以下列方式给一个字符数组赋值:

```
char str2[]="string",str1[7];
str1=str2;                          /*错误*/
```

利用strcpy()函数可以很方便地拷贝一个字符串,如上例中欲将字符数组str2中存放的字符串拷贝给字符数组str1,调用形式为:

strcpy(str1,str2);

注意:

strcpy(str1,str2,n);

该函数的参数表多了一个参数n,意思为将str2字符串前n个字符拷贝到str1字符数组中,最后再加'\0'。

对于strcpy()和strcat()函数,str1字符数组必须足够长,以便容纳str2字符数组中的全部内容。

6. 字符串比较函数 strcmp

一般格式:strcmp(字符串1,字符串2)

作用:按照ASCII码顺序比较两个数组中的字符串,并由函数返回值返回比较结果。

比较规则如下:对两个字符串自左至右逐个字符相比较,直到出现不同的字符或者遇到'\0'为止。当字符串中的对应字符全部相等且同时遇到'\0'字符时,才认为两个字符串相等;否则,则以第一个不相同的字符的比较结果作为整个字符串的比较结果。

若字符串1=字符串2,返回值为0;

若字符串1>字符串2,返回值为一个正数。

若字符串1<字符串2,返回值为一个负数。

比较的结果是参与比较的两个字符串中对应字符的ASCII之差。

7. 大写字母转换成小写字母函数 strlwr

一般格式:strlwr(字符串)

作用:把字符串中的大写字母转换成小写字母。lwr是lowercase(小写)的缩写。如:

```
char str[10] = "PROGRAM";
printf("%s\n",strlwr(str));
```

输出结果:program

8. 小写字母转换成大写字母函数 strupr

一般格式:strupr(字符串)

作用:把字符串中的小写字母转换成大写字母。upr是uppercase(大写)的缩写。如:

```
char str[10] = "China";
printf("%s\n",strupr(str));
```

输出结果:CHINA

注意:

在使用strcpy(),strcmp(),strcat(),strlen(),strlwr(),strupr()函数时,需要使用#include <string.h>命令将所需头文件包含到源文件中!

5.4.4 字符串的应用

【例5.17】当输入字符串compuTER时,对照输出结果,理解并掌握有关字符串处理函数的功能。

【程序代码】

```
#include <stdio.h>
#include <string.h>
int main(void)
{  char str1[30],str2[10];
   int j,k;
   printf("请输入字符串:");
   gets(str1);                        //输入字符串
   printf("str1 = ");
```

```
    puts(str1);                    //输出字符串
    j=strlen(str1);                //求字符串长度
    printf("j=%d\n",j);
    strcpy(str2,str1);             //将 str1 复制到 str2 输入字符串
    printf("str2=");
    puts(str2);
    strcat(str1,str2);             //将 str2 连接到 str1 后面
    puts(str1);                    //输出连接后的 str1
    j=strcmp(str1,str2);           //比较 str1 和 str2 的大小
    printf("j=%d\n",j);
    puts(strlwr(str1));            //将 str1 的大写字符转换成小写字符
    puts(str1);
}
```

【运行结果】

请输入字符串:compuTER↙

str1 = compuTER

j = 8

str2 = compuTER

compuTERcompuTER

j = 1

computercomputer

computercomputer

【例5.18】输入一行英文句子,统计其中有多少个单词,单词之间用空格分隔开。

【问题分析】

单词的数目可以由空格出现的次数决定(连续的若干个空格作为一个空格;一行开头的空格不计在内)。如果测出某一个字符为非空格,而它前面的字符是空格,则表示"新的单词开始了",此时使 num(单词数)累加1。如果当前字符为非空格而其前面的字符也是非空格,则意味着仍然是原来的那个单词的继续,num 不应加1。前面一个字符是否空格可以通过设置标志变量 word,根据其值来表示,若 word = 0,则表示前一个字符是空格,如果 word = 1,表示前一个字符为非空格。

【解题步骤】

(1) 所需变量的定义;

(2) 利用 gets()函数接收字符串给 string;

(3) 给变量 num 和 word 赋初始值 0;

(4) 执行循环体遍历 string,直至检测到结束标记 '\0' 结束循环;

循环体:判断条件"当前字符 = 空格"是否为真,则给变量 word 赋值 0;而若条件"当前字符 = 空格"为假时,若条件"word = 0"为真,则给计数器 num 加 1,同时 word 赋值 1;

(5) 输出计数器 num 的内容,即单词的个数。

【程序代码】

```
#include <stdio.h>
int main(void)
{  char string[81];
   int i,num=0,word=0;
   char c;
   gets(string);
   for (i=0;(c=string[i])!='\0';i++)
      if (c==' ')
         word=0;
      else if(word==0)
      {  word=1;
         num++;
      }
      printf("There are%d words in the line\n",num);
      return 0;
}
```

【运行结果】

I am a boy. ↙

There are 4 words in the line

【例5.19】将一年四季的英文名称按字母顺序排列输出。

【问题分析】

一年四季的英文名称应由一个二维字符数组来处理。然而C语言规定可以把一个二维数组当成多个一维数组处理。因此本题又可以按四个一维数组处理,而每一个一维数组就是一个季节名字符串。用字符串比较函数比较各一维数组的大小,并排序,输出结果即可。

char a[4][10]={"Spring","Summer","Autumn","Winter"};

各元素的存放结构为:

a[0]	"Spring"
a[1]	"Summer"
a[2]	"Autumn"
a[3]	"Winter"

【解题步骤】

(1) 所需变量的定义并初始化;

(2) 利用前面在一维数组中所学的选择排序法对a[0]、a[1]、a[2]、a[3]这四个元素进行排序;注意这里的字符串的赋值和比较必须运用函数strcpy()、strcmp();

(3) 输出a[0]、a[1]、a[2]、a[3]的内容。

【程序代码】

```
#include <stdio.h>
#include <string.h>
int main(void)
{  char st[20], char a[4][10] = {"Spring", "Summer", "Autumn", "Winter" };
   int i,j,p;
   for(i = 0;i < 4;i ++)
   {  p = i;
      strcpy(st,a[i]);
      for(j = i +1;j < 4;j ++)
      if(strcmp(a[j],st) < 0)
      {  p = j;
         strcpy(st,a[j]);
      }
      if(p!= i)
      {  strcpy(st,a[i]);
         strcpy(a[i],a[p]);
         strcpy(a[p],st);
      }
      puts(a[i]);
   }
   printf("\n");
   return 0;
}
```

【运行结果】

Autumn
Spring
Summer
Winter

小　结

一、知识点概括

1. 一维数组、二维数组、字符数组的定义和引用,读者注意掌握它们的定义和初始化的方式并能够灵活使用。

2. 常用的几种排序算法:冒泡法、选择法、插入法。

3. 字符数组和普通数组的区别。

4. 常用字符串处理函数:gets( )、puts( )、strcpy( )、strcmp( )、strcat( )、strlen( )、

strlwr()、strupr()。

5. 常见经典问题:筛选法求素数、斐波纳契数列、数列的排序、矩阵转置、杨辉三角形、字符串的排序问题等。

二、常见错误列表

错误实例	错误分析
int i = 10;int data[i];	定义数组时,它的长度必须是正的整型常量表达式,通常是一个整型常数,或者是符号常量。C 语言不允许动态定义数组。即数组的长度不能依赖于程序运行过程中的变量。
int data[5]; data[5] = 10;	C 语言对数组不作越界检查,使用时要注意。
int data[5][8]; data[5] [8] = 10;	

int a[10];
scanf("%d",a);
	数组作为一个整体,不能参加数据运算和输入输出,只能单个使用数组元素。必须
	for(j = 0;j < 10;j ++)
	scanf("%d",&a[j]);

int a[3,4];	int a[3][4];
int arr[2][] = {{1,2,3}, {4,5,6}};	定义二维数组时,在任何情况下均不能省略第二维的值。

char a[15];
scanf("%s",a);
printf("a = %s",a);
输入:How are you?
输出:a = How
	若接收的字符串的值中包含空格,必须使用函数 gets。

char a[15]; scanf("%s",&a);	字符串本身就是一个数组,在 scanf 的输入列中是不需要在前面加"&"符号的,因为字符数组名本身代表地址。
char str1[20]; str1 = {"Hello!"};	不能使用赋值语句为一个字符数组赋值
char str2[20]; str2 = str1;	

习 题

1. 有一个数组,存放10个整数,要求找出其中最小的数和它的下标,然后把它和数组中最前面的元素对换位置。

2. 有一个排好序的数组,从键盘输入一个数,要求按原来排序的规律把它插入数组中。

3. 求一个 5×5 整型矩阵下三角元素之和。

4. 打印"魔方阵"。所谓魔方阵是指这样的方阵,它的每一行、每一列和对角线之和均

相等。例如:三阶魔方阵为:

8 1 6

3 5 7

4 9 2

要求打印出由 $1\sim n^2$ 的自然数构成的魔方阵。

5. 编写一程序,将两个字符串连接起来,不使用 strcat( )函数。

6. 一个班级有若干名学生,输入一个学生的名字,并查询该学生是否属于该班级,并输出相应的信息。

7. 有一行电文译文下面规律译成密码:

A ->Z a ->z

B ->Y b ->y

C ->X c ->x

…

即第一个字母变成第 26 个字母,第 i 个字母变成第(26 - i + 1)个字母。非字母字符不变,要求编程序将密码回原文,并打印出密码和原文。

8. 阿姆斯特朗数:如果一个正整数等于其各个数字的立方和,则该数称为阿姆斯特朗数(亦称为自恋性数)。如 $407 = 4^3 + 0^3 + 7^3$ 就是一个阿姆斯特朗数。试编程求 1000 以内的所有阿姆斯特朗数。

第6章　函　数

6.1 引　言

6.1.1　函数的作用

学到现在,我们的程序都只有一个主函数main(),在main()中,我们还常常会用到输入输出的功能函数scanf()、printf(),这两个是系统提供给我们的库函数。C语言提供了极为丰富的库函数(如Turbo C,MS C都提供了三百多个库函数)。试想一下,假如系统提供的函数printf()由10行代码替换(实际上一个printf()有上千行代码),那么你编过的程序会成什么样子?随着程序的功能越来越复杂,如果所有代码都在main()中,main()将会变得非常复杂,既不便于阅读也不便于调试,同时也无法实现团队合作。在学生成绩管理系统中,我们常常需要求学生多门课程的总分以及排序,下面的例6.1和例6.2这两个程序都可以解决这个问题。

【例6.1】统计30名学生3门课程的总分,然后按照总分从高到低依次输出。

```
#include <stdio.h>
int main(void)
{   int stu[30][3],sum[30];
    int i,j,k,t;
    for(i=0;i<30;i++)
    {  printf("请输入学号为%d的学生的3门课程的成绩:",i+1);
       for(j=0;j<3;j++)
           scanf("%d",&stu[i][j]);
    }
    for(i=0;i<30;i++)   //求出每位学生的3门课程的总分
    {  sum[i]=0;
       for(j=0;j<3;j++)
           sum[i]+=stu[i][j];
    }
    for(i=0;i<29;i++)      //运用选择排序对存放学生总分的数组sum排序
    {  k=i;
       for(j=i+1;j<30;j++)
           if(sum[j]>sum[k])  k=j;
       if(i!=k)
       {  t=sum[i]; sum[i]=sum[k]; sum[k]=t;}
```

```
}
   printf("the sorted scores:\n");
   for(i =0;i <30;i ++)
       printf("%d ",sum[i]);
   return 0;
}
```

【例6.2】采用函数分解,统计30名学生3门课程的总分,然后按照总分从高到低依次输出。

```
#include < stdio.h >
/* 计算每个学生各门课程的总分 */
void SumofEveryStudent(int stu[][3], sum[],int n)
{  int i, j;
   for(i =0; i <n; i ++)
   {  sum[i] =0;
      for(j =0; j <3; j ++)
      {  sum[i] + =stu[i][j];
      }
   }
}
/* 按学生总分排序 */
void SortbyScore(int sum[], int n)
{
   int i, j, k,t;
   for(i =0; i <n -1; i ++)
   {  k =i;
      for(j =i +1;j <30;j ++)
          if(sum[j] >sum[k])  k =j;
      if(i!=k)
      {  t =sum[i]; sum[i] =sum[k]; sum[k] =t; }
      }
      printf("the sorted scores:\n");
      for(i =0;i <30;i ++)
          printf("%d ",sum[i]);
   }
}
int main(void)
{  int stu[30][3],sum[30];
   int i,j;
   for(i =0;i <30;i ++)
```

```
    { printf("请输入学号为%d 的学生的 3 门课程的成绩:",i+1);
      for(j=0;j<3;j++)
          scanf("%d",&stu[i][j]);
    }
    SumofEveryStudent(stu, sum,30);
                                   //调用计算每个学生各门课程的总分的函数
    SortbyScore(sum, 30);          //调用按学生总分排序的函数
    return 0;
}
```

对比以上两个程序,我们不难看出,由于第二个程序将每个学生各门课程的总分和按学生总分排序从 main( )中分离出来,使得 main( )功能简单,易于理解。两个子功能函数由于功能独立,同样帮助我们更好地理解算法的意思。在本例中,我们将学生的总分进行排序时没有输出对应的学号或学生姓名,这是由于目前为止我们所学知识所限。若要输出总分从高到低的学生学号,解决起来较为复杂,而该问题在后面我们学到结构体后就可轻松解决,所以在此我们就暂不考虑此问题。

6.1.2　模块化的程序设计思想

1. 什么是模块化

人类解决复杂问题的方式:首先将问题进行分解和抽象,然后把较大的任务分解成若干个较小的任务,即自顶向下、逐步求精、分而治之。体现在程序设计活动中也就是模块化的程序设计思想。

在前面已经介绍过,C 源程序是由函数组成的,函数是 C 语言中模块化编程的最小单位,可以把每个函数看作一个模块(Module),通过对函数模块的调用实现特定的功能。如果把编程比做制造一台机器,函数就好比其零部件。我们可将这些"零部件"单独设计、调试、测试好,用时拿出来装配,再总体调试。这些"零部件"可以是自己设计制造/别人设计制造/现成的标准产品。这其中的"零部件"在 C 语言中就相当于用户自己定义的函数和系统提供给我们的库函数。

因此,在我们的成绩管理系统中,我们将该系统需要实现的功能逐一以模块实现,即写成若干个功能函数。

2. 程序模块化的优点

(1) 模块各司其职

每个模块只负责一件事情,便于进行单个模块的设计、开发、调试、测试和维护等工作。一个模块一个模块地完成,最后再将它们集成。

(2) 开发人员各司其职

按模块分配任务,职责明确,并行开发,缩短开发时间,同时也使程序开发更容易管理。

(3) 代码复用

构建新的软件系统可以不必每次从零做起,直接使用已有的经过反复验证的软构件,组装或加以合理修改后成为新的系统,提高软件生产率和程序质量。这不是人类懒惰的表现,而是智慧的表现。

3. 模块分解的基本原则

(1) 保证模块的相对独立性——高聚合、低耦合

(2) 模块的实现细节对外不可见——信息隐藏

外部:关心做什么;内部:关心怎么做

(3) 函数接口定义要清楚

接口指罗列出一个模块的所有的与外部打交道的变量等,即函数的形参表和函数的返回值。

4. 函数的分类

(1) 从函数定义的角度看,函数可分为库函数和用户定义函数两种。

• 库函数:由C系统提供,用户无须定义,也不必在程序中作类型说明,只需在程序前包含有该函数原型的头文件即可在程序中直接调用。在前面各章的例题中反复用到printf()、scanf()、getchar()、putchar()、gets()、puts()、strcat()等函数均属此类。

注意:

① 调用库函数时要用#include 命令将相关的头文件包含进来。

如:调用数学函数,用#include "math.h" | <math.h>

调用输入输出函数,用#include "stdio.h" | <stdio.h>

② 调用库函数时,要注意参数的一些特殊要求。如三角函数要求自变量参数用弧度表示,开平方函数要求自变量参数的值大于或等于0。

• 用户定义函数:由用户按需要写的函数。对于用户自定义函数,不仅要在程序中定义函数本身,而且在主调函数模块中还必须对该被调函数进行类型说明,然后才能使用。用户定义函数包装后,也可成为函数库,供别人使用。

(2) C语言的函数兼有其他语言中的函数和过程两种功能,从这个角度看,又可把函数分为有返回值函数和无返回值函数两种。

• 有返回值函数:此类函数被调用执行完后将向调用者返回一个执行结果,称为函数返回值。如数学函数即属于此类函数。由用户定义的这种要返回函数值的函数,必须在函数定义和函数说明中明确返回值的类型。

• 无返回值函数:此类函数用于完成某项特定的处理任务,执行完成后不向调用者返回函数值。这类函数类似于其它语言的过程。由于函数无须返回值,用户在定义此类函数时可指定它的返回为"空类型",空类型的说明符为"void"。

(3) 从主调函数和被调函数之间数据传送的角度看又可分为无参函数和有参函数两种。

• 无参函数:函数定义、函数说明及函数调用中均不带参数。主调函数和被调函数之间不进行参数传送。此类函数通常用来完成一组指定的功能,可以返回或不返回函数值。

• 有参函数:也称为带参函数。在函数定义及函数说明时都有参数,称为形式参数(简称为形参)。在函数调用时也必须给出参数,称为实际参数(简称为实参)。进行函数调用时,主调函数将把实参的值传送给形参,供被调函数使用。

(4) C语言提供了极为丰富的库函数,这些库函数又可从功能角度作以下分类。

• 字符类型分类函数:用于对字符按ASCII码分类:字母,数字,控制字符,分隔符,大小写字母等。

● 转换函数:用于字符或字符串的转换;在字符量和各类数字量(整型,实型等)之间进行转换;在大、小写之间进行转换。

● 目录路径函数:用于文件目录和路径操作。

● 诊断函数:用于内部错误检测。

● 图形函数:用于屏幕管理和各种图形功能。

● 输入输出函数:用于完成输入输出功能。

● 接口函数:用于与 DOS,BIOS 和硬件的接口。

● 字符串函数:用于字符串操作和处理。

● 内存管理函数:用于内存管理。

● 数学函数:用于数学函数计算。

● 日期和时间函数:用于日期,时间转换操作。

● 进程控制函数:用于进程管理和控制。

● 其他函数:用于其他各种功能。

以上各类函数不仅数量多,而且有的还需要硬件知识才会使用,因此要想全部掌握则需要一个较长的学习过程。应首先掌握一些最基本、最常用的函数,再逐步深入。

注意:

(1) 在 C 语言中,所有的函数定义,包括主函数 main( )在内,都是平等的。也就是说,在一个函数的函数体内,不能再定义另一个函数,即不能嵌套定义。但是函数之间允许相互调用,也允许嵌套调用。习惯上把调用者称为主调函数。函数还可以自己调用自己,称为递归调用。

(2) main( )函数是主函数,它可以调用其他函数,而不允许被其他函数调用。因此,C 程序的执行总是从 main( )函数开始,完成对其他函数的调用后再返回到 main( )函数,最后由 main( )函数结束整个程序。一个 C 源程序必须有,也只能有一个主函数 main( )。

6.2 函数定义

函数定义的一般形式

```
<类型标识符> 函数名(形式参数表)
{
    声明语句序列
    可执行语句序列
    return 表达式;
}
```

1. 类型标识符

类型标识符指函数返回的类型。若函数无返回值,用 void 说明。若没有指定返回类型,则默认为 int 型。

2. 函数名

函数名需符合标识符的定义规则,最好做到见名知意。

命名规则:

(1) 在 Linux/ UNIX 平台

习惯用 function_name

(2) Windows 风格函数名命名

用大写字母开头、大小写混排的单词组合而成 FunctionName

(3) 变量名形式

"名词"或者"形容词 + 名词"

如 oldValue 与 newValue 等

(4) 函数名形式

"动词"或者"动词 + 名词"(动宾词组)

如 GetMax( )等

3. 形式参数表

(1) 无参函数:没有形式参数,即形式参数表为空,或写 void。没有形参时,这一对括号不能省略。

例:无参函数

```
void printstar()
{  printf("* * * * * * * * * * * \n");  }
```

或

```
void printstar(void)
{  printf("* * * * * * * * * * * \n"); }
```

(2)有参函数:多个参数以逗号分隔。

例:有参函数

```
int max(int x,int y)
{  int z;
   z = x > y?x:y;
   return(z);
}
```

注意:形参表不能写成(int x,y)

4. return 语句

若函数无返回值,return 语句后无需任何表达式。

5. 函数体

由"{ }"括起来的内容,我们称之为函数体。这对"{ }"不可缺失。

6. 空函数

空函数:为方便以后扩充功能预留,在主调函数中先占一个位置。

类型标识符 函数名()

{ }

例:dummy( )   / * 空函数 */

{ }

7. 编程规范

对函数接口加以注释说明:

```
/*  函数功能:实现××××功能
函数参数:参数1,表示××
         参数2,表示××
函数返回值:  ×××××
*/
返回值类型 函数名(形参表)
{  …
   return 表达式;
}
```

【例6.3】计算两个数的平均值。

```
/*  函数功能:计算两个数的平均值
函数入口参数:整型x,存储第一个运算数
            整型y,存储第二个运算数
函数返回值:x与y的平均数
*/
double Average(int x, int y)
{  double result;
   result = (x + y) / 2.0;
   return result;
}
int main()
{  int a = 5, b = 2;
   double ave = Average(a, b);
   return 0;
}
```

注意:

函数与函数的关系是平行的。它们只有调用关系,不可以嵌套定义。即不允许出现如下形式的定义:

```
main()
{ …
   int max()
   {…}
}
```

只能写成:

```
main()
   {…}
   int max()
   {…}
```

6.3 函数的调用和参数传递

6.3.1 函数的调用

主调函数:主动去调用其他函数。

被调函数:被其他函数所调用。

1. 函数调用的一般形式

前面已经说过,在程序中是通过对函数的调用来执行函数体的,其过程与其他语言的子程序调用相似。

C语言中,函数调用的一般形式为:

函数名(实际参数表)

说明:

(1) 实参表列:有确定值的数据或表达式。

(2) 实参与形参个数相等,类型一致,按顺序一一对应,当有多个实参时,实参间用逗号分隔。

(3) 实参表求值顺序,因系统而定(VC 6.0 自右向左)。

(4) 调用无参函数时,实参表列为空,但()不能省。

【例6.4】阅读下列程序,分析其输出结果。

```
#include <stdio.h>
int f(int a, int b)
{  int c;
   if(a>b)  c=1;
   else if(a==b)  c=0;
   else c=-1;
   return(c);
}
int main()
{  int i=2,p;
   p=f(i,++i);
   printf("%d",p);
   return 0;
}
```

【程序分析】

若按自右向左求值,函数调用等于f(3,3),运行结果:0

若按自左向右求值,函数调用等于f(2,3),运行结果:-1

为避免在不同编译器下结果的不同,我们只需将语句"p=f(i, ++i);" 作如下修改:

需调用f(3,3)时,改为:j= ++i; p=f(j, j);

需调用f(2,3)时,改为:j=i; k= ++i; p=f(j,k);

注意：

无论是从左至右求值，还是自右至左求值，其输出顺序都是不变的，即输出顺序总是和实参表中实参的顺序相同。

2. 函数调用的方式

在C语言中，按函数在程序中出现的位置，可以有以下几种方式调用函数。

(1) 函数语句

函数调用的一般形式加上分号即构成函数语句。例如：

```
printstar();
printf("Hello,World!\n");
scanf ("%d",&b);
```

都是以函数语句的方式调用函数。

注意：

无返回值的函数只能以该方式被调用。

(2) 函数表达式

函数作为表达式中的一项出现在表达式中，以函数返回值参与表达式的运算。这种方式要求函数是有返回值的。例如：

```
z = max(x,y) * 2;
```

这是一个赋值表达式，把max的返回值乘以2后赋予变量z。

3) 函数实参

函数作为另一个函数调用的实际参数出现。这种情况是把该函数的返回值作为实参进行传送，因此同样要求该函数必须是有返回值的。例如：

```
printf("%d",max(a,b));          /* 输出大数 */
m = max(a,max(b,c));            /* 三数比大小 */
```

3. 函数调用的执行过程

(1) 运行主调函数

(2) 当运行函数调用语句时，开始执行被调函数；

(3) 被调函数执行结束后，回到主调函数；

(4) 继续执行主调函数。

函数调用的执行过程可以用下图6-1描述。

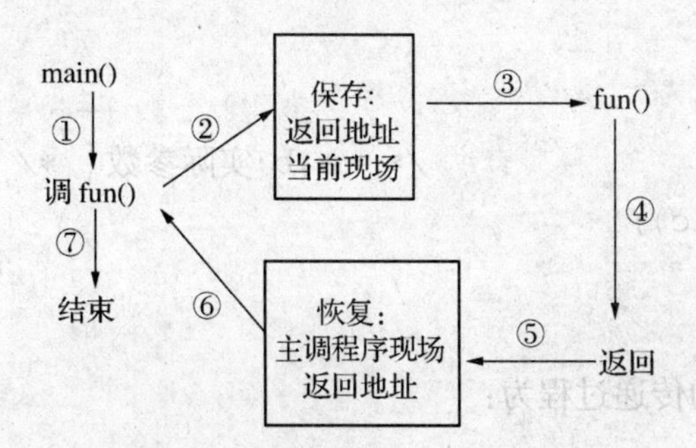

图6-1　函数调用的执行过程

6.3.2 函数的参数传递

1. 形式参数和实际参数

形式参数:定义函数时函数名后面括号中的变量名。在整个函数体内都可以使用,离开该函数则不能使用。

实际参数:调用函数时函数名后面括号中的表达式。实参出现在主调函数中,进入被调函数后,实参变量则不能使用。

注意:

(1) 形参变量必须指定类型,形参在函数被调用前不占内存,只有在被调用时才分配内存单元,在调用结束时,即刻释放所分配的内存单元。因此,形参只有在函数内部有效。函数调用结束返回主调函数后则不能再使用该形参变量。

(2) 实参可以是常量、变量、表达式、函数等,无论实参是何种类型的量,在进行函数调用时,它们都必须具有确定的值,以便把这些值传送给形参,若是数组名,则传送的是数组的首地址。因此应预先用赋值或输入等办法使实参获得确定值。

(3) 实参和形参在数量上、类型上、顺序上应严格一致,否则会发生"类型不匹配"的错误。系统自动按形参类型转换———函数调用转换。

2. 参数的传递

发生函数调用时,主调函数把实参的值传送给被调函数的形参从而实现主调函数向被调函数的数据传送。函数调用中发生的数据传送是单向的。即只能把实参的值传送给形参,而不能把形参的值反向地传送给实参。因此在函数调用过程中,形参的值发生改变,而实参中的值不会变化。形、实参占据的是不同的存储单元。

【例6.5】利用函数实现两个数比大小。

```
#include <stdio.h>
int max(int x, int y)            /* x,y:形式参数 */
{  int z;
   z = x > y? x:y;
   return(z);
}
int main()
{  int  a,b,c;
   a =2; b =3;
   c = max(a,b);                  /*  a,b:实际参数  */
   printf("%d",c);
   return 0;
}
```

函数调用时,参数的传递过程为:

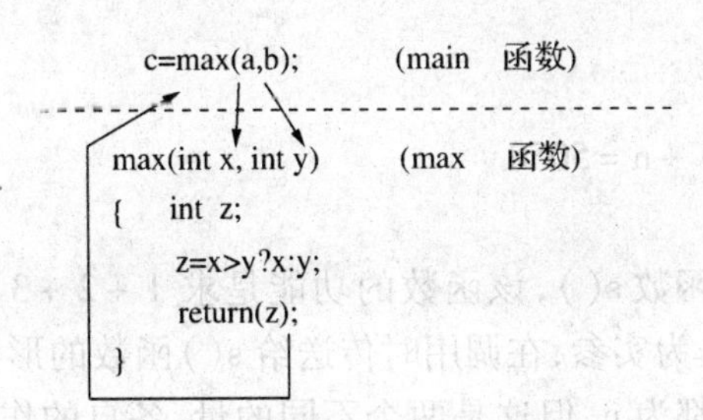

实参a,b与形参x,y之间的数值传递方式,我们可以看下图6－2所示。从图6－2中我们可以看出,形参x,y的存储单元与实参a,b的存储单元是不一样的。因此,若在max()函数中将形参x,y的值修改为10、15时,实参a,b的值并未发生任何变动,如下图6－3所示。

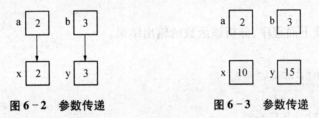

图6－2　参数传递　　　　**图6－3　参数传递**

【例6.6】s()函数的功能为计算1＋2＋3＋…＋(n－1)＋n的值,分析该函数的输出结果。

【程序代码】

```
#include <stdio.h>
int s(int n)
{  int i;
   for (i = n - 1; i >= 1; i -- )
       n = n + i;
   printf("The inner n = %d\n",n);
   return n;
}
int main(void)
{  int n, total;
   printf("Input a number: ");
   scanf("%d",&n);
   total = s(n);
   printf("The outer n = %d \n",n);
   printf("1 +2 +3 + ... + (n -1) +n = %d\n", total);
   return 0;
}
```

【运行结果】

Input a number: 100 ↙

The inner n = 5050

The outer n = 100

1 + 2 + 3 + … + (n − 1) + n = 5050

【程序分析】

本程序中定义了一个函数s( ),该函数的功能是求 1 + 2 + 3 + … + (n − 1) + n 的值。在主函数中输入n值,并作为实参,在调用时传送给s( )函数的形参量n(注意,本例的形参变量和实参变量的标识符都为n,但这是两个不同的量,各自的作用域不同)。在主函数中用printf语句输出一次n值,这个n值是实参n的值。在函数s( )中也用printf语句输出了一次n值,这个n值是形参最后取得的n值。从运行情况看,输入n值为100。即实参n的值为100。把此值传给函数s( )时,形参n的初值也为100,在执行函数过程中,形参n的值变为5050。返回主函数之后,输出实参n的值仍为100。可见实参的值不随形参的变化而变化。

【例6.7】阅读下面程序,分析该函数的输出结果。

【程序代码】

```
#include <stdio.h>
int main( )
{ int a=2,b=3;
  printf ("a=%d, b=%d\n",a, b);
  printf("&a=%x,&b=%x\n" ,&a,&b);
  add(a,b);
  printf("a=%d,b=%d\n", a,b);
  printf("&a=%x,&b=%x\n", &a,&b);
  return 0;
}
void add(int x,int y)
{ x=x+8; y=y+12;
  printf("x=%d,y=%d\n",x,y);
  printf("&x=%x,&y=%x\n",&x,&y);
}
```

【运行结果】

a = 2, b = 3

&a = ffd6, &b = ffd8

x = 10, y = 15

&x = ffd2, &y = ffd4

a = 2, b = 3

&a = ffd6, &b = ffd8

【程序分析】

由于形、实参占据的是不同的存储单元,如图6-4所示。当然,这里的内存单元的地址值仅为假设的结果。

地址	值	变量
ffd2	2+8=10	x
ffd4	3+12=15	y
ffd6	2	a
ffd8	3	b

图6-4 存储单元

6.3.3　函数的返回值

函数的值(或称函数返回值)是指函数被调用之后,执行函数体中的程序段所取得的并返回给主调函数的值。如调用正弦函数取得正弦值,调用的 max( )函数取得的最大数等。对函数的值有以下一些说明:

(1) 函数的值只能通过 return 语句返回主调函数。return 语句的一般形式为:

return 表达式;

或:

return (表达式);

该语句的功能是计算表达式的值,并返回给主调函数。函数的返回值,必须用 return 语句带回。

(2) 在函数中允许有多个 return 语句,但每次调用只能有一个 return 语句被执行,因此只能返回一个函数值。执行哪一个由程序执行情况来定。

```
if(a>b)  return(a);
else  return(b);
```

(3) 函数值的类型和函数定义中函数的类型应保持一致。如果两者不一致,则以函数类型为准,自动进行类型转换。

(4) 如函数值为整型,在函数定义时可以省去类型说明。

(5) 若该函数无返回值,可以写类型说明符为“void”。如【例 6.7】中函数 add。一旦函数被定义为空类型后,就不能在主调函数中使用被调函数的函数值了。例如,在定义 add 为空类型后,在主函数中写下述语句:

```
printf("add=%d\n",add(a,b));
```

就是错误的。

(6) return 语句还起到返回主调函数的作用,因此,当该函数无返回值时,可以 return;语句返回主调函数。若无 return 语句,遇“}”时,亦可自动返回主调函数。

【例6.8】阅读下面两个程序,分析它们的输出结果。

【程序代码】

```
(1) printstar()
    { printf("***********"); }
    int main()
    { int a;
      a=printstar();
      printf("%d",a);
      return 0;
    }
```

【运行结果】

10

```
(2) void  printstar()
    { printf("***********");  }
```

```
int main()
{  int a;
   a=printstar();
   printf("%d",a);
   return 0;
}
```

【运行结果】

编译错误!

【程序分析】

第一个例子中,printstar()函数前的返回值类型缺失,系统默认为 int,printstar()函数体中无 return 语句,该函数带回了不确定的值,本次调用结果为 10。故对无返回值的函数,应明确定义为 void 类型,以避免错误应用。

注意:

在 C 语言中,函数名不能被赋值,只能通过 return 语句返回一个值。下面的 max1()函数就是错误的写法。

```
int max1(int x,int y)
{  max1 =x >y? x:y ;  }
```

6.4 函数的声明和原型

1. 函数声明的形式

函数遵循先定义后使用的原则。若被调用函数在主调函数之前定义,需在被调函数调用之前进行声明。这与使用变量之前要先进行变量说明是一样的。C 语言中函数声明也称为函数原型。

在主调函数中对被调函数作说明的目的是使编译系统知道被调函数返回值的类型,以便在主调函数中按此种类型对返回值作相应的处理。其一般形式为:

类型说明符　被调函数名(类型 形参, 类型 形参,…);

或为:

类型说明符　被调函数名(类型,类型,…);

括号内给出了形参的类型和形参名,或只给出形参类型。这便于编译系统进行检错,以防止可能出现的错误。

注意:

(1) 函数声明可以是一个独立的语句,如对【例 6.7】中的 add 函数可以采用如下的独立语句的形式进行声明。

```
void add(int x,int y);
```

(2) 函数声明中的形参名是一种虚设,它们可以是任意的用户标识符,既不必与函数首部中的形参名一致,又可以与程序中的任意用户标识符同名。因此,参数名也可以省略。如上面的例子中的函数声明可写成:

```
void add(int, int);
```

(3) 若函数的返回值类型为 int 或 char,则可以不进行函数声明(系统默认)。这时系统将自动对被调函数返回值按整型处理。但是使用这种方法时,系统无法对参数的类型做检查。若调用函数时参数使用不当,在编译时也不会报错。因此,为了程序清晰和安全,建议都进行声明。

(4) 若被调函数的定义出现在主调函数之前,也可以不进行函数声明。如本章中前面所有例子均为如此。

(5) 有些系统(如 Borland C++、VC++ 等)要求一定要用函数声明指出函数类型和形参类型,并且对 void 和 int 型函数也要进行函数声明。

(6) 如在所有函数定义之前,在函数外预先说明了各个函数的类型,则在以后的各主调函数中,可不再对被调函数作说明。例如:

```
char str(int a);
float f(float b);
int main()
{
    /* ...... */
}
char str(int a)
{
    /* ...... */
}
float f(float b)
{
    /* ...... */
}
```

其中第一,二行对 str() 函数和 f() 函数预先作了说明。因此在以后各函数中无须对 str() 和 f() 函数再作说明就可直接调用。对库函数的调用不需要再作说明,但必须把该函数的头文件用 include 命令包含在源文件前部。

2. 函数声明的位置

(1) 放在调用函数的声明部分(只有此调用函数能识别被调用函数)。可以是独立语句,也可与其他变量的定义放在同一个语句中。如上面的【例 6.5】中,若 max() 函数的定义在 main() 函数的后面,则在 main() 函数中可以如下形式的语句:

```
int a,b,c,max(int,int);
```

(2) 放在所有函数的外部,被调用之前。(此时函数声明的后面所有位置上都可对该函数进行调用)。如上例中的 str() 函数和 f() 函数。

(3) 调用库函数时,要在程序的开头使用命令:#include < *.h > 来包含相关的头文件,就是因为头文件中包含了这些库函数的原型声明。如前面例子中要使用 printf()、scanf() 时,在程序开头都要加上命令"#include < stdio.h >"。

3. 函数的定义与函数的声明的区别

函数定义与函数声明是不同的:

(1) 函数定义是写出函数的完整形式,指函数功能的确立。指定函数名、函数类型、形参及类型、函数体等,是完整独立的单位。

(2) 函数声明是告诉系统此函数的返回值类型、参数的个数与类型,便于编译时进行有效的类型检查。函数声明不包括函数体。函数声明作为一条语句,必须以分号结束,而函数定义中的函数首部不是语句,不能加分号,否则编译会出现错误。

【例6.9】阅读下面程序,注意区分函数声明、函数定义、函数首部。

【程序代码】

```
#include<stdio.h>
int main()
{  float add(float x,float y);        /* 对被调用函数的声明 */
   float a,b,c;
   scanf("% f,% f",&a,&b);
   c=add(a,b);
   printf("sum is% f",c);
   return 0;
}
float add(float x, float y)                  /* 函数首部 */
{  float z;                                  /* 函数体 */
   z=x+y;
   return(z);
}
```

【运行结果】

输入:3.6 ,6.5

输出:sum is 10.100000

6.5 函数的嵌套与递归调用

6.5.1 函数的嵌套调用

C语言中不允许作嵌套的函数定义。因此各函数之间是平行的,不存在上一级函数和下一级函数的问题。但是C语言允许在一个函数的定义中出现对另一个函数的调用。这样就出现了函数的嵌套调用。即在被调函数中又调用他它函数。这与其他语言的子程序嵌套的情形是类似的。其关系可表示如下图6-5所示。

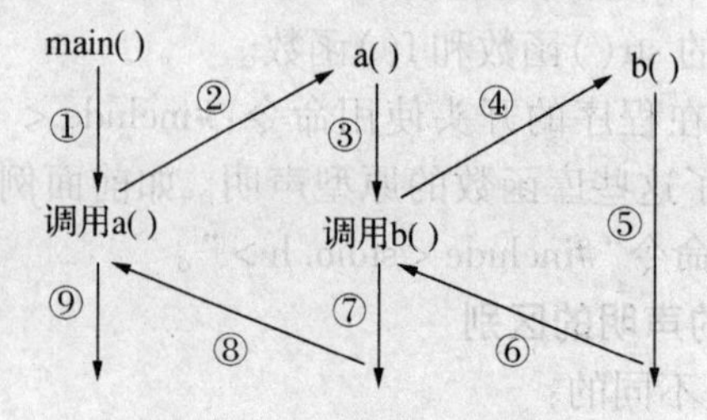

图6-5 函数的嵌套调用

图6-5表示了两层嵌套的情形。其执行过程是:执行main()函数中调用a()函数的语句时,即转去执行a()函数,在a()函数中调用b()函数时,又转去执行b()函数,b()函数执行完毕返回a()函数的断点继续执行,a()函数执行完毕返回main()函数的断点继续执行。

【例6.10】计算 $s=2^2!+3^2!$

【问题分析】

本题可编写两个函数,一个是用来计算平方值的函数f1(),另一个是用来计算阶乘值的函数f2()。主函数先调f1()计算出平方值,再在f1()中以平方值为实参,调用f2()计算其阶乘值,然后返回f1(),再返回主函数,在循环程序中计算累加和。

【程序代码】

```
#include <stdio.h>
long f1(int p)                  /* f1 的功能为求 p² */
{  int k;
   long r;
   long f2(int);                /* 对被调用函数 f2 的声明 */
   k=p*p;
   r=f2(k);
   return r;
}
long f2(int q)                  /* f2 的功能为求 q! */
{  long c=1;
   int i;
   for(i=1;i<=q;i++)
   c=c*i;
   return c;
}
int main(void)
{  int i;
   long s=0;
   for (i=2;i<=3;i++)
      s=s+f1(i);                /* f1 在前已经定义,故 main 中不需要函数原型 */
   printf("\ns=%ld\n",s);
   return 0;
}
```

在程序中,函数f1()和f2()均为长整型,都在主函数之前定义,故不必再在主函数中对f1()和f2()加以说明。在主程序中,执行循环程序依次把i值作为实参调用函数f1()求 i^2 值。在f1中又发生对函数f2()的调用,这时是把 i^2 的值作为实参去调f2(),在f2()中完成求 $i^2!$ 的计算。f2()执行完毕把C值(即 $i^2!$)返回给f1(),再由f1()返回主函数实现累加。至此,由函数的嵌套调用实现了题目的要求。由于数值很大,所以函数和一些变量的类型都说明为长整型,否则会造成计算错误。

6.5.2 函数的递归调用

1. 什么是递归

递归:在函数调用过程中,直接或间接的调用自身。在递归调用中,主调函数又是被调函数。执行递归函数将反复调用其自身,每调用一次就进入新的一层。

递归方法的基本原理:

将复杂问题逐步化简,最终转化为一个最简单的问题。最简单问题的解决就意味着整个问题的解决。

注意:

递归调用应该能够在有限次数内终止递归,递归调用若不加以限制,将无限循环调用。必须在函数内部加控制语句,仅当满足一定条件时,递归终止,称为条件递归。

解决无终止递归调用的方法是:确定好结束递归的条件。

用 if 语句控制{条件成立,进行递归。
条件不成立,结束递归。

利用下面的 if - else 语句可以实现:

if (递归条件成立)

return 递归函数调用返回的结果值;

else

return 递归公式的初值;

2. 递归调用的方式

(1)直接递归调用:在函数体内又调用自身,如图 6 - 6 所示。

```
int  f(int x)
{  int y,z;
   ......
   z = f(y);
   ......
   return(2 * z);
}
```

f( )

调 f

图 6 - 6 直接递归调用

这个函数是一个递归函数。但是运行该函数将无休止地调用其自身,这当然是不正确的。解决的办法就是前面所讲的加判断条件,满足某种条件(或不满足某种条件)后就不再作递归调用,然后逐层返回。

(2) 间接递归调用:如下图 6 - 7 所示,当函数 f1( )去调用另一函数 f2( )时,而另一函数 f2( )反过来又调用函数 f1( )自身。

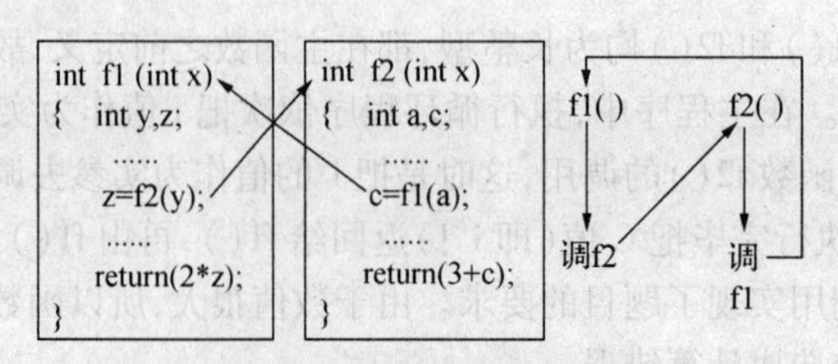

图 6 - 7 间接递归调用

注意：

C语言编译系统对递归函数的自调用次数没有限制。但每调用函数一次，在内存堆栈区分配空间，用于存放函数变量、返回值等信息，所以递归次数过多，可能引起堆栈溢出。

【例6.11】用递归法计算n!。

【问题分析】

用递归法计算n! 可用下述公式表示：

$$n! = \begin{cases} 1 & n=0,1 \\ n\times(n-1)! & n\geqslant 2 \end{cases}$$

当n值为4时，有　4! =4 × 3!

3! =3 × 2!

2! =2 × 1!

1! =1

【程序代码】

```
#include <stdio.h>
int fac(int n)
{  int f;
   if(n<0)  printf("n<0,data error!");
   else if(n==0||n==1)  f=1;
   else f=n*fac(n-1);
   return(f);
}
int main()
{  int n, y;
   printf("Input a integer number:");
   scanf("%d",&n);
   y=fac(n);
   printf("%d!=% 15d",n,y);
   return 0;
}
```

运行该程序，若通过键盘输入4时，递归的调用和回归过程如下图6-8所示：

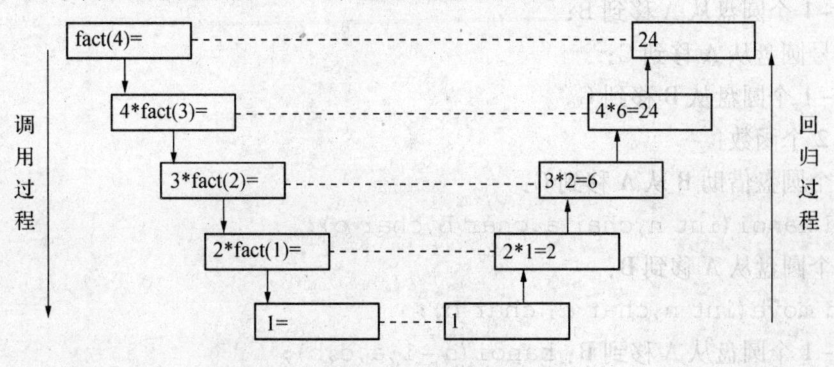

图6-8　递归调用

函数的递归调用可分为两个阶段，第一个阶段是递推，即逐层调用自己，直到遇到可直接返回值的 return 语句；第二个阶段是回归，即将结果逐层代入直到计算出需要的结果。

本程序中给出的函数 fac()是一个递归函数。主函数调用 fac()后即进入函数 fac()执行，如果"n<0，n==0"或"n=1"时都将结束函数的执行，否则就递归调用 fac()函数自身。由于每次递归调用的实参为 n-1，即把 n-1 的值赋予形参 n，最后当 n-1 的值为 1 时再作递归调用，形参 n 的值也为 1，将使递归终止。然后可逐层退回。

【例 6.12】汉诺塔(Hanoi)问题。

有 A、B、C 三座塔，将 A 塔上 n 个盘子移至 C 塔(借助于 B 塔)。移动时，保证三个塔始终是大盘在下，小盘在上。

【问题分析】

有人曾计算过，当 n=64 时，所需移动的次数为 18446744073709551615，即 1844 亿亿次。若按每次耗时 1 微秒计算，则完成 64 个圆盘的移动将需要 60 万年。

第 1 步：将问题简化，假设 A 杆上只有 2 个圆盘，即汉诺塔有 2 层，n=2。

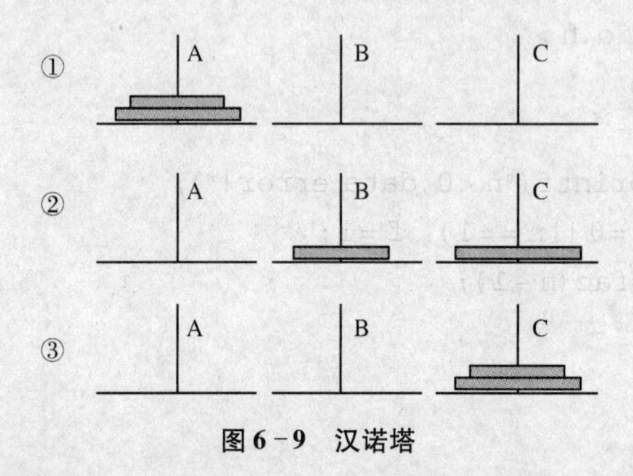

图 6-9　汉诺塔

如上图 6-9 所示步骤

将 1 号圆盘从 A 移到 B；

将 2 号圆盘从 A 移到 C；

将 1 号圆盘从 B 移到 C。

第 2 步：对于一个有 n(n>1)个圆盘的汉诺塔，将 n 个圆盘分为两部分：上面 n-1 个圆盘和最下面的 n 号圆盘。将"上面 n-1 个圆盘"看成一个整体。

步骤：

将 n-1 个圆盘从 A 移到 B；

将 n 号圆盘从 A 移到 C；

将 n-1 个圆盘从 B 移到 C。

设计 2 个函数：

将 n 个圆盘借助 B 从 A 移到 C：

```
void hanoi(int n,char a,char b,char c);
```

将一个圆盘从 A 移到 B：

```
void move(int n,char a, char b);
```

将 n-1 个圆盘从 A 移到 B：`hanoi(n-1,a,c,b);`

将n号圆盘从A移到C：move(n,a,c);
将n-1个圆盘从B移到C：hanoi(n-1,b,a,c);
【程序代码】
```
#include <stdio.h>
void move(int n,char a, char b)
{  printf("move%d:% c -- ->% c\n",n,a,b);
}
void hanoi(int n,char a,char b,char c)
{  if(n = =1)
        move(n,a,c);
   else
   {  hanoi(n -1,a,c,b);
      move(n,a,c);
      hanoi(n -1,b,a,c);
   }
}
int main()
{  int m;
   printf("Input the number of disks:");
   scanf("%d",&m);
   printf("The steps to moving% 3d disks:\n",m);
   hanoi(m,'A','B','C');
   return 0;
}
```
3. 递归与迭代
迭代即也称作循环或递推的方法。
【例6.13】用迭代法编写阶乘函数。
【问题分析】
求n!,用迭代法实现,即从1开始乘以2,再乘以3,直到n。
【程序代码】
```
int fact(int n)
{  int f =1;
   int i;
   for (i =1; i <=n; i ++)
       f * =i;
   return (f);
}
```
由于main()函数同例6.11,故在此就不再列出。
【例6.14】分别用递归和迭代法计算Fibonacci数列1,1,2,3,5,8,…的第n项的值。

(1) 递归法

【问题分析】

可将Fibonacci数列写成如下的递归公式:

$$fib(n)=\begin{cases}0 & n=0\\1 & n=1\\fib(n-1)+fib(n-2) & n>1\end{cases}$$

【程序代码】

```
long Fib(int n)
{  long f;
   if(n==0) f=0;
   else if (n==1) f=1;
   else f=Fib(n-1)+Fib(n-2);
   return f;
}
```

(2) 迭代法

【问题分析】

由于该数列第0项为0,第1项为1,从第2项开始,每一项都可以利用前两项的值求和得到,故只需运用循环,求出第2项到第n项即可。

【程序代码】

```
long Fib(int n)
{  long f,f1=0,f2=1;
   int i;
   if(n==0) f=0;
   else if (n==1) f=1;
   else
       for(i=2;i<=n;i++)
       {  f=f1+f2;
          f1=f2;
          f2=f;
       }
   return f;
}
```

虽然看起来,迭代法比递归法的算法复杂些,但迭代法的时间效率却比递归法高许多。

递归的优点和缺点:

(1) 优点:

- 从编程角度来看,比较直观、精炼,逻辑清楚
- 符合人的思维习惯,逼近数学公式的表示
- 尤其适合非数值计算领域

（2）缺点：

- 增加了函数调用的开销,每次调用都需要进行参数传递、现场保护等
- 耗费更多的时间和栈空间
- 应尽量用迭代(即循环)形式替代递归形式

6.6　数组作为函数参数

1. 数组元素作为函数参数

数组元素就是下标变量,它与普通变量并无区别。因此它作为函数实参使用与普通变量是完全相同的,在发生函数调用时,把作为实参的数组元素的值传送给形参,实现单向的值传递。

【例6.15】试分析下例函数的输出结果。

【程序代码】

```
#include <stdio.h>
void swap1(int x,int y)
{  int z;
   z=x;  x=y;  y=z;
}

int main()
{  int a[2]={1,2};
   swap1(a[0],a[1]);
   printf("a[0]=%d\na[1]=%d\n",a[0],a[1]);
   return 0;
}
```

【运行结果】

a[0]=1
a[1]=2

【程序分析】

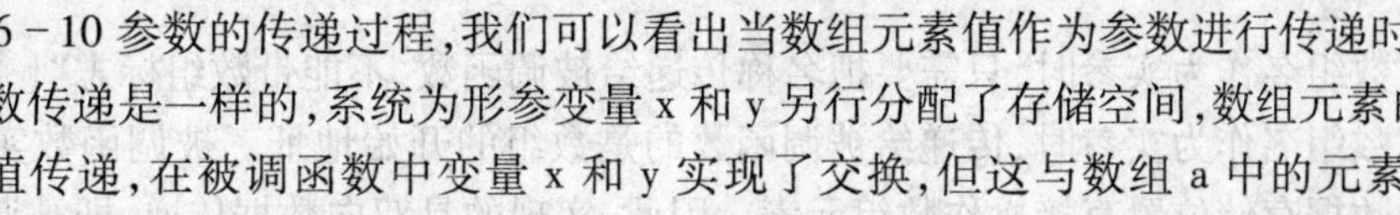

图6-10　调用函数

从图6-10参数的传递过程,我们可以看出当数组元素值作为参数进行传递时,同普通变量的参数传递是一样的,系统为形参变量x和y另行分配了存储空间,数组元素的值进行了单向的值传递,在被调函数中变量x和y实现了交换,但这与数组a中的元素a[0]和

a[1]没有任何关系,故a[0]和a[1]的输出仍为原值。

2. 数组名作为函数参数

数组名代表的是数组的首地址,是一个地址常量。当用数组名作为实参时,实际上是把该地址常量传给形参。形参是数组类型,形参数组并不分配接收实参数组元素的数据空间。

【例6.16】试分析下例函数的输出结果。

【程序代码】

```
#include <stdio.h>
void swap2(int x[])
{ int z;
  z=x[0];
  x[0]=x[1];
  x[1]=z;
}

int main()
{ int a[2]={1,2};
  swap2(a);
  printf("a[0]=%d\na[1]=%d\n",a[0],a[1]);
  return 0;
}
```

【运行结果】

a[0]=2

a[1]=1

【程序分析】

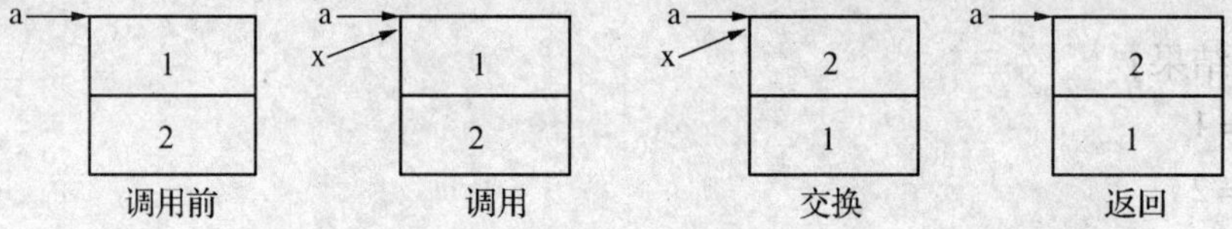

图6-11 变换

从图6-11参数的传递过程,我们可以看出当数组作参数进行传递时,系统并未给形参数组x重新分配存储空间,数组x与主调函数中的数组a用的是同一个内存空间,故对数组x中的元素交换即为对数组a中的元素交换,所以输出结果是交换以后的值。

注意:

(1) 一维数组名作为函数的形参时,不必指明数组的长度。但要声明元素类型并使用数组标志"[]"。

(2) 数组名作为实参时,只需要把名称传递给被调函数,不能带数组标志"[]"。

(3) 数组名作为实参时,传递给被调函数的是数组的开始地址。被调函数实际上是在该数组的数据存储位置直接操作数组元素。因此,实现的是双向数据传递,即被调函数内部对数据元素的修改会反映到主调函数中的。

(4) 形参数组和实参数组的长度可以不相同,因为在调用时,只传送首地址而不检查形参数组的长度。当形参数组的长度与实参数组不一致时,虽不至于出现语法错误(编译能通过),但程序执行结果将与实际不符,这是应予以注意的。

(5) 在函数形参表中,允许不给出形参数组的长度,或用一个变量来表示数组元素的个数。例如,可以写为:

```
void swap2 (int x[])
```

或写为:

```
void swap2 (int x[],int n)
```

其中形参数组 x 没有给出长度,而由 n 值动态地表示数组的长度。n 的值由主调函数的实参进行传送。

(6) 多维数组也可以作为函数的参数。只有数组第一维的长度可以省略,其他维的长度不能省略。因此,以下写法都是合法的:

int MA(int a[3][10])　或　int MA(int a[][10])

而以下写法都是不合法的:

int MA(int a[3][])　　或　int MA(int a[][])

在我们前面【例6.2】中,函数 void SumofEveryStudent(int stu[][3], sum[],int n)中的第一个参数亦如是。

(7) 当多维数组名作为函数的形参时,若实参与形参第二维大小相同的前提下,二者第一维大小可以不同。

(8) 形参数组和实参数组的类型必须一致,否则将引起错误。

【例6.17】求二维数组中最大元素值。

【问题分析】

先使变量 max 的初值等于矩阵中第一个元素的值,然后将矩阵中各个元素的值与 max 相比,每次比较后都把"较大者"存放在 max 中,全部元素比较完后,max 的值就是所有元素的最大值。

【程序代码】

```
#include <stdio.h>
int  max_value (int  array[3][4])      //多维形参数组第一维维数可省略,
{  int i,j,max;                         //第二维必须相同,
   max = array[0][0];                   //可写成:int  array[][4]
   for (i =0;i <3;i ++)
      for (j =0;j <4;j ++)
         if(array[i][j] >max)
   max = array[i][j];
   return(max);
}
int main()
{  int a[3][4] = {{1,3,5,7}, {2,4,6,8},{15,17,34,12}};
```

```
    printf("max value is%d\n",max_value(a));
    return 0;
}
```

【运行结果】

max value is 34

6.7　变量的作用域和存储类型

6.7.1　变量的作用域

在讨论函数的形参变量时曾经提到,形参变量只在被调用期间才分配内存单元,调用结束立即释放。这一点表明形参变量只有在函数内才是有效的,离开该函数就不能再使用了。这种变量有效性的范围称变量的作用域。不仅对于形参变量,C语言中所有的量都有自己的作用域。变量说明的方式不同,其作用域也不同。

C语言中的变量,按作用域范围可分为两种,即局部变量和全局变量。

1. 局部变量

局部变量也称为内部变量。局部变量是在函数内作定义说明的。其作用域仅限于函数内,离开该函数后再使用这种变量是非法的。

局部变量通常有以下几类:

(1) 函数内部声明的变量:在函数内从声明位置开始有效。

(2) 函数的形式参数:在函数内全程有效。

(3) 语句块内部声明的变量:在语句块内从声明位置开始有效。

例如:

```
int f1(int a)
{  int b,c;          /*a,b,c仅在函数f1()内有效*/
}
int f2(int x)
{  int y,z;          /*x,y,z仅在函数f2()内有效*/
}
main()
{  int m,n;          /*m,n仅在函数main()内有效*/
}
```

在函数f1()内定义了三个变量,a为形参,b、c为一般变量。在f1()的范围内a、b、c有效,或者说a、b、c变量的作用域限于f1()内。同理,x、y、z的作用域限于f2()内。m、n的作用域限于main()函数内。

注意:

(1) 主函数中定义的变量也只能在主函数中使用,不能在其他函数中使用。同时,主函数中也不能使用其他函数中定义的变量。因为主函数也是一个函数,它与其他函数是平行关系。这一点是与其他语言不同的,应予以注意。

(2) 形参变量是属于被调函数的局部变量,实参变量是属于主调函数的局部变量。

(3) 允许在不同的函数中使用相同的变量名,它们代表不同的对象,分配不同的单元,互不干扰,也不会发生混淆。

(4) 在复合语句中也可定义变量,其作用域只在复合语句范围内。

【例6.18】阅读程序,分析程序的输出结果。

【程序代码】

```
#include <stdio.h>
int main()
{  int a,b;
   a=3;
   b=4;
   printf("main:a=%d,b=%d\n",a,b);
   sub();
   printf("main:a=%d,b=%d\n",a,b);
   return 0;
}
void sub()
{  int a,b;
   a=6;
   b=7;
   printf("sub:a=%d,b=%d\n",a,b);
}
```

【运行结果】

main:a=3,b=4
sub:a=6,b=7
main:a=3,b=4

【程序分析】

不同函数中同名变量,分配不同的存储空间,作用范围各不相同,都只在自己定义的函数体内有效。

【例6.19】阅读程序,分析程序的输出结果。

【程序代码】

```
1:    #include <stdio.h>
2:    int main(void)
3:    {  int i=2, j=3, k;
4:       k=i+j;
5:       {  int k=8;
6:          i=6;
7:          printf("k=%d\n",k);
8:       }
```

```
9:     printf("i =%d , k =%d\n",i,k);
10:    return 0;
11:  }
```

【运行结果】

k =8

i =6 , k =5

【程序分析】

本程序在 main()中定义了 i、j、k 三个变量,其中 k 未赋初值。而在复合语句内又定义了一个变量 k,并赋初值为 8。应该注意这两个 k 不是同一个变量。在复合语句外由 main()定义的 k 起作用,而在复合语句内则由在复合语句内定义的 k 起作用(我们将此称为局部优先原则)。因此程序第 4 行的 k 为 main()所定义,其值应为 5。第 7 行输出 k 值,该行在复合语句内,由复合语句内定义的 k 起作用,其初值为 8,故输出值为 8。第 9 行输出 i,k 值。i 是在整个程序中有效的,第 6 行对 i 赋值为 6,所以输出也为 6。而第 9 行已在复合语句之外,输出的 k 应为 main()所定义的 k,此 k 值由第 4 行已获得为 5,故输出也为 5。

注意:

当作用域大的变量和子作用域的变量重名时,在小的作用域内,作用域小的变量起作用,作用域大的变量暂时被屏蔽,即局部优先原则。

2. 全局变量

全局变量也称为外部变量,它是在所有函数之外定义的变量。它不属于哪一个函数,它属于一个源程序文件,其作用域是定义变量的位置开始到本程序结束,及有 extern 说明的其他源文件。它的生存期是整个程序,从程序运行起占据内存,程序运行过程中可随时访问,程序退出时释放内存。

在函数中使用全局变量,一般应作全局变量说明。只有在函数内经过说明的全局变量才能使用。全局变量的说明符为 extern。但在一个函数之前定义的全局变量,在该函数内使用可不再加以说明。

外部变量说明: extern 数据类型 变量表;

外部变量定义与外部变量说明不同,从表 6-1 中我们可以看出两者的区别。

表 6-1 外部变量定义与说明的区别

	定 义	说 明
次数	只能 1 次	可说明多次
位置	所有函数之外	函数内或函数外
分配内存	分配内存,可初始化	不分配内存,不可初始化

例如:

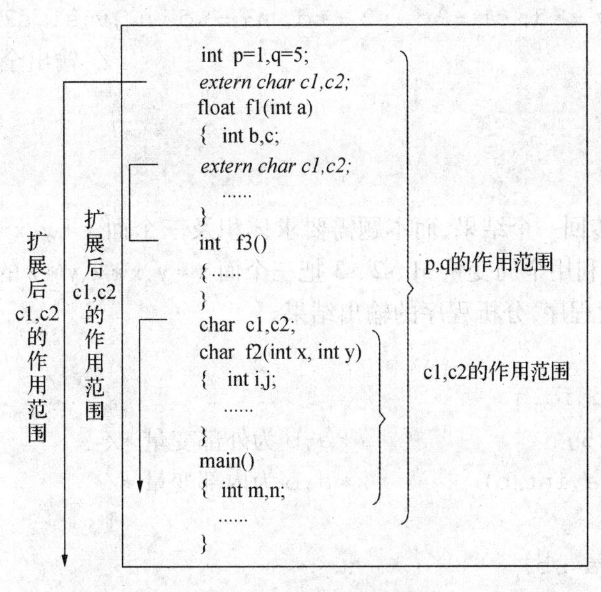

图 6－12　变量的作用范围

分析上图 6－12,若出现斜体字部分不存在的情况,p、q、c1、c2 都是在函数外部定义的外部变量,都是全局变量。但 c1、c2 定义在函数 f3( ) 之后,而在 f1( ) 内又无对 c1、c2 的说明,所以它们在 f1( )、f3( ) 内无效。p、q 定义在源程序最前面,因此在 f1( )、f2( )、f3( ) 及 main( ) 内不加说明也可使用。当增加了第一个斜体字语句 extern char c1,c2; 这是对外部变量 c1、c2 的说明语句,此时 c1、c2 的作用范围就变为从该说明处开始直到本程序结束。若增加的仅仅是第二个斜体字语句,此时 c1、c2 的作用范围就变为从该说明处开始直到函数 f1( ) 结束及函数 f2( ) 和函数 main( ) 内。

【例 6.20】输入正方体的长宽高 l、w、h。求体积及三个面 x * y、x * z、y * z 的面积。

【程序代码】

```
#include <stdio.h>
int s1,s2,s3;                    //定义全局变量 s1、s2、s3;
int vs(int a,int b,int c)
{  int v;
   v=a*b*c;
   s1=a*b;
   s2=b*c;
   s3=a*c;
   return v;
}
int main(void)
{  int v,l,w,h;
   printf("input length,width and height:");
   scanf("%d%d%d",&l,&w,&h);
   v=vs(l,w,h);
```

```
    printf("v = %d, s1 = %d, s2 = %d, s3 = %d\n",v,s1,s2,s3);
                                        //输出全局变量 s1、s2、s3;
    return 0;
}
```

【程序分析】

由于函数只能传回一个结果,而本题需要求体积及三个面 x * y、x * z、y * z 的面积,共四个值,因此在这里利用全局变量 s1、s2、s3 把三个面 x * y、x * z、y * z 的面积带出来。

【例 6.21】阅读程序,分析程序的输出结果。

【程序代码】

```
#include <stdio.h>
int a =3, b =5;                       /* a,b 为外部变量 */
int max(int a,int b)                  /* a,b 为内部变量 */
{  int c;
   c = a > b ? a : b;
   return c;
}
int main(void)
{  int a =8;                          /* a 为内部变量 */
   printf("max = %d\n",max(a,b));
   return 0;
}
```

【运行结果】

max = 8

【程序分析】

同一个源文件中,外部变量与局部变量同名,则在局部变量的作用范围内,外部变量被“屏蔽”,即它不起作用。本例中 main( )函数内调用 max( )函数时实参 a 的值为 main( )函数内定义的局部变量 a,故相当于调用 max(8,5)。

注意:

(1) 全局变量的使用,增加了函数间数据联系的渠道,同一文件中的所有函数都能引用全局变量的值,当某函数改变了全局变量的值时,便会影响其他的函数。

(2) 使用全局变量可以减少函数的实参和形参个数。

(3) 为区别局部与全局变量,习惯将全局变量的第一个字母大写。

(4) 全局与局部变量重名时,在函数内部将屏蔽全局变量。

(5) 建议应尽量少使用全局变量,因为:

- 全局变量在程序全部执行过程中占用存储单元。
- 不利于程序的移植。程序的可读性变差。
- 降低程序清晰性,容易出错。

6.7.2　变量的存储类型

前面已经介绍了,从变量的作用域(即从空间)角度来分,可以分为全局变量和局部变量。从另一个角度,从变量值存在的时间(即生存期)角度来分,可以分为静态存储方式和动态存储方式。

静态存储方式:是指在程序运行期间分配固定的存储空间的方式。

动态存储方式:是在程序运行期间根据需要进行动态的分配存储空间的方式。

用户存储空间可以分为三个部分,见下图6-13所示:

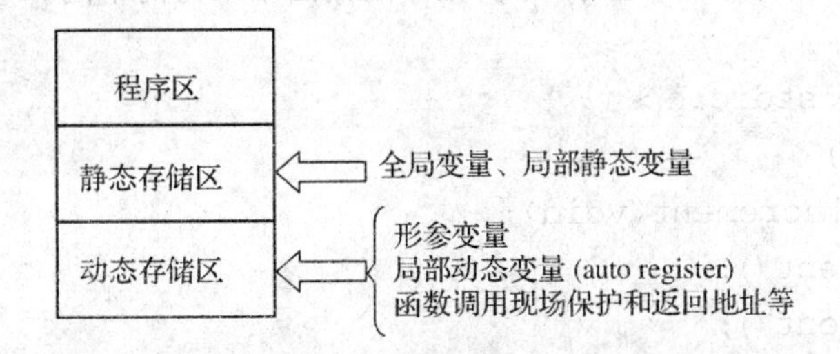

图6-13　用户存储空间

全局变量全部存放在静态存储区,在程序开始执行时给全局变量分配存储区,程序运行完毕才释放。在程序执行过程中它们占据固定的存储单元,而不动态地进行分配和释放。动态存储区存放以下数据:函数形式参数、局部自动变量、函数调用实的现场保护和返回地址。对这些数据,在函数开始调用时分配动态存储空间,函数结束时释放这些空间。

在C语言中,每个变量和函数有两个属性:数据类型和数据的存储类别。变量声明定义的完整形式:

存储类型说明符 数据类型说明符 变量名,变量名,…;

C程序的存储类别:

- auto型(自动变量)
- static型(静态变量)
- extern型(外部变量)
- register型(寄存器变量)

1. auto变量

函数中的局部变量,如不专门声明为static存储类别,都是动态地分配存储空间的,数据存储在动态存储区中。

函数中的形参和在函数中定义的变量(包括在复合语句中定义的变量),都属此类,在调用该函数时系统会给它们分配存储空间,在函数调用结束时就自动释放这些存储空间。这类局部变量称为自动变量。自动变量用关键字auto作存储类别的声明。关键字auto可以省略,auto不写则隐含定为"自动存储类别",属于动态存储方式。未赋初值时,其值未定义,每次调用重新赋值。

例如:

```
int f(int a)                    /* 定义 f 函数,a 为形参,也是一种自动变量 */
{  auto int b,c =3;             /* 定义 b,c 自动变量,等价于 int b,c =3; */
```

```
    /* ...... */
}
```

a是形参,b、c是自动变量,对c赋初值3。执行完f()函数后,自动释放a,b,c所占的存储单元。

2. static 变量

(1) 静态局部变量

有时希望函数中的局部变量的值在函数调用结束后不消失而保留原值,这时就应该指定局部变量为"静态局部变量",用关键字static进行声明。

【例6.22】对比下面的两个程序,分析程序的输出结果为何不同。

【程序代码】

①
```
#include <stdio.h>
int main()
{  void  increment(void);
   increment();
   increment();
   increment();
   return 0;
}
void  increment(void)
{  int x=3;
   x++;
   printf("%d\n",x);
}
```

【运行结果】

```
4
4
4
```

②
```
#include <stdio.h>
int main()
{  void  increment(void);
   increment();
   increment();
   increment();
   return 0;
}
void  increment(void)
{  static int x=3;
   x++;
   printf("%d\n",x);
}
```

【运行结果】

4

5

6

【程序分析】

程序①中,在 main()函数中共需调用 increment()函数三次,每一次调用时均需给 auto 型的局部变量 x 分配内存空间,赋初始值3,故每一次的输出均为4,每一次 increment()函数执行完毕,系统均会回收变量 x 的内存空间。

程序②中,不同于程序①的是,increment()函数中局部变量 x 的定义前加了存储类别 static,这样,x 就是局部静态变量了,静态局部变量属于静态存储类别,在静态存储区内分配存储单元。在程序整个运行期间都不释放。其在编译时赋初值,即只赋初值一次;局部静态变量值具有可继承性。故在 main()函数中的三次调用 increment()函数,仅在第一次调用时为变量 x 赋了初始值3,其后第二次和第三次调用 increment()函数时,变量 x 的值均是前一次调用完后的值,而不会再对它赋初值了。故输出的结果为4 5 6。

注意:

(1) 静态局部变量属于静态存储类别,在静态存储区内分配存储单元。在程序整个运行期间都不释放。而自动变量(即动态局部变量)属于动态存储类别,占动态存储空间,函数调用结束后即释放。

(2) 静态局部变量在编译时赋初值,即只赋初值一次;而对自动变量赋初值是在函数调用时进行,每调用一次函数重新给一次初值,相当于执行一次赋值语句。

(3) 如果在定义局部变量时不赋初值的话,则对静态局部变量来说,编译时自动赋初值0(对数值型变量)或空字符 '\0'(对字符变量)。而对自动变量来说,如果不赋初值则它的值是一个不确定的值。

(4) 静态局部变量的作用域和生存期并不一样,生存期是程序运行的整个过程,作用域却只是在函数调用内,因而在函数调用结束后虽然它还存在,但其他函数不能引用它。

(5) 使用局部静态变量的场合:

①需要保留上一次调用结束时的值。

②初始化后变量只被引用而不改变其值,则用静态局部变量较方便,以免每次调用时重新赋值,但会一直占用内存并浪费系统资源。

【例6.23】打印1到5的阶乘值。

【问题分析】

为提高效率,避免重复运算,当我们已经算出 n!,需求(n+1)! 时,我们可以运用公式(n+1)! =(n+1) * n! 来计算。而要将已求出的 n! 的值带入下一次的运算中的方法,就是运用局部静态变量的值得可继承性。

【解题步骤】

解题步骤可以利用图6-14来予以说明。

main( )	
i	fac (i)
1	fac (1)
2	fac (2)
3	fac (3)
4	fac (4)
5	fac (5)

fac(n)		输出结果
n	f=f*n	f=1
1	f=1*1	1!=1
2	f=1*2=2	2!=2
3	f=2*3=6	3!=6
4	f=6*4=24	4!=24
5	f=24*5=24	5!=120

图 6－14　求阶乘

【程序代码】

```
#include <stdio.h>
int fac(int n)
{  static int f =1;
   f = f * n;
   return f;
}

int main(void)
{  int i;
   for(i =1;i <=5;i ++)
       printf("%d!= %d\n",i,fac(i));
   return 0;
}
```

(2) 静态全局变量

在定义全局变量时,存储类型说明符处为 static,则该全局变量为静态全局变量。静态全局变量当然也是静态存储方式。只在定义该变量的源文件内有效，在同一程序的其它文件中不能使用它,可以避免在其它源文件中引起错误。

存储类型说明符处未有 static,则该全局变量为非静态全局变量。非静态全局变量的作用域是整个程序。

3. register 变量

为了提高效率,C 语言允许将局部变量的值放在 CPU 中的寄存器中,这种变量叫"寄存器变量",用关键字 register 作声明。其优点是:减少数据与内存之间的交换频率,提高程序的效率和速度。

注意:

(1) 只有局部自动变量类型和形参可定义为寄存器变量。

(2) 不同 C 系统对寄存器的使用个数,对 register 变量的处理方法不同。对寄存器变量的数据类型有限制,Long、double、float 不能设为 register 型,因为超过寄存器长度。

(3) 局部静态变量不能定义为寄存器变量。

(4) 现代编译器有能力自动把普通变量优化为寄存器变量,并且可以忽略用户的指定,所以一般无需特别声明变量为 register。

4. 用 extern 声明外部变量

外部变量(即全局变量)是在函数的外部定义的,它的作用域为从变量定义处开始,到本程序文件的末尾。如果外部变量不在文件的开头定义,其有效的作用范围只限于定义处到文件终了。如果在定义点之前的函数想引用该外部变量,则应该在引用之前用关键字 extern 对该变量作"外部变量声明",表示该变量已经是一个定义的外部变量。有了此声明,就可以从"声明"处起,合法地使用该外部变量。

【例 6.24】用 extern 声明外部变量,扩展程序文件中的作用域。

【程序代码】

```
#include <stdio.h>
int max(int x,int y)
{  int z;
   z = x > y? x:y;
   return z;
}
int main(void)
{  extern A,B;
   printf("%d\n",max(A,B));
   return 0;
}
int A = 13, B = -8;
```

【程序分析】

在本程序文件的最后 1 行定义了外部变量 A、B,但由于外部变量定义的位置在函数 main()之后,因此本来在 main()函数中不能引用外部变量 A、B。现在我们在 main()函数中用 extern 对 A 和 B 进行"外部变量声明",就可以从"声明"处起,合法地使用该外部变量 A 和 B。

最后,我们以下图 6-15 来对变量的存储类型进行总结。

	局部变量			全局变量	
存储类别	auto	register	局部static	全局static	全局
存储方式	动态		静态		
存储区	动态区	寄存器	静态存储区		
生存期	函数调用开始至结束		程序整个运行期间		
作用域	定义变量的函数或复合语句内			本文件	其他文件
赋初值	每次函数调用时		编译时赋初值，只赋一次		
未赋初值	不确定		自动赋初值0或空字符		

图 6-15　变量的存储类型总结

6.8　内部函数和外部函数

1. 内部函数

如果在一个源文件中定义的函数只能被本文件中的函数调用,而不能被同一源程序其它文件中的函数调用,这种函数称为内部函数,也称为静态函数。

定义内部函数的一般形式是:

static 类型说明符 函数名(形参表)

如: static int fun(int a, int b)

内部函数,其作用域仅限于定义它的所在文件。此时,在其他的文件中可以有相同的函数名,它们相互之间互不干扰。

2. 外部函数

外部函数在整个源程序中都有效。

定义的一般形式为:

extern 类型说明符 函数名(形参表)

如:extern int fun(int a, int b)

省略 extern,隐含为外部函数。在调用此函数的文件中也要用 extern 声明所用函数是外部函数。

小　结

一、知识点概括

1. 函数的定义、数据类型和存储类型。

2. 函数的调用(函数名调用、嵌套调用和递归调用)。

3. 函数间的数据传递(形实结合方式、函数值返回方式、全局变量方式)。

4. 全局变量和局部变量,以及不同存储类型的变量对函数调用的影响。

二、常见错误列表

错误实例	错误分析

int max(int x, y)
{　int z;
　z = x > y? x:y;
　return(z);
}
	对于形式参数的声明不能组合,只能逐一声明。
	int max(int x, int y)
	{　int z;
	　z = x > y? x:y;
	　return(z);
	}

续表

错误实例	错误分析
main( ) {　… 　int max( ) {…} }	函数与函数的关系是平行的。它们只有调用关系,不可以嵌套定义。 只能写成:main( ) { …} int max( ) {…}

int max2(int x,int y)
{
　max2 = x > y? x:y ;
}
	在C语言中,函数名不能被赋值,只能通过 return 语句返回一个值。
	int max2(int x,int y)
	{　return (x > y? x:y) ;}

z = max(int a,int b);	函数调用时的实参只写名字,不需要在名字前再带实参类型。 z = max(a,b);
double func(x,y,z);	在函数的声明中,形参的名字并不重要,重要的是类型标识符。 double func (double x, int y, float z); 或 double func (double, int , float);都正确
int f(int array[ ][ ]); 或 int f(int array[3][ ]);	二维数组做函数的参数时,第一维可以省略,但是第二维是不可以省略的。应写成: int f(int array[ ][6]); 或 int f(int array[3][6]);
register static int a,b,c;	局部静态变量不能定义为寄存器变量。 register int a,b,c;

习　题

1. 求方程 $ax^2+bx+c=0$ 的根,用三个函数分别求 b^2-4ac 大于零、等于零和小于零时的根。

2. 编写一个判断素数(prime number)的函数。

3. 编写函数,使得给定的一个二维数组(3 * 3)转置。

4. 编写一个函数,使得输入的字符串反序存放。

5. 编写一个函数,将字符串中的元音字母(vowel:a、e、i、o、u)复制到另一个字符串中。

6. 编写函数,输入四个数字,要求输出四个数字字符,但每两个字符间加一个空格。

7. 编写一个函数,统计字符串中字母、数字、空格和其他字符的个数。

8. 编写一个函数,用“冒泡法”对输入的10个字符按由小到大顺序排序。

9. 输入10个同学5门课的成绩,分别用函数求:

(1) 每个学生的平均分;

(2) 每门课的平均分;

(3) 找出最高分所对应的学生和课程;

(4) 求出平均分方差。

10. 写一个函数,输入一个十六进制数,输出相应的十进制数。

第7章 指 针

7.1 什么是指针

在我们学习指针概念之前，首先需要理解什么是地址。

如果把整个内存空间看做是一座宾馆，其中一间间的客房是内存单元，那么房号就是内存地址，房客就是存放在内存单元的数据。实际上，计算机内存是以字节为单位的连续的存储空间。为了准确的访问这些内存单元，首先需要给每个内存单元编上号，这个编号就称为内存单元地址。这样程序根据地址编号就可以直接定位到对应的内存单元，从而访问存放在该内存单元的数据了。

C程序中的每个实体，如变量、函数，文件等，在内存中都需要一块存储区域来存放。当我们在程序中定义了一个变量，编译系统就会根据变量的类型，为其分配一定字节数的连续内存空间（字符占1字节、短整型占2字节，实型占4字节…），而这个变量的地址就是所占存储空间的第一个字节的地址。例如，若有定义：int a, b; double x; 如图7-1所示系统为a和b各分配4个字节的存储单元，为x分配8个字节的存储单元，图中数字只是示意的字节地址。在这里，我们称变量a的地址为0x1000，变量b的地址为0x1004，变量x的地址为0x1008。为了书写便捷，代码中内存地址通常用十六进制表示。

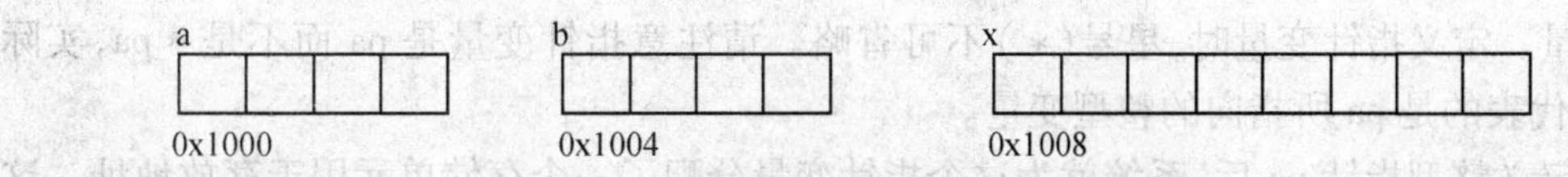

图7-1　变量a、b、x在内存中的存储情况

程序中对变量的读写，实际上也就是对某个地址空间存放的内容进行读写，变量名即代表了对应的内存空间。这种按变量名或地址来访问存储空间的方式称为“直接访问”方式。一般情况下，我们在程序中只需指出变量名，无须知道每个变量在内存中的具体地址，每个变量与具体地址的关联由C编译系统来完成。

在C语言中，还定义了一种特殊的变量，这种变量是用来存放内存地址的。假设我们定义了一个这样的变量p，若将变量a的内存地址(0x1012)存放到变量p中，如图7-2(a)所示。这时要访问变量a所代表的内存单元，可以先找到变量p，从中取出变量a的地址(0x1012)，然后再去访问以0x1012为首地址的存储单元。这种通过变量p间接得到变量a的地址，然后再存取变量a的值的方式称为“间接存取”方式。

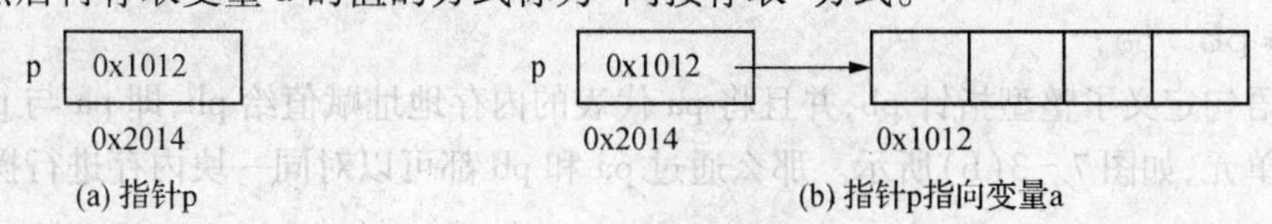

图7-2　指针变量p

在上述情况下,变量p存放的是变量a的地址;它们之间的关系可用图7-2(b)表示。这种"指向"关系是通过地址建立的。指针就是地址,而这种用来存放指针地址的变量就称作"指针变量"。上述变量p就是一个指针变量,"p指向了a"的含义就是指针变量p存放的值是变量a的地址。

在C语言中,指针变量不仅可以有效地表示各种数据结构,还可用于参数传递和动态分配存储空间。指针的应用使C程序能像汇编语言一样直接访问内存,从而更灵活、更高效。但若使用不当,将指针指向意料不到的地方,致使程序失控,严重的将导致系统崩溃。因此,深入理解指针的概念、正确使用指针是十分重要的。

7.2 指针的定义及使用

7.2.1 指针变量的定义及赋值

1. 指针定义

在使用指针变量之前,首先需要用声明语句对其进行定义。定义指针变量的一般形式如下:

类型名 *指针变量名1,*指针变量名2,…;

例如:

```
int   *pa;
```

上述语句定义了一个指向整型的指针变量pa。变量pa的值是一个地址,指向一个整型数据,即pa是一个整型指针。定义时,变量pa前的星号(*)是一个标识,表明变量pa是指针变量。定义指针变量时,星号(*)不可省略。请注意指针变量是pa而不是*pa,实际上*pa代表的是pa所指向的整型变量。

在定义整型指针pa后,系统就为这个指针变量分配了一个存储单元用于存放地址。这个空间的大小与系统以及编译器有关,具体占用内存大小可以用sizeof(pa)来查看,与指向的变量类型无关。对于32位系统,指针变量占4字节。

2. 指针赋值

而此时的指针pa没有赋值,没有确定的指向。如果希望将指针pa指向整型变量a,则需要通过如下语句:

```
int a =10;
pa =&a;                          //符号"&"表示取地址
```

此时,指针变量pa内存放的是变量a的地址,即指针pa指向了变量a,如图7-3(a)所示。

此外,指针的指向关系可以传递,如以下语句:

```
int *pb =pa;
```

上述语句定义了整型指针pb,并且将pa代表的内存地址赋值给pb,即pa与pb指向同一个存储单元,如图7-3(b)所示。那么通过pa和pb都可以对同一块内存进行操作。

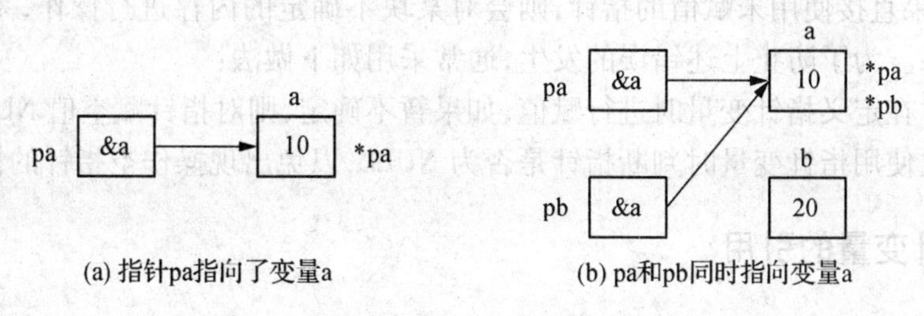

(a) 指针pa指向了变量a (b) pa和pb同时指向变量a

图7-3 指针指向

但指针型变量赋值时,不能将与指针型变量类型不同的指针值赋予指针变量。

例如:

```
int *pnValue;
char byCh ='A';
pnVaIue =&byCb;//错误
```

因为 &byCh 的类型是 char *,而 pnValue 的类型是 int *。在 C 语言中不允许将与指针类不同的变量地址赋予指针变量的原因在于,不同类型的指针读写的内存宽度不同,指针 pnValue 每次读写 4 个字节,而 char * 类型的指针每次读写 1 个字节。

当需要用与数据类型不兼容的指针指向该数据类型的变量时,可以使用强制类型转换。例如:

```
int*  pnValue;
char  byCh ='A';
pnValue =(int *)&byCh;
```

这里将指向一个 char 型变量的指针强制转换为指向 int 型变量的指针后,就可以将值赋予 int * 型指针变量 pnValue 了。

3. void * 指针和空指针

C 语言中还定义了一种特殊类型的指针——void * 型指针。它不像 int *、float * 等指向具体的数据类型,void * 型指针可以指向任何类型的数据,是万能指针,但通常在使用这个指针的时候,要进行强制类型转换,显式说明该指针指向的内存中是存放的什么类型的数据。比如内存分配函数 malloc()函数返回的指针就是 void * 型,返回后需要强行转换为实际类型的指针。

```
int *p;
p =(int *) malloc (sizeof(int));  //malloc()函数返回值是void *型;
```

除了将某个地址赋值给指针变量外,还可以给指针变量赋 NULL 值。例如:

```
p =NULL;
```

当执行了上述赋值语句后,p 不指向任何内存单元,称为空指针。NULL 是在 stdio. h 头文件中定义的预定义符,是个常量。因为 NULL 的代码值为 0,所以以上语句等价于:

p ='\0'; 或 p =0;

这时,指针 p 并不是指向地址为 0 的存储单元,而是具有一个确定的值——“空”。当程序企图通过一个空指针去访问一个存储单元时,程序会报错。

4. 使用指针的注意事项

使用指针前必须要对其赋值。因为定义指针变量时系统分配的内存里存放的是个不确定的数值,如果直接使用未赋值的指针,则会对某块不确定的内存进行操作,系统将发生不可预料的后果。为了防止上述错误的发生,通常采用如下做法:

(1) 通常在定义指针变量时进行赋值,如果暂不确定,则对指针赋空值 NULL。

(2) 每次使用指针变量时判断指针是否为 NULL,以免出现操作空指针的情况。

7.2.2 指针变量的引用

指针变量一旦定义之后,我们可以利用指针变量来访问所指向的目标变量,这时会经常涉及到以下两个关于指针的运算符:

&: 取地址运算符,&a 的值为变量 a 的地址。

: 指针运算符,又称间接访问(引用)运算符, pa 代表 pa 所指向的变量。

"&"和"*"运算符都是单目运算符,其优先级高于所有双目运算符,采用从右到左的结合性。

【例 7.1】指针运算符的使用。

【程序代码】

```
#include <stdio.h>
int main(void)
{
    int *pa = NULL,a;
    printf("请输入 a 的初始值");
    scanf("%d",&a);
    pa = &a;
    printf("第一次 a 的值为:%d", a);
    printf("a 的地址为:0x% x", pa);   //打印变量 a 的内存地址,以 16 进制显示
    printf("pa 的值为:0x% x", pa);   //打印 pa 的值,以 16 进制显示
    *pa = 20;                        //等价于 a = 20;
    printf("第二次 a 的值是:%d",a);
    printf("请重新输入 a 的值");
    scanf("%d",pa);                  //等价于 scanf("%d",&a);
    printf("第三次 a 的值是:%d", *pa);  //等价于 printf("%d", a);
    return 0;
}
```

【运行结果】

请输入 a 的初始值:10

第一次 a 的值为:10

a 的地址为:0x15fed8

pa 的值为:0x15fed8

第二次 a 的值是:20

请重新输入 a 的值:30

第三次 a 的值是:30

说明:

(1) 指针变量定义时,"int * pa"中"*"是类型说明符,表示其后的变量 pa 是指针类型。而表达式中出现的"*pa"则表示指针 pa 所指的变量,这里的"*"是一个指针运算符号,与定义指针变量说明中的"*"不是一回事。

(2) 上述代码中,*pa 与 a 等价,&a 与 pa 等价。

【例 7.2】交换两个指针变量。

【程序代码】

```
#include <stdio.h>
int main(void)
{
    int *p1 = NULL, *p2 = NULL, *tmp = NULL, i1 = 10, i2 = 20;
    p1 = &i1, p2 = &i2;
    printf("交换前, *p1 = %d, *p2 = %d\n", *p1, *p2);
    tmp = p1;
    p1 = p2;
    p2 = tmp;                  //交换指针 p1 和 p2 的指向
    printf("交换后, *p1 = %d, *p2 = %d\n", *p1, *p2);
    return 0;
}
```

【运行结果】

交换前, *p1 = 10, *p2 = 20

交换后, *p1 = 20, *p2 = 10

说明:交换前 p1 指向 i1,p2 指向 i2,第一次打印时 p1 和 p2 的指向如图 7-4(a)所示。交换后 p1 指向 i2,p2 指向 i1,如图 7-4(b)所示,交换的是指针 p1 和 p2 的指向,并不影响变量 i1 和 i2 的值。

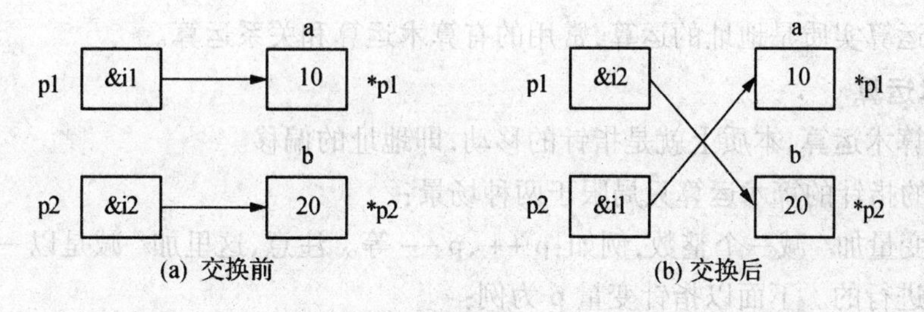

图 7-4 交换前后的 p1 和 p2

【例 7.3】通过指针变量来交换所指向的变量的值。

【程序代码】

```
#include <stdio.h>
int main(void)
{
    int *p1 = NULL, *p2 = NULL, i1 = 10, i2 = 20, tmp = 0;
```

```
    p1 = &i1,p2 = &i2;
    printf("交换前,*p1 = %d,*p2 = %d,i1 = %d,i2 = %d\n",*p1,*p2,
i1,i2);
    tmp = *p1;
    *p1 = *p2;
    *p2 =tmp;
    printf("交换后,*p1 = %d,*p2 = %d,i1 = %d,i2 = %d\n",*p1,*p2,
i1,i2);
    return 0;

}
```

【运行结果】

交换前,*p1 = 10,*p2 = 20,i1 = 10,i2 = 20

交换后,*p1 = 20,*p2 = 10,i1 = 20,i2 = 10

说明:p1 和 p2 始终指向 i1 和 i2,程序中交换的是 *p1 和 *p2 的值,即通过指针将 i1 和 i2 的值互换。交换后的指针指向情况如图 7-5 所示。

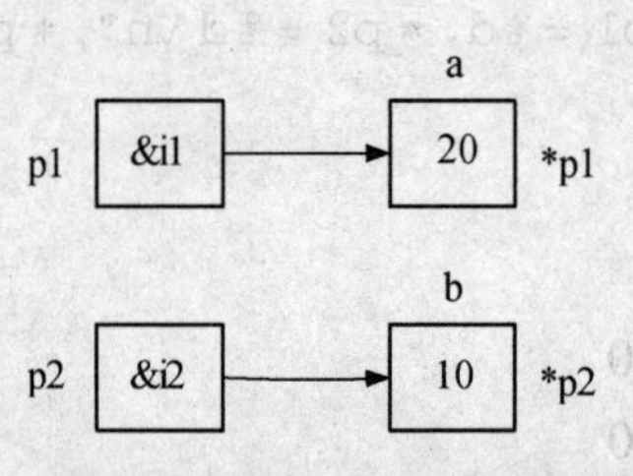

图 7-5 交换后的 p1 和 p2

7.2.3 指针相关的运算

指针的运算实质是地址的运算,常用的有算术运算和关系运算。

1. 算术运算

指针的算术运算,本质上就是指针的移动,即地址的偏移。

C 语言的指针的算术运算只局限于两种场景:

• 指针变量加/减一个整数,例如:p++,p--等。注意,这里加/减是以一个变量存储单元为步长进行的。下面以指针变量 p 为例:

```
int *p, *q, i =2;
q=p+i;      //指针 p 往后偏移 i 个单位,即 q 指向 p 后面的第 i 个元素。
```

说明:上述代码中,实际地址偏移了 2 * sizeof(int)个内存单元,如果 p 的值是 0x1000,那么 q 的值应该是 0x1008。

• 指针变量相减

两个指针变量相减的前提是两个指针变量必须指向同一个数组的元素,那么两个指针变量之差是两个指针之间的元素个数。

2. 关系运算

关系运算符 >、<、=、>=、<=、!= 可以用于两个指针型变量做关系运算。指针间的关系运算结果就是两个指针所指的地址值的大小的关系运算结果。指针的关系运算多用于指向同一个数组的多个指针之间的比较。指向前面元素的指针变量小于指向后面元素的指针变量。如果两个指针指向同一个元素,则它们相等。

7.2.4 指向指针的指针

指针变量可以指向一个整数,或者一个实数,或者一个字符,还可以指向另一个指针变量。如果在一个指针变量中存放另一个指针变量的地址的地址,那么这个变量就叫做二级指针。以下定义了二级指针变量 p:

```
int  k=20,*s,**p;
s=&k;
p=&s;
```

以上赋值语句使 p 指向 s,而 s 指向 k; *p 代表存储单元 s, *s 代表存储单元 k,因此 **p也代表存储单元 k。它们之间的关系如图 7-6 所示:

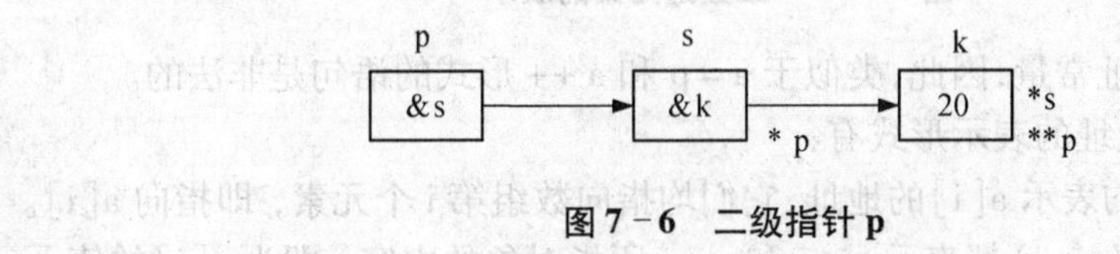

图 7-6 二级指针 p

理论上说,还存在"多级指针",但实际应用中很少超过两级。

7.3 指针与数组

变量在内存存放是有地址的,数组在内存存放也同样具有地址,数组名就是数组在内存中的首地址。同样,指针变量是用于存放变量的地址,可以指向变量,当然也可存放数组的首址或数组元素的地址,这就是说,指针变量可以指向数组或数组元素。对数组而言,数组和数组元素的引用,也同样可以使用指针变量。本小节着重讨论指针与数组之间的内在联系及在编程中的应用。

7.3.1 一维数组与指针

通过之前的学习,我们已知数组在内存中是连续存储的。例有如下数组定义:

```
int a[10];
```

定义时,系统为数组 a 分配了连续 10 个整数单元。其中,数组名 a 代表整个数组在内存中的起始地址。根据地址运算规则,数组元素 a[i]的地址,应该是 a+i。注意,这里的 i 的表示是 i 个"数据单元",不是 i 个字节,此处代表的是 sizeof(int)*i 个字节。

又定义指针 p,并指向数组 a:

```
int *p;
p=a;.
```

上述语句,将数组首地址 a 赋给指针 p,即指针 p 指向了数组 a。注意,此处 p 依然是整型指针,指向整型数组中的元素。由于数组名就是数组的首地址,也是第 0 号元素的存放地址,因此下面两个语句是等价的:

`p = a ;` 或 `p = &a[0];`

此时对一维数组的引用,既可以用数组元素的下标法,也可使用指针的表示方法,如图 7-7 所示。

指针1	指针2	int a [10]	下标法
&a[0]	a		a[0]
&a[1]	a+1		a[1]
&a[2]	a+2		a[2]
&a[3]	a+3		a[3]
&a[4]	a+4		a[4]
&a[5]	a+5		a[5]
&a[6]	a+6		a[6]
&a[7]	a+7		a[7]
&a[8]	a+8		a[8]
&a[9]	a+9		a[9]

图 7-7　一维数组元素的表示

注意:数组名是地址常量,因此,类似于 a = p 和 a ++ 形式的语句是非法的。

关于数组元素及地址的表示形式有:

(1) p + i 和 a + i 均表示 a[i]的地址,它们均指向数组第 i 个元素, 即指向 a[i]。

(2) * (p + i)和 * (a + i)都表示 p + i 和 a + i 所指对象的内容, 即为 a[i]的值。

(3) 指向数组元素的指针, 也可以表示成数组的形式,即 * (p + i) 与 p[i]等价。

【例 7.4】通过指针来对数组打印输出。

【程序代码】

```
#include <stdio.h>
int main(void)
{
    int n,a[10],*ptr=a;
    printf("请输入10个整数:");
    for(n=0;n<=9;n++)
        scanf("%d",ptr++);
    printf("------output!---------\n");
    ptr=a;                         //指针变量重新指向数组首址
    for(n=0;n<=9;n++)
        printf("%4d",*ptr++);
    printf("\n");
    return 0;
}
```

【运行结果】

请输入10个整数:0 1 2 3 4 5 6 7 8 9

```
------ output! ---------
  0  1  2  3  4  5  6  7  8  9
```

说明:在语句 printf("%4d", * ptr ++)中, * ptr ++ 与(* ptr) ++ 等效,作用是先输出指针指向的变量的值,再对指针变量加1。循环结束后,指针 ptr 指向数组尾部。

7.3.2 指针与二维数组

定义一个二维数组:

```
int a[3][4];
```

该二维数组共12个元素,在内存中按行存放,存放情况如图7-8所示。由于我们定义的二维数组其元素类型为整型,每个元素在内存中占四个字节,若假定二维数组从0x1000单元开始存放,则以按行存放的原则,数组元素在内存的存放地址为0x1000~0x102F。

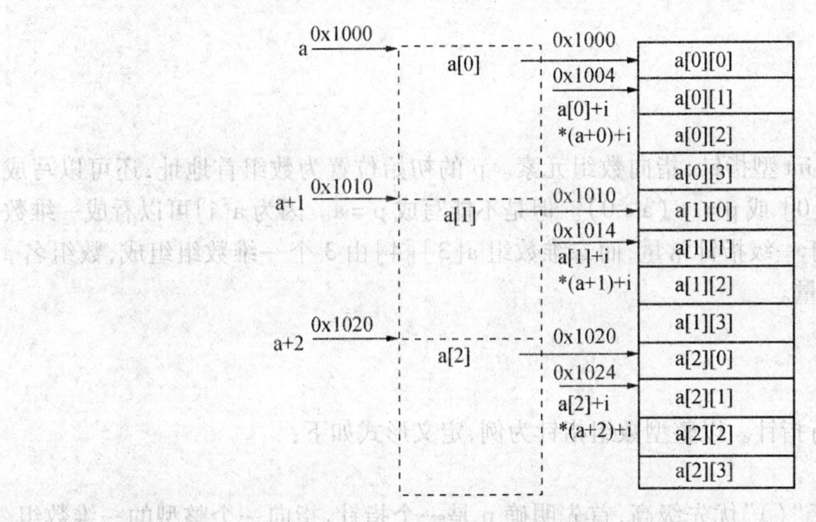

图7-8 二维数组的存放

对二维数组 a[3][4]有:

a :二维数组的首地址,即第0行的首地址

a + i:&a[i], 第 i 行的首地址,

a[i] < == > *(a+i):第 i 行第0列的元素地址

a[i] +j < == > *(a+i) +j:第 i 行第 j 列的元素地址

*(a[i] +j) < == > *(*(a+i) +j) < == > a[i][j]

其中 a 是二维数组的首地址,&a[0]是第0行的首地址,&a[0][0]是数组第一个元素的地址。&a[0][0] = &a[0] = a。

我们可以把二维数组看成是由 n 行一维数组构成。a + i 表示第 i 行首地址,指向行,是行指针。而每行的首地址都可以用 a[n]来表示,将每行的首地址传递给指针变量,行中的其余元素均可以由指针来访问,即所谓的列指针。

【例7.5】用指针法输出二维数组各元素。

【程序代码】

```
#include < stdio.h >
```

```
int main(void)
{
    int a[3][4]={1,3,5,7,9,11,13,15,17,19,21,23};
    int *p=NULL;
    for(p=a[0];p<a[0]+12;p++)
    {  if((p-a[0])%4==0)  printf("\n");
       printf("%4d",*p);
    }
    return 0;
}
```

【运行结果】

```
1  3  5  7
9  11  13  15
17  19  21  23
```

说明:

程序 7.5 中 p 是 int 型指针,指向数组元素。p 的初始位置为数组首地址,还可以写成 p = *a 或 p = &a[0][0] 或 p = *(a+0)。但是不能写成 p = a。因为 a[i]可以看成一维数组,数组名 a[i]相当于一级指针常量,而二维数组 a[3][4]由 3 个一维数组组成,数组名 a 则相当于二级指针常量。

7.3.3 数组指针

数组指针,也称行指针。以整型数组指针为例,定义形式如下:

```
int (*p)[n];
```

上述定义中,由于"()"优先级高,首先明确 p 是一个指针,指向一个整型的一维数组,而这个一维数组的长度是 n,也可以说是 p 的步长。即执行 p+1 时,p 要跨过 n 个整型数据的长度。

如要将二维数组赋给一指针,应这样赋值:

```
int a[3][4];
int (*p)[4]; //该语句是定义一个数组指针,指向含 4 个元素的一维数组.
p=a;         //将该二维数组的首地址赋给 p,也就是 a[0]或 &a[0][0]
p++;         //该语句执行过后,也就是 p=p+1;p 跨过行 a[0][]指向了行 a[1][]
```

数组指针是指向数组首元素的地址的指针,其本质为指针。所以数组指针也称指向一维数组的指针,亦称行指针。

【例 7.6】使用一维数组指针变量输出二维数组元素。

【程序代码】

```
#include <stdio.h>
int main(void)
{
    static int a[3][4]={1,3,5,7,9,11,13,15,17,19,21,23};
```

```
    int i,j,(*p)[4]=NULL;
    for(p=a,i=0;i<3;i++,p++)
       for(j=0;j<4;j++)
       {
           printf("%d ",*(*p+j));
           if(j==3)printf("\n");
       }
    return 0;
}
```

【运行结果】

```
1  3  5  7
9  11  13  15
17  19  21  23
```

说明:程序7.6中p是个一维数组指针,指向int型数组。p的初始位置是a[0]的地址,还可以写作p=&a[0]。

7.3.4 指针与字符串

字符串是以"\0"为结束标志的字符序列,是以字符数组的形式进行存储与处理的。我们可以通过字符数组下标,或字符指针来访问其中的字符元素。

【例7.7】输出一个字符串。

【程序代码】

```
#include<stdio.h>
int main(void)
{
    char string[]="abcde";
    char *p=NULL;
    p=string;            //将p指向字符数组string
    printf("% s\n",string);
    printf("% s\n",p);
    return 0;
}
```

【运行结果】

```
abcde
abcde
```

说明:

(1) 程序中定义了一个字符数组string,并将字符串"abcde"存放到数组中,内存的存放情况见图7-9所示。语句p=string将字符数组名赋给一个指向字符类型的指针变量,即将字符指针p指向字符串在内存的首地址,这样对字符串的引用就可以用指针实现。

(2) 输出时,程序中采用的是"%s"格式,即从给定的地址开始逐个字符输出,直至'\0'

为止。当然也可以用"%c"格式逐个字符输出,如图7-9所示。

```
for(p=stirng;p!='\0';p++)
    printf("%c",*p);
```

(3) 上述程序中也可以不定义字符数组,直接用指针变量指向一个字符串常量,如下:

```
char *p;
p="abcde";
```

可以简写为:char *p="abcde";

p→ a
b
c
d
e
\0

图7-9 字符串的存放

【例7.8】删除字符串中所有的空格。

【程序代码】

```
#include <stdio.h>
int main(void)
{
    char s[80],*p1=NULL,*p2=NULL;
    printf("请输入原始字符串:");
    gets(s);
    p1=p2=s;
    while(*p1)
      if (*p1=='')
          p1++;
      else  *p2++=*p1++;
    *p2='\0';
    printf("%s\n",s);
    return 0 ;
}
```

【运行结果】

请输入原始字符串:a b c d e f g
abcdefg

说明:

(1) 语句gets(s)的作用是从控制台读取一个字符串,并放到字符数组s中。

(2) 语句*p2='\0'不可省略。字符串采用"%s"格式输出时,若无"\0"标志,则找不到结束标志,输出出错。

7.3.5 指针数组

一个数组,若其元素均为同一指针类型,称为指针数组。也就是说,指针数组中每一个元素都相当于一个指针变量。指针数组本质上是数组,而数组指针本质上是指针,两者的含义不同,定义形式也不同。指针数组的定义形式为:

类型名 *数组名[n];

例如:

int * p[4] ;

由于[ ]比 * 优先级更高,因此 p 先与[4]结合,形成 p[4]的形式,这显然是数组形式。然后再与 p 前面的 * 结合, * 表示此数组是指针类型的,每个数组元素都指向一个整型变量。

对于一个字符串数组,我们既可以用二位数组来保存,也可以用指针数组。两种方式的区别如下例所示。例有如下定义:

```
char a[3][8] = {"gain","much","strong"};
char *n[3] = {"gain","much","strong"};
```

它们在内存中的存放情况分别如图 7-10 所示:可见,系统给数组 a 分配了 3×8 的空间,而给 n 分配的空间则取决于具体字符串的长度。此外,第一种方式下三个字符串的存放空间是连续的,而第二种方式下字符串存放的空间则不一定连续。

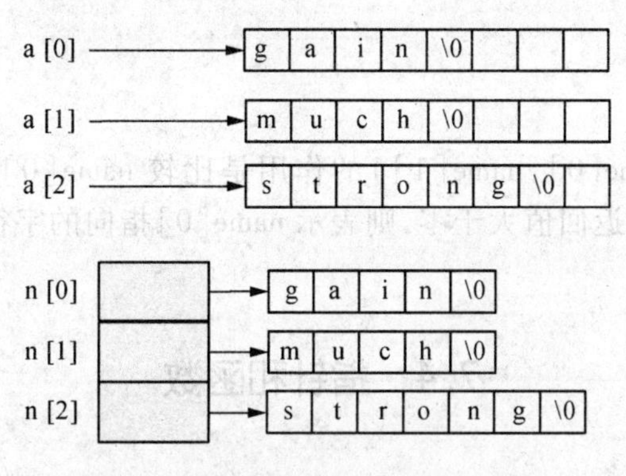

图 7-10　字符数组两种存放情况

由此可见,相比于比二维字符数组,指针数组有明显的优势:一是指针数组中每个元素所指的字符串不必限制在相同的字符长度;二是访问指针数组中的一个元素是用指针间接进行的,效率比下标方式要高。但是二维字符数组却可以通过下标或者地址偏移直接修改某一字符元素的值,而指针数组却无法这么做。

【例 7.9】将 3 个国名按字母顺序排列后输出。

【程序代码】

```
#include <stdio.h>
int main(void)
{
    char *name[] = { "CHINA","AMERICA","AUSTRALIA"};
    char *p = NULL;
    int i =0;
    if(strcmp(name[0],name[1]) >0)
    {
        p = name[0];name[0] = name[1];name[1] = p;
    }
    if(strcmp(name[0],name[2]) >0)
    {
        p = name[0];name[0] = name[2];name[2] = p;
```

```
    }
    if(strcmp(name[1],name[2])>0)
    {
        p=name[1];name[1]=name[2];name[2]=p;
    }
    for (i=0;i<3;i++) printf("%s\n",name[i]);
    return 0;
}
```

【运行结果】

AMERICA

AUSTRALIA

CHINA

说明:

1) 语句 strcmp(name[0],name[1])的作用是比较 name[0]指向的字符串和 name[1]指向的字符串,如果返回值大于零,则表示 name[0]指向的字符串大于 name[1]指向的字符串。

7.4 指针和函数

7.4.1 指针作为函数的参数

指针可以指向任何类型的数据,因此通过指针能够实现任何类型的数据处理。函数使用指针参数,就可以使函数处理各种类型的数据。与基本数据类型的变量作函数参数的最大区别是,在函数间传递的不是变量的数值,而是变量的地址,这样可以通过函数直接处理实参指针指向的数据。

1. 简单指针变量作函数参数

【例7.10】用 swap()函数交换两个变量的值。

【程序代码】

```
#include <stdio.h>
void swap(int *p1,int *p2)
{
    int temp;
    temp = *p1; *p1 = *p2; *p2 = temp;
}
int main(void)
{
    int x,y;
    printf("x  y\n");
    scanf("%d,%d",&x,&y);
```

```
    if(x<y)swap(&x,&y);
    printf("%d,%d\n",x,y);
}
```

【运行结果】

x y

14,18

18,14

2. 指向数组的指针作函数的参数

指针变量的值也是地址,指向数组的指针即为数组的首地址,当然也可作为函数的参数使用。

【例7.11】求一维数组的最大元素值。

【问题分析】

用三个函数实现这个程序,用输入函数input()建立数组;用max_a()函数求最大值;用main()函数作为主调函数。为了方便对函数编写,先假定数组长度为n,指针p指向该数组。

【程序代码】

```
void input(int *p,int n)
{
    int i;
    for(i=0;i<n;i++)
    scanf("%d",p+i);
    return;
}
int max_a(int *p,int n)
{
    int i,max=*p;
    for(i=1;i<n;i++)
    if(*(p+i)>max) max=*(p+i);
    return(max);
}
int main(void)
{
    int a[3];
    input(a,3);
    printf("MAX=%d\n",max_a(a,3));
    return 0;
}
```

【运行结果】

15

18

16

MAX = 18

【例7.12】利用一维数组的排序函数对数组排序。

【程序代码】

```
void p_sort(int * ,int);
void output(int * ,int);
int main(void)
{
    int a[10] = {3, -5,8,16,7,19,11,6,17,5};
    p_sort(a,10);
    printf("result: ");
    output(a,10);
    return 0;
}
void p_sort(int *p,int n)
{
    int i,temp, *q = NULL;
    for(i =1;i <n;i ++)
    for(q =p;q <p +n -1;q ++)
    if(*q > *(q +1))
         {
               temp = *q;
               *q = *(q +1);
               *(q +1) =temp;
         }
}
void output(int *p,int n)
{
    int *q =NULL;
    for(q =p;q <p +n;q ++)
    printf("%d  ", *q);
    printf("\n");
}
```

【运行结果】

Reslut: -5 3 5 6 7 8 11 16 17 19

3. 字符串指针作函数的参数

【例7.13】用字符串指针作函数参数,将输入的一个字符串复制到另一个字符串中。

【程序代码】

```
#include "stdio.h"
int main(void)
{
    void copy_s(char *,char *);
    char a[20],b[30];
    gets(a);
    copy_s(a,b);
    puts(b);
    return 0;
}
void copy_s(char * str1,char * str2)
{
     while((* str2 = * str1)!='\0')
     {
          str1 ++;
          str2 ++;
     }
}
```

【运行结果】

hello

hello

4. 指针数组作函数的参数

【例7.14】将一组字符串按字典顺序排序后输出。

【程序代码】

```
#include "stdio.h"
int main(void)
{
    void string_sort(char * [],int);
    void string_out(char * [],int);
    char * days[7] = {"Sunday","Monday","Tuesday", "Wednesday",
    "Thursday","Friday","Saturday"};
    string_sort(days,7);            //排序
    string_out(days,7);             //输出
    return 0;
}
void string_sort(char * string[],int n)
{
```

```
    char *temp = NULL;
    int i,j;
    for(i =1;i <n;i ++)
    {
        for(j =0;j <n - i -1;j ++)
        if(strcmp(string [j], string [j +1]) >0)
        {
            temp = string [j];
            string [j] = string [j +1];
            string [j +1] = temp;
        }
    }
}
void string_out(char *string [],int n)
{
    int i;
    for(i =0;i <n;i ++)
    printf("% s", string [i]);
}
```

【运行结果】

Friday Monday Saturday Sunday Thursday Tuesday Wednesday

5. 使用参数的 main( )函数

指针数组的一个重要应用是作为 main( )函数的形参,带参数的 main( )函数的一般形式如下:

main (int argc, char * argv[ ])

其中:argc 表示命令行参数个数,argv 是指向命令行参数的指针数组。

在操作系统下运行 C 程序时,可以以命令行参数形式向 main( )函数传递参数。命令行参数的一般形式是:

运行文件名　参数 1　参数 2　…　参数 n

运行文件名和参数之间、各个参数之间要用一个空格分隔。

指针 argv[0]指向的字符串是运行文件名,argv[1]指向的字符串是命令行参数 1,argv[2]指向的字符串是命令行参数 2,…,等等。

【例 7.15】带参数的 main( )函数举例

【程序代码】

```
#include "stdio.h"
main(int argc,char *argv[])
{
    int i;
```

```
    printf("argc = %d\n",argc);
    for(i =1;i < argc;i ++)
    printf("% s\n",argv[i]);
}
```

【说明】

假如编译成的文件名是 a.exe,那么在命令提示符下可以通过 a.exe 10 20 来向程序传递参数,这时两个参数就会传递到字符串数组 argv 中,注意此时实际传递了三个参数,第一个参数是文件名,第二个参数是10,第三个是20,而 argc 就是参数个数3。

【运行结果】

a.exe 10 20

10

20

7.4.2 指向函数的指针变量

在定义一个函数之后,编译系统为每个函数确定一个入口地址,当调用该函数的时候,系统会从这个"入口地址"开始执行该函数。存放函数的入口地址的变量就是一个指向函数的指针变量,简称函数的指针。

函数的指针的定义方式是:

数据类型 (* 指针变量名)()

和变量的指针一样,函数的指针也必须赋初值后才能指向具体的函数。由于函数名代表了该函数的入口地址,因此,通常直接用函数名为函数指针赋值,即:

函数指针名 = 函数名

例如:

```
double fun();          /* 函数说明 */
double (* f)();        /* 函数指针说明 */
f = fun;               /* f 指向 fun 函数 */
```

1. 用函数指针变量调用函数

函数指针有两个用途:调用函数和做函数的参数。有了指向函数的指针变量后,可用该指针变量调用函数,就如同用指针变量可引用其他类型变量一样,在这些概念上是大体一致的。

【例7.16】利用指向函数的指针变量来进行两个学生分数的比较。

【程序代码】

```
#include "stdio.h"
float max(float x,float y)
{
    return x >y? x:y;
}
float min(float x,float y)
{
```

```
    return x<y?x:y;
}
int main(void)
{
    float score1=87,score2=79.5,c;
    float (*p)(float x, float y);
    p=max;
    c=(*p)(score1, score2);  /*等效于max(scroe1, scroe2)*/
    printf("\nmax=%f",c);
    p=min;
    c=(*p)(score1, score2);     /*等效于min(scroe1, scroe2)*/
    printf("\nmin=%f\n",c);
    return 0;
}
```

【运行结果】

max=87.000000

min=79.500000

说明:

(1) 语句 float (*p)(float x, float y),定义了一个指向函数的指针变量。函数的格式是:返回值为 float 型,形式参数列表是(float x, float y)。p 定义后,可以指向任何满足该格式的函数。

(2) 定义指向函数的指针变量的格式为:

数据类型(*指针变量名称)(形式参数列表);

其中数据类型是函数返回值的类型,形式参数列表是函数的形式参数列表。

(3) 形式参数列表中,参数名称可以省略。

比如:

```
float (*p)(float x, float y);
```

可以写为:

```
float (*p)(float, float);
```

(4) 指针变量名称两边的括号不能省略。比较下面的两个定义:

```
float (*p1)(int x, long y);
float *p2(int x, long y);
```

第一个语句定义了一个指向函数的指针变量 p1;第二个语句声明了一个函数 p2,p2 的形式参数为(int x, long y),返回值为一个 float 型的指针。

(5) 语句 p=max 将 max 函数的首地址值赋给指针变量 p,也就是使 p 指向函数 max。C 语言中,函数名称代表函数的首地址。

第一个 c=(*p)(scroe1, scroe2);语句:由于 p 指向了 max 函数的首地址,(*p)(scroe1, scroe2)完全等效于 max(scroe1, scroe2)。函数返回 87。注意*p 两边的括号不能省略。语句

p=min；将 min 函数的首地址值赋给指针变量 p。p 是一个变量，p 的值实际上是一个内存地址值，可以指向 max，也可以指向 min，但指向函数的格式必须与 p 的定义相符合。

第二个 c=(*p)(scroe1, scroe2)；语句：由于 p 指向了 min 函数的首地址，(*p)(scroe1, scroe2)完全等效于 min(scroe1, scroe2)。函数返回 79.5。

(6) 将函数首地址赋给指针变量时，直接写函数名称即可，不用写括号和函数参数。

(7) 利用指针变量调用函数时，要写明函数的实际参数。

2. 指向函数的指针作为函数参数

有时候，许多函数功能不同，但它们的返回值和形式参数列表都相同。这种情况下，可以构造一个通用的函数，把函数的指针作为函数参数，这样有利于进行程序的模块化设计。

【例 7.17】设计一个数学操作函数 MathFunc()，每次调用时分别对 2 个 float 型数进行加、减、乘、除 4 个不同的操作。

【问题分析】

设计 4 个函数对 2 个 float 型数进行加、减、乘、除 4 个不同的操作，在调用 MathFunc() 函数时，只要将具体函数名称作为函数实际参数，MathFunc()就会自动调用相应的加、减、乘、除函数，并计算出结果。

【实现代码】

```
#include "stdio.h"
/*声明函数*/
float Plus(float f1, float f2);
float Minus(float f1, float f2);
float Multiply(float f1, float f2);
float Divide(float f1, float f2);
float MathFunc(float (*p)(float, float), float para1,float para2);
                                    /*定义p为指向被调用函数的指针*/
int main(void)
{
    float a=1.5, b=2.5;
    printf("\na+b=%f", MathFunc(Plus, a,b));
    printf("\na-b=%f", MathFunc(Minus, a,b));
    printf("\na*b=%f", MathFunc(Multiply, a,b));
    printf("\na/b=%f", MathFunc(Divide, a,b));
    return 0;
}
float Plus(float f1, float f2)                    //计算和
{
    return f1+f2;
}
float Minus(float f1, float f2)                   //计算差
```

```
{
    return f1 - f2;
}
float Multiply(float f1, float f2)          //计算乘积
{
    return f1 * f2;
}
float Divide(float f1, float f2)            //计算除
{
    return f1 / f2;
}
float MathFunc(float (*p)(float, float), float para1,float para2)
{
    return (*p)(para1, para2);
}
```

【运行结果】:

```
a + b =4.000000
a - b = -1.000000
a * b =3.750000
a/ b =0.600000
```

7.4.3 返回指针值的函数

函数返回值是指针类型的函数称为指针函数。指针函数的定义与其他函数有一定区别,需要在函数名前使用“ * ”符。一般格式如下:

返回类型标识符 * 函数名(形参表)

{

函数体

}

返回类型可以是指向任何基本类型和复合类型的指针。返回指针的函数的用途十分广泛。

【例7.18】将一组学生姓名中长度最大的找出来,并输出这个学生姓名。

【程序代码】

```
#include "stdio.h"
int main(void)
{
    char *max_lenth(char *[],int);
    char * p_name[4] = {"Li wei","Wang jun","Yao xiao ming","Yang
xin"};
    char *p;
```

```
    p = max_lenth(p_name,4);        //把某个字符串的首地址返回给指针 p
    puts("The longest name is");
    puts(p);
    return 0;
}
char * max_lenth(char * string[],int n)
                                   //指针函数是指返回值是指针的函数,本质是函数
{
    int i,position,max_l;
    position = 0;
    max_l = strlen(string[0]);
    for(i = 1;i < n;i ++)
        if(strlen(string[i]) > max_l)
        {
            max_l = strlen(string[i]);
            position = i;           //记录下最长字符串的位置返回给 posion
        }
    return(string[position]);
}
```

【运行结果】

The longest name is

Yao xiao ming

【例 7.19】根据输入的学号查询学生的四门课程的成绩

【程序代码】

```
#include "stdio.h"
int main(void)
{
    float * find(float (* p)[4],int m);
                                   //查询序号为 m 的学生的四门课程的成绩
    float score[][4] = {{50,51,52,55},{70,70,40,80},{77,99,88,67}};
                                   //定义成绩数组
    float * pf = NULL;
    int i,m;
    printf("请输入您想查询的学生的序号(1 ~3):");
    scanf("%d",&m);
    pf = find(score,m -1);          //返回为一维数组指针,指向一个学生成绩
    for(i = 0;i < 4;i ++)
        printf("% f  ", * (pf + i));  //循环输出学生成绩
    printf("\n");
```

```
    return 0;
}
float * find(float(*p)[4],int m)
{
    float * tmp = NULL;
    tmp = * (p + m);        //p 是指向二维数组的指针,加 * 取一维数组的指针
    return tmp;
}
```

【运行结果】

请输入您想查询的学生的序号(1～3):2

70.000000 70.000000 40.000000 80.000000

说明:学生学号从 0 号算起,函数 find( )被定义为指针函数,其形参 p 是指针指向包含 4 个元素的一维数组的指针变量。p + 1 指向 score 的第一行。pf 是一个指针变量,它指向浮点型变量。main( )函数中调用 find( )函数,将 score 数组的首地址传给 pf,*(pf+1)指向第一行的第 0 个元素。

小　结

一、知识点概括

1. 指针即地址,指针变量的定义及引用。
2. 指针相关的计算。
3. 指针与数组关系,如何通过指针来访问数组元素。
4. 通过指针对字符串进行操作。
5. 空指针、多维指针与指针数组的含义及使用。
6. 指针与函数,包括指针变量做函数的参数、指向函数的指针以及函数返回值为指针。

二、指针相关的数据表示及含义:

定义形式	含　义
int * p	p 是指针,指向整型数据
int * p[n];	p 是指针数组,由 n 个指向整型数据的指针变量组成
int (* p)[n];	p 是指针,指向含 n 个元素的一维整型数组
int * p( );	p 是返回整型指针的函数
int (* p)( );	p 是指向函数的指针变量,该函数返回整型数值
int * * p;	p 是指向指针的指针,即二级指针
int(* *)p[n];	p 是二级指针,被指向的指针变量指向一个包含 n 个元素的整型数组

习　题

1. 输入3个字符串,按由小到大的顺序输出。

2. 输入10个整数,将其中最小的数与第一个数对换,将最大的数与最后一个数对换。

3. 有n个整数,使前面各数顺序向后移m个位置,最后m个数变成最前面m个数。写一函数实现以上功能,在主函数中输入n个整数和输出调整后的n个数。

4. 写一函数,将一个3×3的整型矩阵转置。

5. 有一字符串,包含n个字符。写一函数,将此字符串中从第m个字符开始的全部字符复制成为另一个字符串。

第8章　结构体与共用体

8.1 概　述

8.1.1　结构体的引入

设计程序最重要的一个步骤就是选择一个表示数据的好方法，在多数清况下，使用简单的变量甚至数组是不够的。本书前面章节已介绍了基本类型（或称简单类型）的变量（如整型、实型、字符型变量等），也介绍了一种构造数据类型——数组，数组中的各元素是属于同一个类型的。

现在请思考这样一个问题，需要用 C 语言编写一个程序对学生信息进行处理，每个学生的基本情况由这样一些数据项组成：学号（num）、姓名（name）、科目 1（score[0]）、科目 2（score[1]）、科目 3（score[2]）等，这些数据项的属性不同，如图 8－1 所示。

num	name	score[0]	score[1]	score[2]
1001	Zhang	84.5	86	91

图 8－1　学生基本信息

设计这个程序的第一个步骤就是选择一个表示学生信息数据的类型。这种情况下用我们之前学过的基本类型（如整型、实型、字符型变量等）或数组是不方便的。于是，为了方便处理多个数据项的数据，常常把这些关系密切但类型不同的数据项组织在一起，即“封装”起来，并为其取一个名字，在 C 语言中，就称其为结构体（有些高级语言称之为记录）。所以，结构体通常是由不同数据类型的数据项组成，一般也称是由不同成员组成，因此可以说：一个结构体可包含若干成员，每一个成员可具有不同的名字及数据类型。

程序中要用到图 8－1 所表示的数据结构，但是 C 语言没有提供这种现成的数据类型，因此用户必须要在程序中建立所需的结构体类型。例如：

```
#define MAX_LEN 10
#define COURSE_NUM 3
struct student              /* 定义学生的结构体类型 */
{
    long num;
    char name[MAX_LEN];
    float score[COURSE_NUM];
};
```

结构体的引入为处理复杂的数据结构提供了有力的手段，也为函数间传递一组不同数据类型的数据提供了方便，特别是对于数据结构较为复杂的大型程序提供了方便。

8.1.2　结构体类型的定义

结构体类型和简单类型不同，简单类型是由系统预定义的，如 int、float、char，直接可以使用。而结构体类型是根据需要由程序员自行定义，因此在使用之前必须先定义结构体类型。

结构体类型定义的一般形式为：

```
struct    结构体名
{
    类型标识符        成员名；
    类型标识符        成员名；
    …                …
};
```

其中，struct 是声明结构体类型时所必须使用的关键字，不能省略。"结构体名"用作结构体类型的标志，它又称"结构体标记(structure tag)"，可省略。成员类型可以是基本型或构造型。

说明：

(1) 定义一个结构体类型只是描述了此结构体的组织形式，在编译时并不为其分配存储空间，即仅描述此数据结构的形态或者说模型，故不能对定义的一个结构体类型进行赋值、存取或运算。

(2) 结构体的成员可以是简单变量、数组、指针、结构体或公用体等。

(3) 结构体类型定义可以放在函数内部，也可以放在函数外部。若放在内部，则只在函数内有效；若放在外部，则从定义点到源文件尾之间的所有函数都有效。

(4) 结构体成员的名字可以同程序中的其他变量同名，二者不会相混，系统会自动识别它。

8.2　结构体变量定义

8.2.1　结构体变量的定义与初始化

1. 结构体变量的定义

同其他变量一样，结构体变量也必须先定义，然后才能引用。一个结构体变量的定义可以有以下三种方式：

(1) 先定义类型再定义变量

其形式：

struct 结构体名 变量名，…，变量名 n；

如上面已定义了一个结构体类型 struct student，可以用它来定义变量。如：

```
struct student        student1, student 2;
结构体类型名            结构体变量名;
```

定义了 struct student 类型的 student1 和 student2 变量，即它们具有 struct student 类型的结构，如表 8-1 所示。

表 8-1 struct student 类型的变量

student1:	1001	Zhang	84.5	86	91
student2:	1002	Wang	89	79	83

在定义了结构体变量后，系统会为之分配内存单元。例如 studen1 和 student2 在内存中各占 26 个字节(4+10+4+4+4=26)。

应当注意，将一个变量定义为标准类型(基本数据类型)与定义为结构体类型不同之处在于后者不仅要求指定变量为结构体类型(不可以只用 struct 定义)，而且要求指定为某一特定的结构体类型(例如 struct student 类型)，因为可以定义出许多种具体的结构体类型。而在定义变量为整型时，只需指定为 int 型即可。在结构体变量的声明中，struct student 所起的作用就像 int 或 float 在较简单的声明中的作用一样。

另外，如果程序规模比较大，往往将对结构体类型的声明集中放到一个文件(以.h 为后缀的"头文件")中。哪个源文件需用到此结构体类型则可用#include 命令将该头文件包含到本文件中。这样做便于装配，便于修改，便于使用。

(2) 在声明类型的同时定义变量

如：

```
#define MAX_LEN 10
#define COURSE_NUM 3
struct student              /* 定义学生的结构体类型 */
{
    long num;
    char name[MAX_LEN];
    float score[COURSE_NUM];
}student1,student2;
```

它的作用与第一种方法相同，即定义了两个 struct student 类型的变量 student1、student2。这种形式的定义的一般形式为

```
struct  结构体名
{
    类型标识符      成员名;
}变量名列表;
```

(3) 直接定义结构类型变量

其一般形式为：

```
struct
{
    类型标识符      成员名;
}变量名列表;
```

该形式不出现结构体名，第三种方法与第二种方法的区别在于第三种方法中省去了结

构体名,而直接给出结构变量。

关于结构体类型,有几点要说明:

(1) 类型与变量是不同的概念,不要混同。只能对变量赋值、存取或运算,而不能对一个类型赋值、存取或运算。在编译时,对类型是不分配空间的,只对变量分配空间。

(2) 对结构体中的成员,可以单独使用,它的作用与地位相当于普通变量。

(3) 成员也可以是一个结构体变量。

如:

```
#define MAX_LEN 10
#define COURSE_NUM 3
struct  date                              /* 声明一个结构体类型 */
{  int  month;
   int  day;
   int  year;
};
struct student                            /* 定义学生的结构体类型 */
{
    long num;
    char name[MAX_LEN];
    float score[COURSE_NUM];
    struct date birthday;                 /* birthday 是 struct date 类型 */
}student1,student2;
```

这里有两个结构体类型,先声明一个 struct date 类型,它代表“日期”,包括 3 个成员:month(月)、day(日)、year(年)。然后在声明 struct student 类型时,将成员 birthday 指定为 struct date 类型。struct student 的结构见图 8-2 所示。已声明的类型 struct date 与其他类型(如 int,char)一样可以用来定义成员的类型。

num	name	score[0]	score[1]	score[2]	birthday		
					month	day	year

图 8-2 struct student 的结构

(4) 成员名可以与程序中的变量名相同,二者不代表同一对象。例如,程序中可以另定义一个变量 int student,它与 struct student 中的 name 是两回事,互不干扰。

(5) 结构体变量的定义一定要在结构体类型定义之后或同时进行,对尚未定义的结构体类型,不能用它来定义结构体变量。

例如:对教师 teacher 的结构体类型未作定义,则下面的变量定义 struct teacher teacher 1 是错误的。

2. 结构体变量的初始化

所谓结构体变量初始化,就是在定义结构体变量的同时,对其成员变量赋初值,在赋值时应注意按顺序及类型依次为每个结构体成员指定初始值。

结构体初始化的一般格式为：

struct 结构体类型名 结构体变量 = {初始化值};

如：

```
#define MAX_LEN 10
#define COURSE_NUM 3
struct  date                          /* 声明一个结构体类型 */
{  int  month;
   int  day;
   int  year;
};
struct student                        /* 定义学生的结构体类型 */
{
    long num;
    char name[MAX_LEN];
    float score[COURSE_NUM];
    struct date birthday;             /* birthday 是 struct date 类型 */
};
main()
{
    struct student student1 = {1001," Zhang",84.5,86,91,10,12,1988};
    struct student student2 = {1002," Wang",89,79,83,9,22,1980};
}
```

说明：

(1) 初始化数据之间用逗号分隔。

(2) 初始化数据的个数一般与成员的个数相同，若小于成员数，则剩余的成员将被自动初始化为0(若成员是指针，则初始化为NULL)。

(3) 初始化数据的类型要与相应成员变量的类型一致。

(4) 初始化时只能对整个结构体变量进行，不能对结构体类型中的某个成员进行初始化赋值。

8.2.2 结构体变量的引用

在C语言程序中，不准许对结构变量整体进行各种运算、赋值或输入输出操作，而只能是对其成员进行此类操作。

引用结构体变量成员的一般形式：

结构体变量名.成员名

其中“.”是结构体成员运算符，其优先级别最高，结合性是自左至右。由此对结构体成员就完全可以像操作简单变量一样操作它。

如：对上例定义的结构体变量 student1 或 student2，可作如下的赋值操作：

```
student1.num =1002;
```

```
student1.name = "Wang";
student1.score[0] =89;
student1.score[1] =79
student1.score[2] =83;
student1.birthday.year =1978;
student1.birthday.mouth =10;
student1.birthday.day =12;
```

如果成员本身又属一个结构体类型,则要用若干个成员运算符一级一级地找到最低的一级的成员。只能对最低级的成员进行赋值或存取以及运算。例如,对上面定义的结构体变量 student1, 可以这样访问各成员:

```
student1.name
student1.birthday.year
```

注意:不能用 student1. birthday 来访问 student1 变量中的成员 birthday,因为 birthday 本身是一个结构体变量。

对结构体变量的成员可以像普通变量一样进行各种运算(根据其类型决定可以进行的运算)。例如:

```
student1.score[0] = student2.score[0];
sum = student1.score[0] + student1.score[0];
student1.num ++;
 ++ student1.num;
```

由于“.”运算符的优先级最高,因此“student1. num ++”是对 student1. num 进行自加运算,而不是先对 num 进行自加运算。

可以引用结构体变量成员的地址,也可以引用结构体变量的地址。如:

```
scanf("%d",& student1.num);          /* 输入 student1.num 的值 */
printf("% o",& student1);            /* 输出 student1 的首地址 */
```

但不能用以下语句整体读入结构体变量,如:

```
scanf("%d,% s,% c,%d,% f,% s",&student1);
```

仅在以下两种情况下,可以把结构体变量作为一个整体来访问:

(1) 结构体变量整体赋值, 注意相互赋值的两个结构体变量必须是同一个结构体类型。例:

```
student1 = student2;
```

(2) 结构体变量的地址主要用于作函数参数,传递结构体的地址。例:

```
printf("% x", & student1);/* 输出 student1 的地址 */
```

8.3　结构体数组

一个结构体变量中可以存放一组数据(如一个员工的工号、姓名、工资等数据)。如果有 10 个员工的数据需要参加运算,显然应该用数组,这就是结构体数组。结构体数组与以前介绍过的数值型数组不同之处在于每个数组元素都是一个结构体类型的数据,它们都分别包括各个成员项。

8.3.1 结构体数组的定义与初始化

1. 结构体数组的定义

在定义结构体数组时其定义方法与定义结构体变量方法类似,也有三种形式。

如,先定义结构再定义变量:

```
struct  date
{
    int  month;
    int  day;
    int  year;
};
struct student
{
    long num;
    char name[MAX_LEN];
    float score[COURSE_NUM];
    struct date birthday;
};
struct student student[3];
```

由此就定义了一个结构体数组 student[3],它有 3 个元素,每个元素都是 struct student 类型,各占 32 个字节(4 +10 +4 +4 +4 + (2 +2 +2) =32)。

2. 结构体数组的初始化

结构体数组在定义的同时可以初始化。其一般格式是在定义之后紧跟一个用花括号括起来的一组初始数据,为了增强可读性,最好使每一个数组元素的初始数据也用花括弧括起来,以此来区分各个数组元素。

对上所定义的结构体数组 student 初始化如下:

```
stuct student
student [2] = {{ 1001,"Zhang",84.5,86,91,10,12,1988},
{1002,"Wang",89,79,83,9,22,1980}};
```

说明

(1) 可以将一个结构体数组元素赋值给同一结构体类型数组中另一个元素,或赋给同一类型的变量。

如:

```
struct student student[3], student1;
```

现在定义了一个结构体数组 student[ ]和一个结构体变量 employee1,则下面的赋值合法。

```
student1 = student [0];
student [0] = student [1];
student [1] = student1;
```

（2）不能把结构体数组元素作为一个整体直接进行输入或输出。

如“printf（‘%d’，student［0］）；”或“scanf(‘%d’,& student［0］)”,这些都是错误的。只能以单个成员为对象进行输入输出,如：

```
scanf("% s", student[0].name);
scanf("% ld",&student[0].num);
printf ("% s% ld\n", student[0].name, student[0].num);
```

8.3.2　结构体数组应用举例

下面举一个简单的例子来说明结构体数组的定义和引用。

【例8.1】设有10名学生,每次输入一个学生的名字和成绩,要求最后输出每个学生各门课程的总分和平均分。

【程序代码】

```
#include <stdio.h>
#include <stdlib.h>
#include <string.h>
#define MAX_LEN 10
#define STU_NUM 40
#define COURSE_NUM 3
struct student                          /* 定义学生的结构体类型 */
{
    long num;
    char name[MAX_LEN];
    float score[COURSE_NUM];
    float sum;
    float aver;
};
/* 从键盘输入 n 个学生的信息 */
void  ReadScore(struct student stu[], int n)
{
    int i,j;
     printf ( "Input student's ID,name and MATH,ENGLISH,COMPUTER
score:\\n");
    for(i =0; i <n; i ++)
    {
        scanf("% ld% s", &stu[i].num, stu[i].name);
        stu[i].sum =0;
        for(j =0; j <COURSE_NUM; j ++)
        {
            scanf("% f", &stu[i].score[j]);
```

```
        }
    }
}
/*计算每个学生各门课程的总分和平均分*/
void AverSumofEveryStudent(struct student stu[], int n)
{
    int i, j;
    for(i =0; i <n; i ++)
    {
        stu[i].sum =0;
        for(j =0; j <COURSE_NUM; j ++)
        {
            stu[i].sum =stu[i].sum +stu[i].score[j];
                                                        //计算每个学生总分
        }
        stu[i].aver =stu[i].sum/COURSE_NUM;  //计算每个学生均分
        printf("student%d: sum =% .0f, aver =% .0f\n", i +1, stu[i].
sum, stu[i].aver);
    }
}
int main()
{
    int ch,sch;
    int n, i;
    struct student stuRecord[STU_NUM];
    printf("Input student number(n <%d):", STU_NUM);
    scanf("%d", &n);
    ReadScore(stuRecord, n);/*键盘读入n个学生成绩*/
    AverSumofEveryStudent(stuRecord,n);
}
```

【运行结果】

```
Input student number(n<40):3
Input student's ID,name and MATH,ENGLISH,COMPUTER score:
1401 Wang 76 87 79
1403 Chen 95 77 78
1402 Zhang 79 86 84
student 1: sum=242, aver=81
student 2: sum=250, aver=83
student 3: sum=249, aver=83
Press any key to continue
```

8.4　指向结构体类型数据的指针

一个结构体变量的指针就是该变量所占据的内存段的起始地址。可以设一个指针变量,用来指向一个结构体变量,此时该指针变量的值是结构体变量的起始地址。指针变量也可以用来指向结构体数组中的元素。

8.4.1　指向结构体变量的指针

下面通过一个简单例子来说明指向结构体变量的指针变量的应用。

【例 8.2】指向结构体变量的指针的应用。

【程序代码】

```
#include <stdio.h>
#include <string.h>
main()
{
    struct student
    {
        long num;
        char name[10];
        float score[3];
    };
    struct student stu_1;
    struct student *p;
    p=&stu_1;
    stu_1.num=14101;
    strcpy(stu_1.name,"Li Lin");
    stu_1.score[0]=87;
    stu_1.score[1]=84.5;
    stu_1.score[2]=77;
    printf("No.:%ld\nname:%s\nscore[0]:%f\nscore[1]:%f\nscore[2]:%f\n",stu_1.num,stu_1.name,stu_1.score[0],stu_1.score[1],stu_1.score[2]);
    printf("No.:%ld\nname:%s\nscore[0]:%f\nscore[1]:%f\nscore[2]:%f\n",(*p).num,(*p).name,(*p).score[0],(*p).score[1],(*p).score[2]);
}
```

在主函数中声明了 struct student 类型,然后定义一个 struct student 类型的变量 stu_1。同时又定义一个指针变量 p,它指向一个 struct student 类型的数据。在函数的执行部分将结构体变量 stu_1 的起始地址赋给指针变量 p,也就是使指针变量 p 指向变量 stu_1

(图 8-3),然后对 stu_1 的各成员赋值。printf 函数是输出 stu_1 的各个成员的值。用 stu_1. num 表示 stu_1 中的成员 num,余类推。第二个 printf 函数也是用来输出 stu_1 各成员的值,但使用的是(*p). num 这样的形式。(*p)表示 p 指向的结构体变量,(*p). num 是 p 指向的结构体变量中的成员 num。注意 *p 两侧的括弧不可省,因为“.”优先于“*”运算符,*p. num 就等价于 *(p. num)了。

p → | 14101 | "Li Lin" | 87 | 84.5 | 77 |

图 8-3　p 指向 stu_1

【运行结果】

```
No.:14101
name:Li Lin
score[0]:87.000000
score[1]:84.500000
score[2]:77.000000
No.:14101
name:Li Lin
score[0]:87.000000
score[1]:84.500000
score[2]:77.000000
Press any key to continue
```

可见两个 printf()函数输出的结果是相同的。

在 C 语言中,为了使用方便和使之直观,可以把(*p). num 改用 p->num 来代替,它表示 *p 所指向的结构体变量中的 num 成员。同样,(*p). name 等价于 p->name。也就是说,以下三种形式等价:

(1) 结构体变量. 成员名

(2) (*p). 成员名

(3) p->成员名

上面程序中最后一个 printf()函数中的输出项表列可以改写为 p->num,p->name,p->sex,p->score ,其中 -> 称为指向运算符。

请分析以下几种运算:

p->n:得到 p 指向的结构体变量中的成员 n 的值。

p->n++:得到 p 指向的结构体变量中的成员 n 的值,用完该值后使它加 1。

++p->n:得到 p 指向的结构体变量中的成员 n 的值使之加 1(先加)。

8.4.2　指向结构体数组的指针

前面已经介绍过,可以使用指向数组或数组元素的指针和指针变量。同样,对结构体数组及其元素也可以用指针或指针变量来指向。

【例 8.3】指向结构体数组的指针的应用。

```
struct student
{
    int num;
    char name[20];
    char sex;
    int age;
```

```
};
struct student stu[3] = {{14101,"Li Lin",'M',20},{14102,"Li Hui",'M',
19},{14104,"Chen Lin",'F',19}};
main()
{
    struct student *p;
    printf(" No.   Name              sex  age\n");
    for(p = stu;p < stu +3;p ++)
        printf("% 5d% -20s% 2c% 4d\n",p ->num, p ->name, p ->sex,
p ->age);
}
```

【运行结果】

```
 No.   Name              sex  age
14101 Li Lin              M   20
14102 Li Hui              M   19
14104 Chen Lin            F   19
Press any key to continue
```

p是指向struct student结构体类型数据的指针变量。在for语句中先使p的初值为stu，也就是数组stu的起始地址，如图8-4中p的指向。在第一次循环中输出stu[0]的各个成员值。然后执行p++，使p自加1。p加1意味着p所增加的值为结构体数组stu的一个元素所占的字节数（在本例中为2+20+1+2=25字节）。执行p++后p的值等于stu+1，p指向stu[1]的起始地址，如图8-4中p′的指向。在第二次循环中输出stu[1]的各成员值。在执行p++后，p的值等于stu+2，它的指向如图8-4中的p″。再输出stu[2]的各成员值。

在执行p++后，p的值变为stu+3，已不再小于stu+3了，不再执行循环。

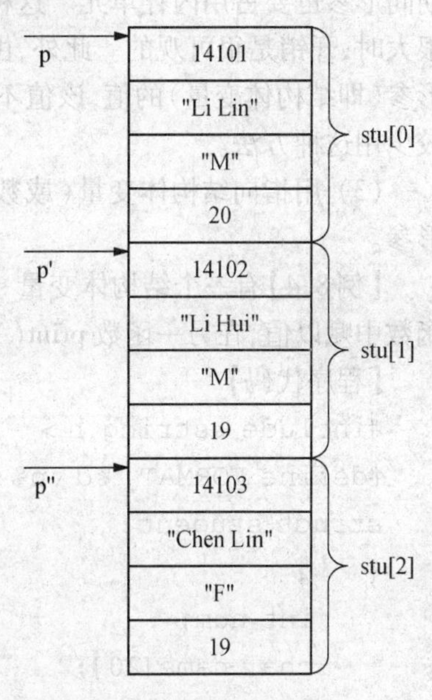

图8-4　struct student结构体数组

注意以下两点：

（1）如果p的初值为stu，即指向第一个元素，则p加1后p就指向下一个元素的起始地址。例如：

（++p）->num：先使p自加1，然后得到它指向的元素中的num成员值（即10102）。

（p++）->num：先得到p->num的值（即10101），然后使p自加1，指向stu[1]。

请注意以上二者的不同。

（2）程序已定义了p是一个指向struct student类型数据的指针变量，它用来指向一个struct student型的数据（在例8.3中p的值是stu数组的一个元素（如stu[0]，stu[1]）的起始地址），不应用来指向stu数组元素中的某一成员。例如，下面的用法是不对的：

p = stu[1].name

编译时将给出警告信息,表示地址的类型不匹配。千万不要认为反正 p 是存放地址的,可以将任何地址赋给它。如果地址类型不相同,可以用强制类型转换。例如:

```
p = (struct  student * )stu[0].name;
```

此时,p 的值是 stu[0] 元素的 name 成员的起始地址。可以用"printf("%s",p);"输出 stu[0]中成员 name 的值,但是,p 仍保持原来的类型。执行"printf('%s',p+1);",则会输出 stu[1]中 name 的值。执行 p+1 时,p 的值增加了结构体 struct student 的长度。

8.4.3　用结构体变量和指向结构体的指针作函数参数

将一个结构体变量的值传递给另一个函数,有 3 种方法:

(1) 用结构体变量的成员作参数。例如,用 stu[1].num 或 stu[2].name 作函数实参,将实参值传给形参。用法和用普通变量作实参是一样的,属于"值传递"方式。应当注意实参与形参的类型保持一致。

(2) 用结构体变量作实参。老版本的 C 系统不允许用结构体变量作实参,ANSI C 取消了这一限制。但是用结构体变量作实参时,采取的是"值传递"的方式,将结构体变量所占的内存单元的内容全部顺序传递给形参。形参也必须是同类型的结构体变量。在函数调用期间形参也要占用内存单元。这种传递方式在空间和时间上开销较大,如果结构体的规模很大时,开销是很可观的。此外,由于采用值传递方式,如果在执行被调用函数期间改变了形参(即结构体变量)的值,该值不能返回主调函数,这往往造成使用上的不便。因此一般较少用这种方法。

(3) 用指向结构体变量(或数组)的指针作实参,将结构体变量(或数组)的地址传给形参。

【例 8.4】有一个结构体变量 stu,内含学生学号、姓名和 3 门课的成绩。要求在 main()函数中赋以值,在另一函数 print()中将它们打印输出。今用结构体变量作函数参数。

【程序代码】

```
#include <string.h>
#define FORMAT "%d\n%s\n%f\n%f\n%f\n"
struct student
{
    int num;
    char name[20];
    float score[3];
};
main()
{
    void print(struct student);
    struct student stu;
    stu.num=12345;
    strcpy(stu.name,"Li Li");
```

```
    stu.score[0]=67.5;
    stu.score[1]=89;
    stu.score[2]=78.6;
    print(stu);
}
void print(struct student  stu)
{
    printf(FORMAT,stu.num,stu.name, stu.score[0], stu.score[1],
stu.score[2]);
    printf("\n");
}
```

【运行结果】

```
12345
Li Li
67.500000
89.000000
78.599998
```

struct student 被定义为外部类型,这样,同一源文件中的各个函数都可以用它来定义变量的类型。main()函数中的 stu 定义为 struct student 类型变量,print()函数中的形参 stu 也定义为 struct student 类型变量。在 main()函数中对 stu 的各成员赋值。在调用 print()函数时以 stu 为实参向形参 stu 实行"值传递"。在 print()函数中输出结构体变量 stu 各成员的值。

【例 8.5】将上题改用指向结构体变量的指针作实参。

可以在上面程序的基础上作少量修改即可,请注意程序注释。

【程序代码】

```
#include <string.h>
#define FORMAT   "%d\n% s\n% f\n% f\n% f\n"
struct student
{
    int num;
    char name[10];
    float score[3];
}
stu={12345,"Li Li",67.5,89,78.6};
main()
{
    void print(struct student *);/*形参类型修改成指向结构体的指针变量*/
    print(&stu);                 /*实参改为 stu 的起始地址*/
}
void print(struct student *p) /*形参类型修改了*/
```

```
    {
        printf(FORMAT,p -> num,p -> name,p -> score[0],p -> score[1],p -> 
score[2]);                                    /* 用指针变量调用各成员之值 */
        printf("\n");
    }
```

【运行结果】

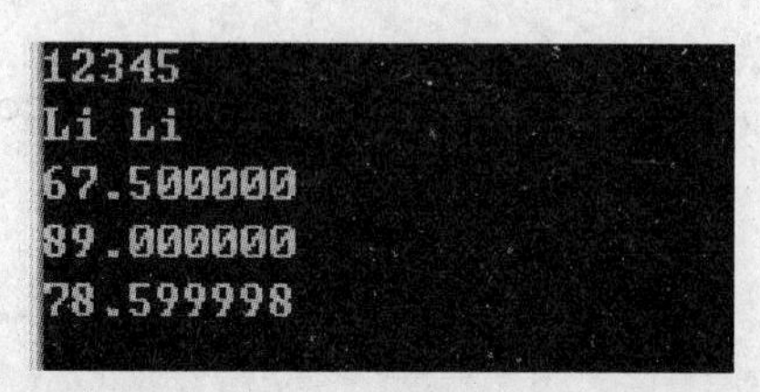
12345
Li Li
67.500000
89.000000
78.599998

此程序改用在定义结构体变量 stu 时赋初值,这样程序可简化些。print( )函数中的形参 p 被定义为指向 struct student 类型数据的指针变量。注意在调用 print( )函数时,用结构体变量 stu 的起始地址 &stu 作实参。在调用函数时将该地址传送给形参 p(p 是指针变量)。这样 p 就指向 stu,如图 8-5 所示。在 print( )函数中输出 p 所指向的结构体变量的各个成员值,它们也就是 stu 的成员值。

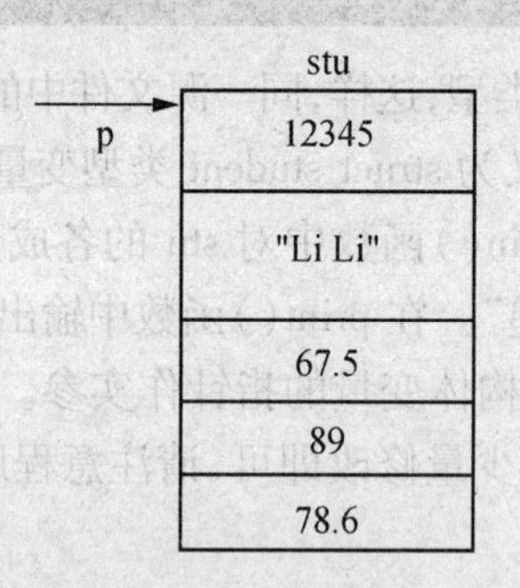

图 8-5 p 指向 stu

main 函数中的对各成员赋值也可以改用 scanf 函数输入。即用

scanf("%d%s%f%f%f",&stu.num,stu.name,&stu.score[0],&stu.score[1],&stu.score[2]);

输入时用下面形式输入:

12345 Li-Li 67.5 89 78.6↙

注意:输入项表列中 stu.name 前没有"&"符号,因为 stu.name 是字符数组名,本身代表地址,不应写成 &stu.name。

在 C 语言的函数调用中指针起着至关重要的作用。最重要的是,指针支持将参数作为引用传递给函数(即按引用调用)。按引用传递参数时,当函数改变此参数时,这个被改变参数的值会一直存在,甚至函数退出后都仍然存在。相对而言,当按值调用传递函数时,此时值的改变只能持续到函数返回时。无论是否要改变函数的输入输出参数,使用指针传递大容量复杂的函数参数也是十分高效的手段。这种方法高效的原因就在于,我们只是传递一个指针而不是一个数据的完整副本到函数中,这样可以大大地节省内存空间。

8.5　用指针处理链表

8.5.1　链表概述

未学习链表的时候,如果要存储数量比较多的同类型或同结构的数据的时候,总是使用一个数组。比如说我们要存储一个班级学生的某科分数,总是定义一个 float 型数组: float score[30]。

但是,在使用数组的时候,总有一个问题困扰着我们:数组应该有多大? 在很多的情况下,你并不能确定要使用多大的数组,比如上例,你可能并不知道该班级的学生的人数,那么你就要把数组定义得足够大。这样,你的程序在运行时就需申请固定大小的你认为足够大的内存空间。即使你知道该班级的学生数,但是如果因为某种特殊原因人数有增加或者减少,你又必须重新去修改程序,扩大数组的存储范围。这种分配固定大小的内存分配方法称之为静态内存分配。但是这种内存分配的方法存在比较严重的缺陷,特别是处理某些问题时:在大多数情况下会浪费大量的内存空间,在少数情况下,当你定义的数组不够大时,可能引起下标越界错误,甚至导致严重后果。

链表则没有这种缺点,链表属于动态数据结构,可以类比成一环接一环的链条,这里每一环视作一个节点,节点窜在一起形成链表。这种数据结构非常灵活,节点数目无须事先确定,可以临时生成。图 8-6 表示最简单的一种链表(单向链表)的结构。

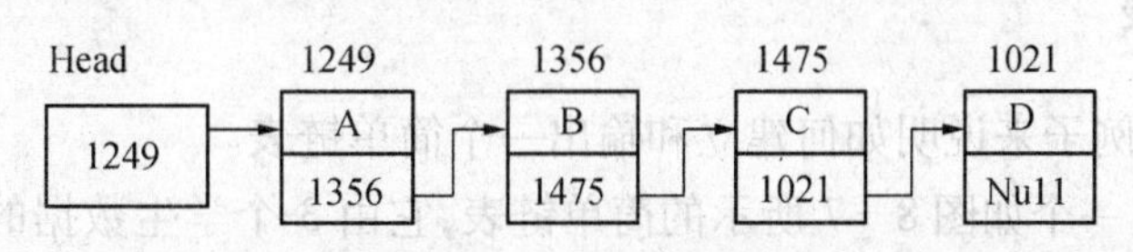

图 8-6　单向链表

链表有一个“头指针”变量,图中以 head 表示,它存放一个地址。该地址指向一个元素。链表中每一个元素称为“节点”,每个节点都应包括两个部分:一为用户需要用的实际数据,二为下一个节点的地址。可以看出,head 指向第一个元素;第一个元素又指向第二个元素…直到最后一个元素,该元素不再指向其他元素,它称为“表尾”,它的地址部分放一个“NULL”(表示“空地址”),链表到此结束。

可以看到链表中各元素在内存中可以不是连续存放的。要找某一元素,必须先找到上一个元素,根据它提供的下一元素地址才能找到下一个元素。如果不提供“头指针”(head),则整个链表都无法访问。链表如同一条铁链一样,一环扣一环,中间是不能断开的。可以看到,这种链表的数据结构,必须利用指针变量才能实现。即:一个节点中应包含一个指针变量,用它存放下一节点的地址。

前面介绍了结构体变量,用它作链表中的节点是最合适的。一个结构体变量包含若干成员,这些成员可以是数值类型、字符类型、数组类型,也可以是指针类型。我们用这个指针类型成员来存放下一个节点的地址。例如,可以设计这样一个结构体类型:

```
struct  student
{
```

```
    int  num;
    float  score;
    struct  student * next;
};
```

其中成员 num 和 score 用来存放节点中的有用数据(用户需要用到的数据),相当于图8-6节点中的 A,B,C,D。next 是指针类型的成员,它指向 struct student 类型数据(这就是 next 所在的结构体类型)。一个指针类型的成员既可以指向其他类型的结构体数据,也可以指向自己所在的结构体类型的数据。现在,next 是 struct student 类型中的一个成员,它又指向 struct student 类型的数据。用这种方法就可以建立链表,如图 8-7 所示。

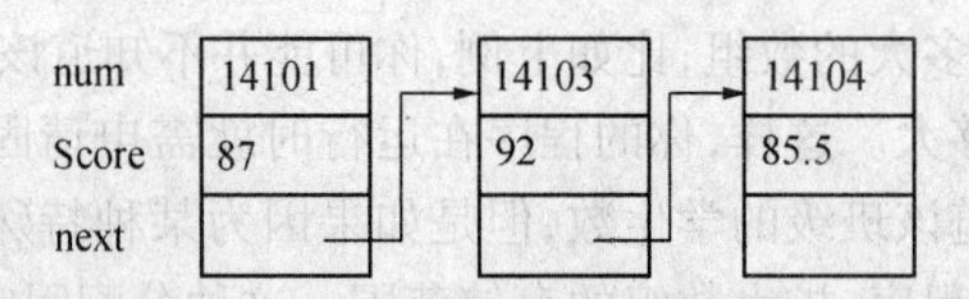

图 8-7 结构体建立链表结构

图中每一个节点都属于 struct student 类型,它的成员 next 存放下一节点的地址,程序设计人员可以不必具体知道各节点的地址,只要保证将下一个节点的地址放到前一节点的成员 next 中即可。请注意:上面只是定义了一个 struct student 类型,并未实际分配存储空间。只有定义了变量才分配内存单元。

8.5.2 简单链表

下面通过一个例子来说明如何建立和输出一个简单链表。

【例 8.6】建立一个如图 8-7 所示的简单链表,它由 3 个学生数据的节点组成,输出各节点中的数据。

【程序代码】

```
#define NULL 0
struct student
{
    long num;
    float score;
    struct student * next;
};
main()
{
    struct student a,b,c,* head,* p;
    a. num =14101; a.score =87;
    b. num =14103; b.score =92;
    c. num =14104; c.score =85.5;
                                /* 对节点的 num 和 salary 成员赋值 */
```

```
    head = &a;              /* 将节点 a 的起始地址赋给头指针 head */
    a.next = &b;            /* 将节点 b 的起始地址赋给 a 节点的 next 成员 */
    b.next = &c;            /* 将节点 c 的起始地址赋给 b 节点的 next 成员 */
    c.next = NULL;          /* c 节点的 next 成员不存放其他节点地址 */
    p = head;               /* 使 p 指针指向 a 节点 */
    do
    {
        printf("% ld% 5.1f\n",p->num,p->score);
                                          /* 输出 p 指向的节点的数 */
        p = p->next;        /* 使 p 指向下一节点 */
    } while(p!= NULL);      /* 输出完 c 节点后 p 的值为 NULL */
}
```

【运行结果】

```
14101  87.0
14103  92.0
14104  85.5
Press any key to continue_
```

请仔细考虑:

① 各个节点是怎样构成链表的?

② 没有头指针 head 行不行?

③ p 起什么作用? 没有它行不行?

程序开头为结构定义。在这里称这样的一个结构为一个节点。这个节点包含两个域,即数据域和指针域。数据域装有学生的信息,而指针域装的是指向另一个节点的地址。

开始时使 head 指向 a 节点,a. next 指向 b 节点,b. next 指向 c 节点,这就构成链表关系。"c. next = NULL"的作用是使 c. next 不指向任何有用的存储单元。在输出链表时要借助 p,先使 p 指向 a 节点,然后输出 a 节点中的数据,"p = p -> next"是为输出下一个节点做准备。p -> next 的值是 b 节点的地址,因此执行"p = p -> next"后 p 就指向 b 节点,所以在下一次循环时输出的是 b 节点中的数据。本例是比较简单的,所有节点都是在程序中定义的,不是临时开辟的,也不能用完后释放,这种链表称为"静态链表"。

8.5.3　处理动态链表所需的函数

链表结构是动态地分配存储的,即在需要时才开辟一个节点的存储单元。怎样动态地开辟和释放存储单元呢? C 语言编译系统的库函数提供了以下有关函数。

1. malloc( )函数

malloc 函数的原型为:

void * malloc (unsigned int size)

其作用是在内存的动态存储区中分配一个长度为 size 的连续空间。其参数是一个无符号整形数,返回值是一个指向所分配的连续存储域的起始地址的指针。还有一点必须注意的是,当函数未能成功分配存储空间(如内存不足)就会返回一个 NULL 指针。所以在调用该函数时应该检测返回值是否为NULL并执行相应的操作。

【例8.7】一个动态分配存储空间的程序

【程序代码】

```
#include <string.h>
#include <malloc.h>
main()
{
    int count, *score;
/* count是一个计数器,score是一个整型指针,也可以理解为指向一个整型数组的首地址 */
    if((score=(int *)malloc(10*sizeof(int)))==NULL)
    {
       printf("不能成功分配存储空间.");
       exit(1);
    }
    for (count=0;count<10;count++)          /* 给数组赋值 */
       score[count]=count;
    for(count=0;count<10;count++)           /* 打印数组元素 */
       printf("%d",score[count]);
}
```

【运行结果】

```
0 1 2 3 4 5 6 7 8 9
```

上例中动态分配了10个整型存储区域,然后进行赋值并打印。例中"if((array(int *)malloc(10*sizeof(int)))==NULL)"语句可以分为以下几步:

(1) 分配10个整型的连续存储空间,并返回一个指向其起始地址的整型指针。

(2) 把此整型指针地址赋给score。

(3) 检测返回值是否为NULL。

2. calloc()函数

其函数原型为

void *calloc(unsigned n,unsigned size);

其作用是在内存的动态区存储中分配n个长度为size的连续空间。函数返回一个指向分配域起始地址的指针;如果分配不成功,返回NULL。

用calloc()函数可以为一维数组开辟动态存储空间,n为数组元素个数,每个元素长度为size。

3. free()函数

由于内存区域总是有限的,不能不限制地分配下去,而且一个程序要尽量节省资源,所以当所分配的内存区域不用时,就要释放它,以便其它的变量或者程序使用。这时我们就要用到free()函数。

其函数原型是:

void free(void * p)

作用是释放指针 p 所指向的内存区,free( )函数无返回值。

其参数 p 必须是先前调用 malloc( )函数或 calloc( )函数时返回的指针。给 free( )函数传递其它的值很可能造成死机或其他灾难性的后果。

注意:这里重要的是指针的值,而不是用来申请动态内存的指针本身。例:

```
int *p1, *p2;
p1 =malloc(10 * sizeof(int));
p2 =p1;
…
free(p1)/* 或者 free(p2) */
```

malloc( )返回值赋给 p1,又把 p1 的值赋给 p2,所以此时 p1,p2 都可作为 free( )函数的参数。

malloc( )或 calloc( )函数是对存储区域进行分配的,free( )函数是释放已经不用的内存区域的。所以由这两个函数就可以实现对内存区域进行动态分配并进行简单的管理了。

下面就可以对链表进行操作了(包括建立链表、插入或删除链表中一个节点等)。有些概念需要在后面的应用中逐步建立和掌握。

8.5.4 建立动态链表

所谓建立动态链表是指在程序执行过程中从无到有地建立起一个链表,即一个一个地开辟节点和输入各节点数据,并建立起前后相连的关系。

【例 8.8】写一函数建立一个有 3 条学生数据的单向动态链表。

【解题思路】

学习链表的建立过程,关键是掌握 3 个指针的作用。头指针 head 永远指向链表的第一个节点;对 p2 指针,永远让它指向链表的最末一个节点;指针 p1 每次都指向一个待插入的节点,且这个节点要插到 q 节点的后面。

【基本步骤】

第一步:定义头节点 head、尾节点 p2 和待插入节点 p1,待插入的节点数据部分初始化,如图 8 - 8 所示。

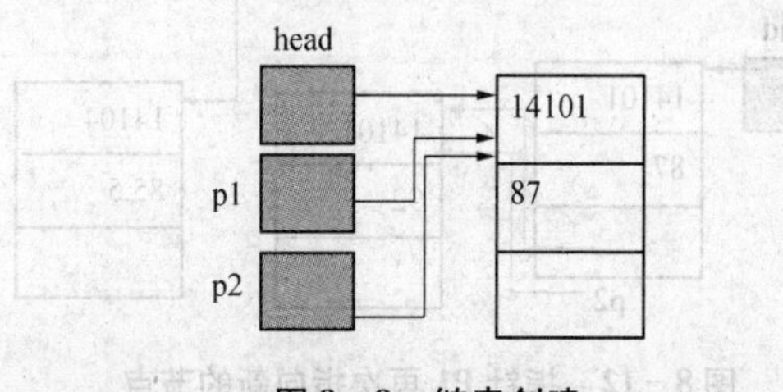

图 8 - 8　链表创建

此步骤中,开辟节点和输入数据,待插入的节点 p1 数据部分初始化,并建立前后相链的关系,该节点被头指针 head、尾指针 p2 同时指向。

第二步:重复申请待插入节点空间,对该节点的数据部分赋值(或输入值),将该节点插入在最前面，或者最后面（本例在尾部插入），如图 8－9 所示。

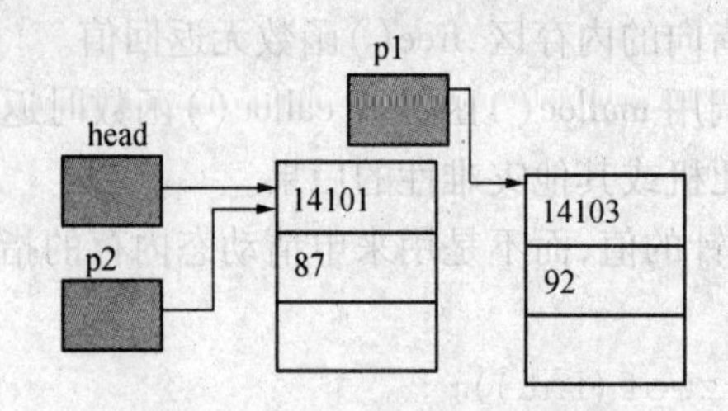

图 8－9　指针 P1 指向新的节点

p2 -> next = p1（新开辟的节点），如图 8－10 所示。

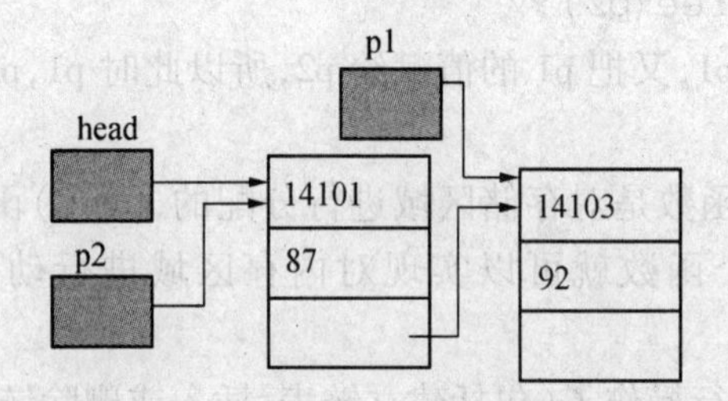

图 8－10　p2 -> next 指向新的节点

p2 指向新节点，即 p2 = p1，如图 8－11 所示。

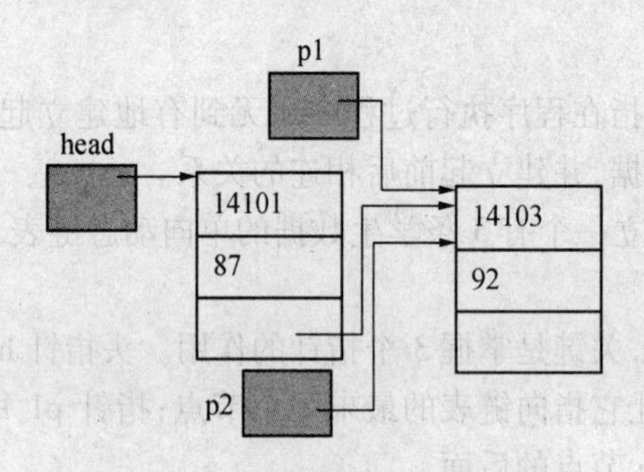

图 8－11　指针 P2 指向新的节点

重复该步骤申请新的节点，如图 8－12～图 8－13 所示。

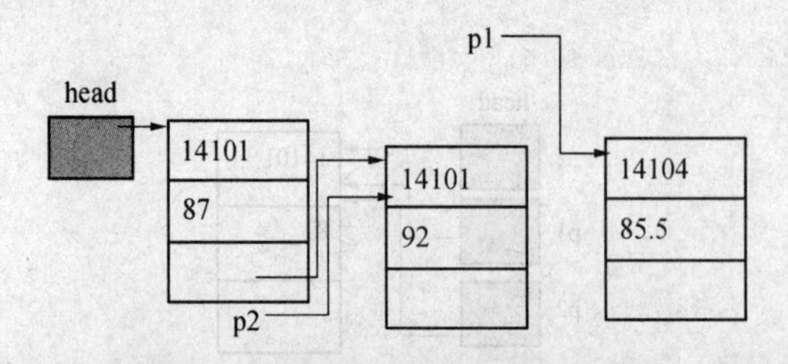

图 8－12　指针 P1 再次指向新的节点

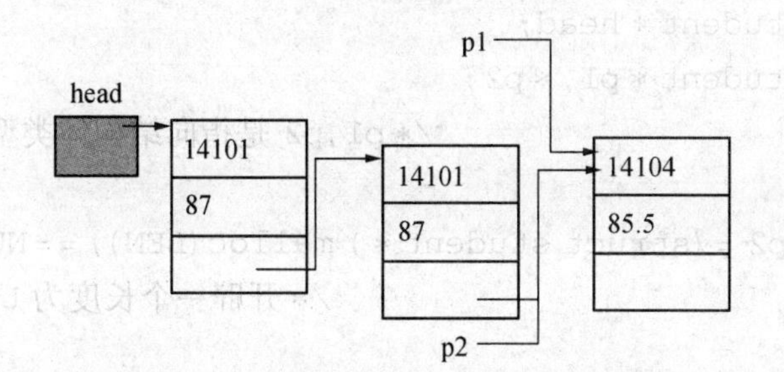

图 8-13　指针 P2 再次指向新的节点

第三步,若输入 num 为 0,则结束链表创建,如图 8-14 所示。

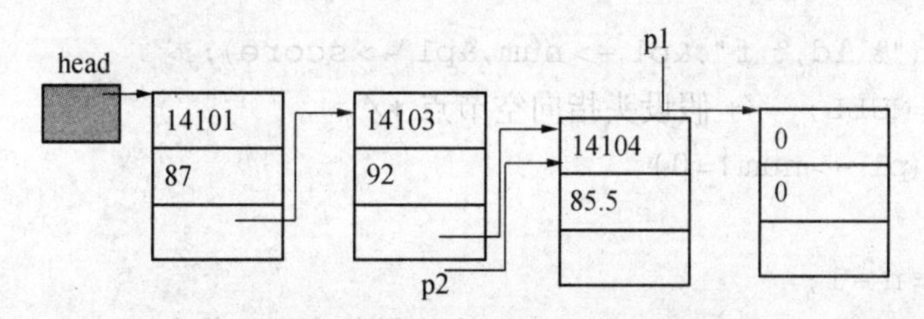

图 8-14　指针 P1 指向新 num=0 的节点

最后:p2->next=NULL,如图 8-15 所示。

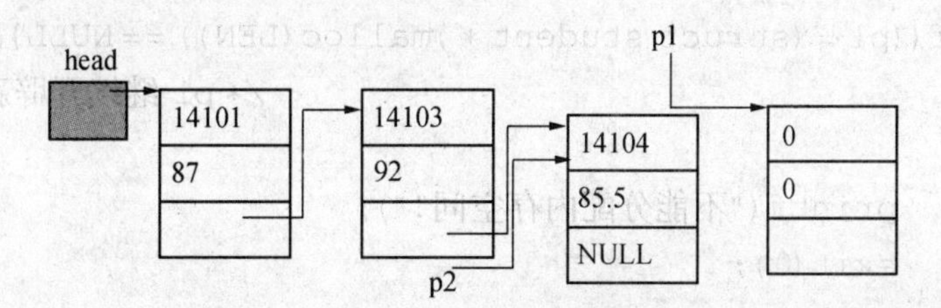

图 8-15　链表创建结束

【程序代码】

```
#define NULL 0
#define LEN sizeof(struct student)
                          /*结构体类型数据的长度,sizeof 是"字节数运算符" */
struct  student
{
   long num;
   float score;
   struct student *next;
};
int n;                          /*n 为全局变量 */
struct  student  *creat(void)
                                /*定义函数.此函数返回一个指向链表头的指针 */
{
```

```
    struct student *head;
    struct student *p1,*p2;
                                /*p1,p2是指向结构体类型数据的指针变量*/
    n=0;
    if((p1=p2=(struct student *)malloc(LEN))==NULL)
                                    /*开辟一个长度为LEN内存区并检测*/
    {
        printf("不能分配内存空间!");
        exit(0);
    }
    scanf("% ld,% f",&p1->num,&p1->score);
    head=NULL;   /*假设头指向空节点*/
    while(p1->num!=0)
    {
        n=n+1;
        if(n==1) head=p1;   /*头指针指向p1节点*/
        else p2->next=p1;   /*p1开辟的新节点链到了p2的后面*/
        p2=p1;
        if((p1=(struct student *)malloc(LEN))==NULL)
                                        /*p1继续开辟新节点并检测*/
        {
            printf("不能分配内存空间!");
            exit(0);
        }
        scanf("% ld,% f",&p1->num,&p1->score);/*给新节点赋值*/
    }
    p2->next=NULL;
    return(head);                   /*返回链表的头指针*/
}
```

可以在main()函数中调用此creat()函数:

```
main()
{
    …
    creat();        /*调用creat()函数后建立了一个单向动态链表*/
}
```

调用creat()函数后,函数的值是所建立的链表的第一个节点的地址。

8.5.5 输出链表

将链表中各节点的数据依次输出。这个问题比较容易处理。

【解题思路】

1. 单向链表总是从头节点开始的；

2. 每访问一个节点,就将当前指针向该节点的下一个节点移动：

p = p -> next;

3. 直至下一节点为空：

P = NULL

以上步骤可用图8-16表示。

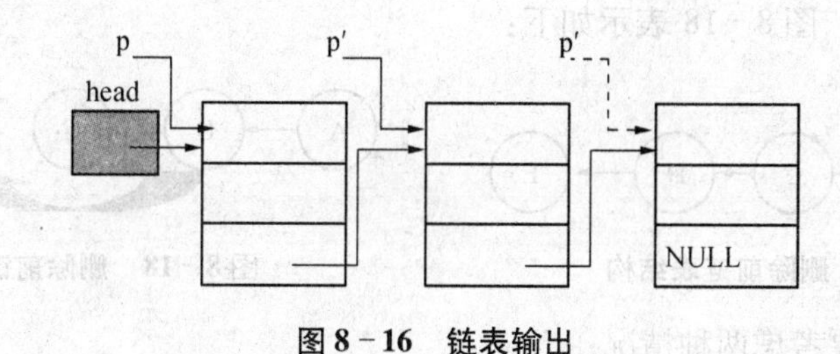

图8-16 链表输出

【例8.9】编写一个输出链表的函数print()。

【程序代码】

```
void print (struct student *head)
{
    struct student *   p;
    printf("\nNow,These%d records are:\n",n);
    p = head;
    if(head!=NULL)
    do
    {
        printf("% ld% 5.1f\n",p-> num,p-> score);
        p = p-> next;
    }while(p!=NULL);
}
```

此方法中,p先指向第一节点,在输出完第一个节点之后,p移到图中p' 虚线位置,指向第二个节点。程序中“p = p -> next”的作用是将p原来所指向的节点中next的值赋给p,而“p -> next”的值就是第二个节点的起始地址。将它赋给p,就是使p指向第二个节点。head的值由实参传过来,也就是将已有的链表的头指针传给被调用的函数,在print()函数中从head所指的第一个节点出发顺序输出各个节点。

8.5.6 对链表的删除操作

从一个动态链表中删去一个节点,并不是真正从内存中把它抹掉,而是把它从链表中分离开来,只要撤消原来的链接关系即可。

【例8.10】写一函数以删除动态链表中指定的节点。

【解题思路】

需要设定两个临时指针：

p1：判断指向的节点是不是要删除的节点(用于寻找)；

p2：始终指向 P1 的前面一个节点；

从 p1 指向的第一个节点开始，检查该节点中的 num 值是否等于输入的要求删除的那个学号。如果相等就将该节点删除，如不相等，就将 p1 后移一个节点，在此之前应将 p1 的值赋给 p2，使 p2 指向刚才检查过的那个节点。再如此进行下去，直到遇到表尾为止。

过程用图 8－17、图 8－18 表示如下：

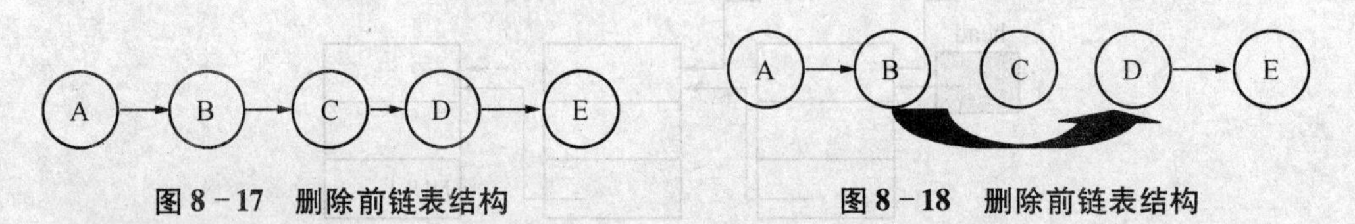

图 8－17　删除前链表结构　　**图 8－18　删除前链表结构**

删除的节点需要考虑两种情况：

1. 要删的节点是头指针所指的节点则直接操作。

原链表 p1 指向头节点，如图 8－19 所示。

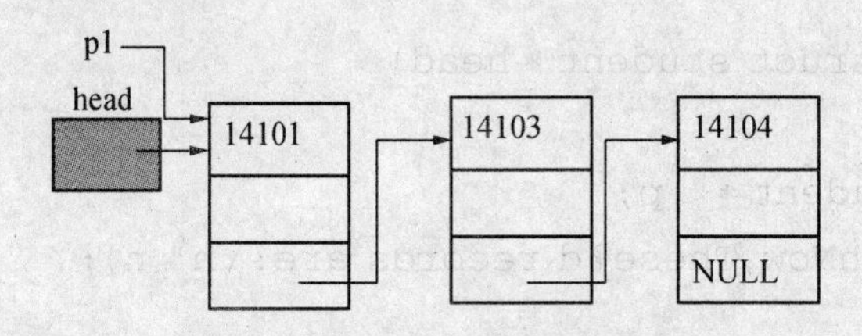

图 8－19　删除前链表结构

经判断后，若第 1 个节点是要删除的节点，head 指向第 2 个节点，第 1 个节点脱离，如图 8－20 所示。

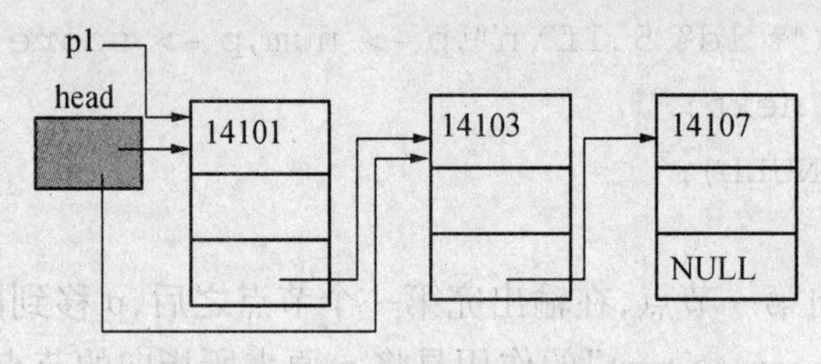

图 8－20　删除 head 节点

2. 不是头节点，要依次往下找。

p2 指向 p1 指向的节点。p1 指向下移一个节点，如图 8－21 所示。。

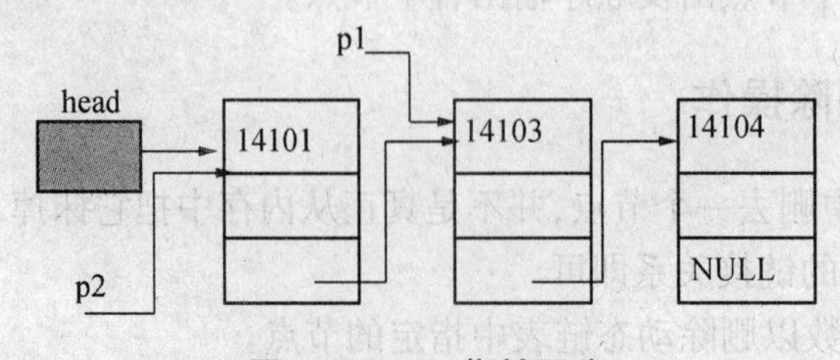

图 8－21　P1 指针下移

经 P1 找到要删除的节点后使之脱离，p1 -> next 赋给 p2 -> next，如图 8－22 所示。

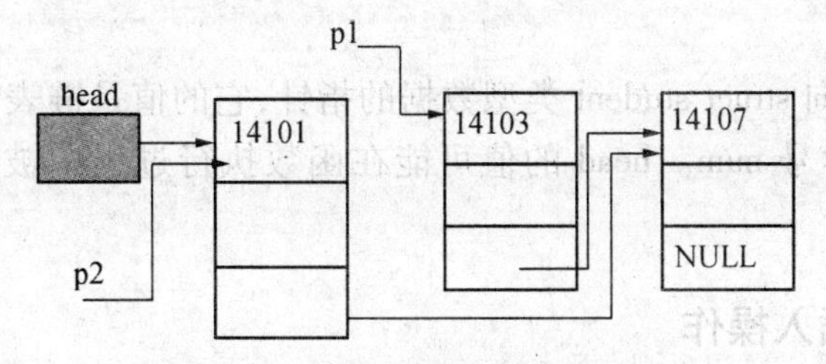

图 8－22　使删除节点移出链表结构

另外还要考虑的情况：空表和找不到要删除的节点。

【程序代码】

```
struct student * del(struct student * head, long num)
{
    struct student   * p1, * p2;
    if(head == NULL)
    {
        printf("\nlist null!\n");
        goto end;
    }
    p1 = head;
    while(num != p1 -> num && p1 -> next != NULL)
                        /* p1 指向的不是所要找的节点,并且后面还有节点 */
    {
        p2 = p1;
        p1 = p1 -> next;
    }                           /* p1 后移一个节点 */
    if(num == p1 -> num)        /* 找到了 */
    {
        if(p1 == head)
            head = p1 -> next;
                    /* 若 p1 指向的是首节点,把第二个节点地址赋予 head */
        else
            p2 -> next = p1 -> next;
                        /* 否则将下一节点地址赋给前一节点地址 */
        printf("delete:% ld\n",num);
        n = n -1;
    }
    else
        printf("% ld not been found!\n",num);      /* 找不到该节点 */
end:
```

```
    return(head);
}
```

函数的类型是指向 struct student 类型数据的指针,它的值是链表的头指针。函数参数为 head 和要删除的学号 num。head 的值可能在函数执行过程中被改变(当删除第一个节点时)。

8.5.7　对链表的插入操作

对链表的插入是指将一个节点插入到一个已有的链表中。

【例 8.11】写一函数以删除动态链表中指定的节点。

【解题思路】

节点插入的位置共有四种情况:

1. 第一种情况,链表还未建成(空链表),待插入节点 p0 实际上是第一个节点,如图 8-23所示。

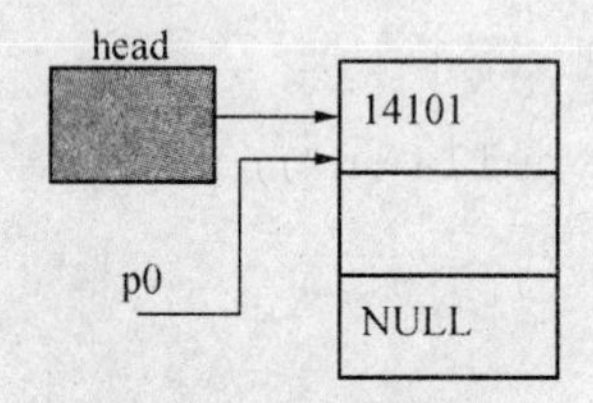

图 8-23　空链表插入节点

2. 第二种情况,链表已建成,待插入节点 p0 的数据要比头节点的数据还要小,这时当然 p0 节点要插在 head 节点前,如图 8-24 示。

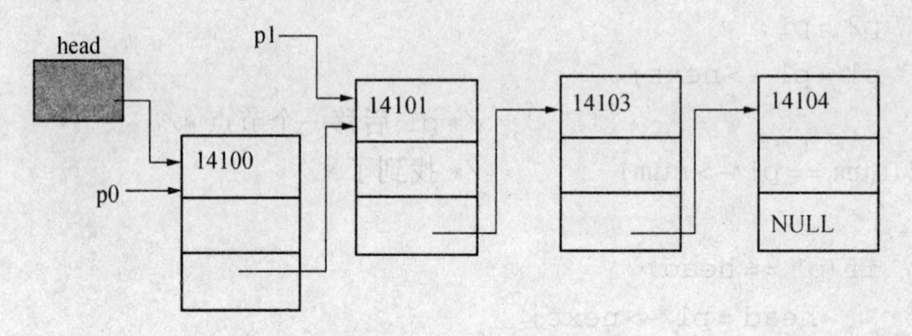

图 8-24　插入头节点

3. 第三种情况,链表已建成,待插入节点 p0 的数据比头节点的数据大,需要找到正确的插入位置。这时,可以借助两个结构指针 p1 和 p2,利用循环比较来找到正确位置。然后将节点 p0 插入到链表中正确的位置,如图 8-25、图 8-26 所示。

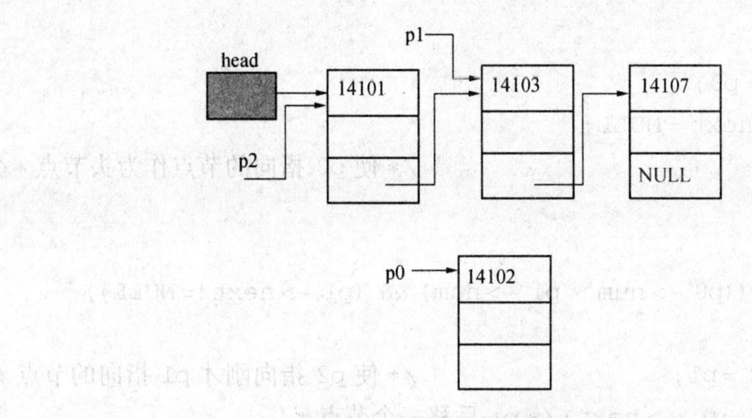

图 8－25　待插入节点链表结构

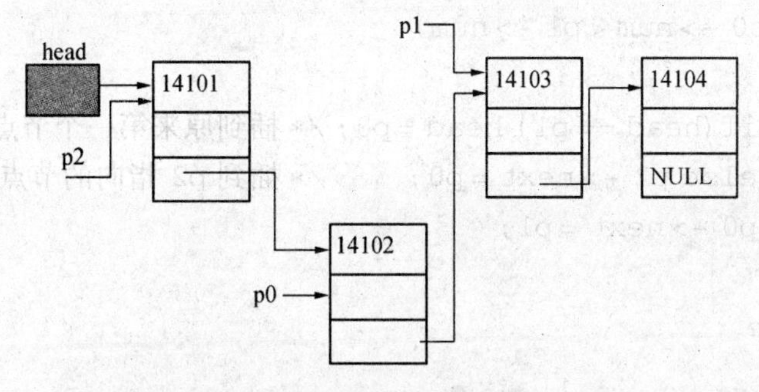

图 8－26　在链表中插入节点

4. 第四种情况,链表已建成,待插入节点 p0 的数据要比所有节点的数据都要大,这时当然 p0 节点要插在表尾,如图 8－27 所示。

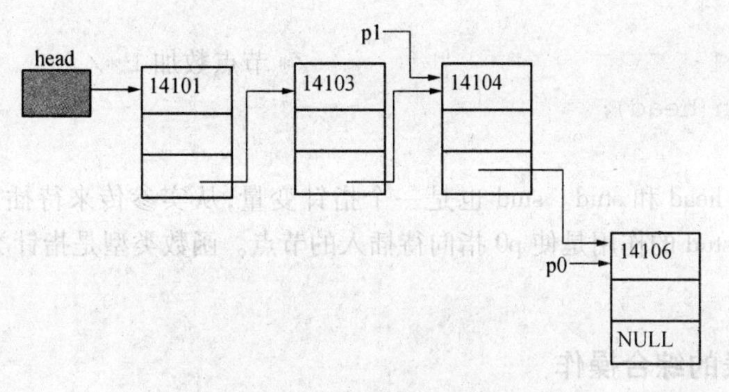

图 8－27　链表尾插入节点

【程序代码】

```
struct student * insert(struct student * head,struct student * stud)
{
    struct student * p0, * p1, * p2;
    p1 = head;                          /* 使 p1 指向第一个节点 */
    p0 = stud;                          /* p0 指向要插入的节点 */
    if(head == NULL)                    /* 原来的链表是空表 */
```

```
    {
        head = p0;
        p0 -> next = NULL;
    }                                      /* 使 p0 指向的节点作为头节点 */
    else
    {
        while((p0 -> num > p1 -> num) && (p1 -> next != NULL))
        {
            p2 = p1;                       /* 使 p2 指向刚才 p1 指向的节点 */
            p1 = p1 -> next; /* p1 后移一个节点 */
        }
        if(p0 -> num < p1 -> num)
        {
            if(head == p1) head = p0; /* 插到原来第一个节点之前 */
            else p2 -> next = p0;      /* 插到 p2 指向的节点之后 */
            p0 -> next = p1;
        }
        else
        {
            p1 -> next = p0;           /* 插到最后的节点之后 */
            p0 -> next = NULL;
        }
    }
    n = n + 1;                             /* 节点数加 1 */
    return(head);
}
```

函数参数是 head 和 stud。stud 也是一个指针变量,从实参传来待插入节点的地址给 stud。语句 p0 = stud 的作用是使 p0 指向待插入的节点。函数类型是指针类型,函数值是链表起始地址 head。

8.5.8 对链表的综合操作

将以上建立、输出、删除、插入的函数组织在一个 C 程序中,即将例 8 - 8 ~ 例 8.11 中的 4 个函数顺序排列,用 main( ) 函数作主调函数。可以写出以下 main( ) 函数(main( ) 函数的位置在以上各函数的后面)。

```
#include < stdio.h >
#include < malloc.h >
main()
{
    struct student * head, * stu;
```

```
    long del_num;
    printf("input records:\n");
    head=creat();                                   /*返回头指针*/
    print(head);                                    /*输出全部节点*/
    printf("\ninput the deleted number:");
    scanf("% ld",&del_num);                         /*输入要删除的学号*/
    head=del(head,del_num);                         /*删除后链表的头地址*/
    print(head);                                    /*输出全部节点*/
    printf("\ninput the inserted record:");         /*输入要插入的节点*/
    if((stu=(struct student *)malloc(LEN))==NULL)
                                                    /*开辟一个长度为LEN内存区并检测*/
    {
        printf("不能分配内存空间!");
        exit(0);
    }
    scanf("% ld,% f",&stu->num,&stu->score);
    head=insert(head,stu);                          /*返回地址*/
    print(head);                                    /*输出全部节点*/
}
```

【运行结果】

```
input records:
1401,85
1405,78
1403,79
1408,69
0

Now,These 4 records are:
1401    85
1405    78
1403    79
1408    69

input the deleted number:1403
delete:1403

Now,These 3 records are:
1401    85
1405    78
1408    69

input the inserted record:1402,88

Now,These 4 records are:
1401    85
1402    88
1405    78
1408    69
```

8.6 共用体

在 C 语言中,允许不同数据类型使用同一存储区域,共用体就是一种同一存储区域由不同类型变量共享的数据类型。它提供一种方法能在同一存储区中操作不同类型的数据,也就是说共用体采用的是覆盖存储技术,准许不同类型数据互相覆盖。例如,可把一个整型变量、一个字符型变量、一个实型变量放在同一个地址开始的内存单元中(图 8-28)。以上 3 个变量在内存中占的字节数不同,但都从同一地址开始(图中设地址为 1000)存放。

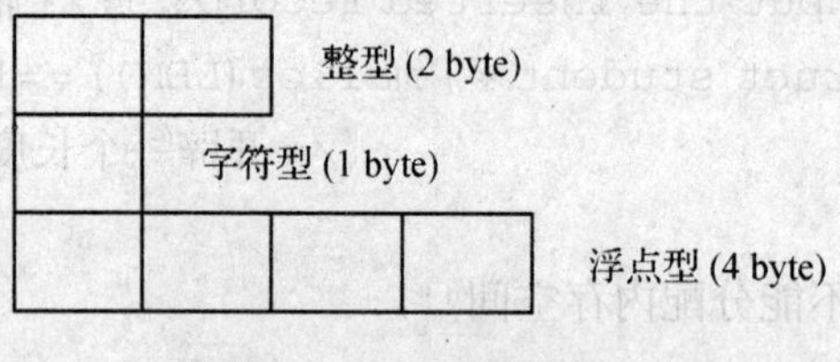

图 8-28 共用体结构

8.6.1 共用体类型定义

共用体类型的定义与结构体类似,其一般定义格式如下:

```
union 共用体名
{
共用体成员表;
};
```

其中 union 是关键字,称为共用体定义标识符,共用体名同样由程序员来命名。大括号中的共用体成员表包含若干成员,每一个成员都具有如下的形式:

数据类型标识符 成员名;

如:

```
union data
{
    int  i;
    char ch;
    float  f;
};
```

8.6.2 共用体变量定义与引用

1. 共用体变量的定义

```
union  共用体名
{
    共用体成员表;
}变量列表;
```

如:

```
union  data
{
    int  i;
    char ch;
    float  f;
}a,b,c;
```

共用体的定义格式与结构类型的定义和变量声明形式上类似,但实质上有区别:

(1)结构类型的长度=各成员的长度和;各成员占独立的存储单元,不共享;

(2)联合类型的长度为成员中长度的最大者,各成员共享长度最大的存储单元。

2. 共用体变量的引用

引用格式:

共用体变量名.成员名;

如上例所示:a.i; a.ch; a.f

说明:

(1) 共用体变量不能同时存放多个成员的值,而只能存放其中一个值,即只能存放当前(最新)的一个成员的值;

(2) 就共用体变量整体而言,和结构体变量一样是不能进行整体的输入、输出,但可以在两个同一类型的共用体变量之间赋值;

(3) 由于共用体变量不能同时存放多个成员的值,因此共用体变量不能进行初始化;

(4) 共用变量不可作为函数的参数,但可以通过指针指向;

(5) 共用体类型可以和结构类型/数组类型互为基类型。

【例 8.12】设有若干个人员的数据,其中有学生和教师。学生的数据中包括:姓名、号码、性别、职业、班级。教师的数据包括:姓名、号码、性别、职业、职务。可以看出,学生和教师所包含的数据是不同的。现要求把它们放在同一表格中,如图 8-29 所示。如果"job"项为"s"(学生),则第 5 项为 class(班)。即 Li 是 501 班的。如果"job"项是"t"(教师),则第 5 项为 position(职务)。Wang 是 prof(教授)。显然对第 5 项可以用共用体来处理(将 class 和 position 放在同一段内存中)。

name	num	sex	job	Class(班) / Position(职务)
Li	1011	f	s	501
Wang	2085	m	t	prof

图 8-29　人员信息

【程序代码】

```
#include <stdio.h>
struct
{
```

```
    int num;
    char name[10];
    char sex;
    char job;
    union
    {
        int class;
        char position[10];
    }category;
}person[2];
main()
{
    int i;
    for(i =0;i <2;i ++)
    {
        scanf("%d% s% c% c",&person[i].num,person[i].name,&person
[i].sex,&person[i].job);
        if(person[i].job =='s')
        scanf("%d", &person[i].category.class);
        else if (person[i].job =='t')
            scanf("% s",person[i].category.position);
        else
            printf("input error!");
    }
    printf("\n");
    printf("No. Namesex job class/position\n");
    for(i =0;i <2;i ++)
    {
        if(person[i].job =='s')
            printf("% 6d% 10s% 3c% 3c% 6d\n", person[i].num,
            person[i].name,person[i].sex,person[i].job,
            person[i].category.class);
        else
            printf("% 6d% 10s% 3c% 3c% 6s\n", person[i].num,
            person[i].name,person[i].sex,person[i].job,
            person[i].category.position);

    }
}
```

【运行结果】

```
1001 Wang M s
10
1002 Zhang F t
professor

No. Namesex job class/position
  1001       Wang   M   s     10
  1002      Zhang   F   t professor
Press any key to continue
```

可以看到:在 main( )函数之前定义了外部的结构体数组 person,在结构体类型声明中包括了共用体类型,category(分类)是结构体中一个成员名,在这个共用体中成员为 calss 和 position,前者为整型,后者为字符数组(存放"职务"的值——字符串)。

8.7　枚举类型

在实际应用中,有些变量的取值范围是有限的,仅可能只有几个值,如一个星期 7 天,一年 12 个月,一副扑克有 4 种花色,每一花色有 13 张牌等等。此时用整型数来表示这些变量的取值,其直观性很差,如在程序中使用 1,对于非编称者来说,它是代表星期一呢? 还是一月份? 很难区分。若在程序中使用"Mon",则很容易理解为这是代表一月份。由此看出,为提高程序的可读性,引入非数值量,即一些有意义的符号是非常必要的。

对于这种应用,C 语言引入枚举类型,所谓"枚举",就是将变量可取的值一一列举出来。声明枚举类型用 enum 开头。例如:

```
enum  weekday
{
    sun, mon, tue, wed, thu, fri, sat
};
```

由此定义了一个枚举类型 enum weekday,它有 7 个枚举元素(常量)。

在定义了类型之后,就可以用该类型来定义变量:

如:

```
enum  weekday  workday;
```

当然,也可以直接定义枚举变量,如:

```
enum{sun,mon,tue,wed,thu,fri,sat} workday,week-end;
```

其中 sun、mon、…、sat 等称为枚举元素或枚举常量。它们是用户定义的标识符。

说明:

(1) 在 C 编译中,对枚举元素按常量处理,故称枚举常量。它们不是变量,在程序运行中不能对它们赋值。例如:sun = 0;mon = 1;是错误的。

(2) 枚举元素作为常量,它们是有值的,C 语言编译按定义时的顺序使它们的值为 0,1,2,…所以枚举元素可以进行比较,比较的规则是:序号大者为大!

(3) 枚举型仅适应于取值有限的数据。例如,根据现行的历法规定,1 周 7 天,1 年 12

个月。

(4) 取值表中的值称为枚举元素,其含义由程序解释。例如,不是因为写成“Sun”就自动代表“星期天”。事实上,枚举元素用什么表示都可以。

(5) 枚举元素的值也是可以人为改变的,只能在定义时由程序员指定。例如,如果 enum weekdays {Sun =7, Mon =1,Tue, Wed, Thu, Fri, Sat};则 Sun =7,Mon =1,从 Tue =2 开始,依次增 1。

(6) 一个整数不能直接赋给一个枚举变量。如:

```
workday =2;
```

是不对的。它们属于不同的类型。应先进行强制类型转换才能赋值。如:

```
workday =(enum  weekday)2;
```

它相当于将顺序号为 2 的枚举元素赋给 workday,相当于 workday = tue;

甚至可以是表达式。如:

```
workday =(enum  weekday)(5 -3);
```

8.8　用 typedef 定义类型

除了可以直接使用 C 提供的标准类型名(如 int、char、float、double、long 等)和自己声明的结构体、共用体、指针、枚举类型外,还可以用 typedef 声明新的类型名来代替已有的类型名。如:

```
typedef  int INTEGER;
typedef  float  REAL;
```

指定用 INTEGER 代表 int 类型,REAL 代表 float。这样,以下两行等价:

① int i,j; float a,b;

② INTEGER i,j; REAL a,b;

这样可以使熟悉 FORTRAN 的人能用 INTEGER 和 REAL 定义变量,以适应他们的习惯。如果在一个程序中,一个整型变量用来计数,可以:

```
typedef int COUNT;
COUNT i,j;
```

即将变量 i、j 定义为 COUNT 类型,而 COUNT 等价于 int,因此 i、j 是整型。在程序中将 i、j 定为 COUNT 类型,可以使人更一目了然地知道它们是用于计数的。

可以声明结构体类型:

```
typedef struct student              /*定义学生的结构体类型*/
{
    long num;
    char name[10];
    float score[3];
    float sum;
    float aver;
}STU;
```

声明新类型名 STU,它代表上面指定的一个结构体类型。这时就可以用 STU 定义变量:

STU　student1;(不要写成 struct STU student1;)

STU　*p;　(p 为指向此结构体类型数据的指针)

还可以进一步:

① typedef　int　NUM[100];(声明 NUM 为整型数组类型)

NUM　n;　　　　(定义 n 为整型数组变量)

② typedef char * STRING;(声明 STRING 为字符指针类型)STRING　p,s[10];(p 为字符指针变量,s 为指针数组)

③ typedef int (* POINTER)()　(声明 POINTER 为指向函数的指针类型,该函数返回整型值)

POINTER p1,p2;　(p1、p2 为 POINTER 类型的指针变量)

归纳起来,声明一个新的类型名的方法是:

① 先按定义变量的方法写出定义体(如:int　i;)。

② 将变量名换成新类型名(如:将 i 换成 COUNT)。

③ 在最前面加 typedef(如:typedef　int　COUNT)。

④ 然后可以用新类型名去定义变量。

再以定义上述的数组类型为例来说明:

① 先按定义数组变量形式书写:int　n[100];

② 将变量名 n 换成自己指定的类型名:int　NUM[100];

③ 在前面加上 typedef,得到 typedef int NUM[100];

④ 用来定义变量:NUM　n。

同样,对字符指针类型,也是:

① char　*p;

② char　* STRING;

③ typedef　char * STRING;

④ STRING　p,s[10];习惯上常把用 typedef 声明的类型名用大写字母表示,以便与系统提供的标准类型标识符相区别。

说明:

(1) 用 typedef 可以声明各种类型名,但不能用来定义变量。用 typedef 可以声明数组类型、字符串类型,使用比较方便。如定义数组,原来是用"int　a[10],b[10],c[10],d[10];"由于都是一维数组,大小也相同,可以先将此数组类型声明为一个名字"typedef　int ARR[10];"然后用 ARR 去定义数组变量:

```
ARR  a,b,c,d;
```

ARR 为数组类型,它包含 10 个元素。因此,a、b、c、d 都被定义为一维数组,含 10 个元素。

可以看到,用 typedef 可以将数组类型和数组变量分离开来,利用数组类型可以定义多个数组变量。同样可以定义字符串类型、指针类型等。

(2) 用 typedef 只是对已经存在的类型增加一个类型名,而没有创造新的类型。就如同人一样，除学名外，可以再取一个小名（或雅号），但并不能创造出另一个人来。

例如，前面声明的整型类型 COUNT，它无非是对 int 型另给一个新名字。又如："typedef int NUM[10];"，无非是把原来用"int n[10];"定义的数组变量的类型用一个新的名字 NUM 表示出来。无论用哪种方式定义变量，效果都是一样的。

（3）typedef 与 #define 有相似之处。

如：`typedef int COUNT;`和#define COUNT int 的作用都是用 COUNT 代表 int。但事实上，它们二者是不同的。#define 是在预编译时处理的，它只能作简单的字符串替换，而 typedef 是在编译时处理的。实际上它并不是作简单的字符串替换，例如：

```
typedef int NUM[10];
```

并不是用"NUM[10]"去代替"int"，而是采用如同定义变量的方法那样来声明一个类型（就是前面介绍过的将原来的变量名换成类型名）。

（4）当不同源文件中用到同一类型数据（尤其是像数组、指针、结构体、共用体等类型数据）时，常用 typedef 声明一些数据类型，把它们单独放在一个文件中，然后在需要用到它们的文件中用#include 命令把它们包含进来。

（5）使用 typedef 有利于程序的通用与移植。有时程序会依赖于硬件特性，用 typedef 便于移植。例如，有的计算机系统 int 型数据用两个字节，数值范围为 -32768 ~ 32767，而另外一些机器则以 4 个字节存放一个整数，数值范围为 ±21 亿。如果把一个 C 程序从一个以 4 个字节存放整数的计算机系统移植到以 2 个字节存放整数的系统，按一般办法需要将定义变量中的每个 int 改为 long。例如，将"int a,b,c;"改为"long a,b,c;"，如果程序中有多处用 int 定义变量，则要改动多处。现可以用一个 INTEGER 来声明 int：

```
typedef int INTEGER;
```

在程序中所有整型变量都用 INTEGER 定义。在移植时只需改动 typedef 定义体即可：

```
typedef long INTEGER;
```

小 结

一、知识点概括

1. 数据类型分为两类：一类是系统已经定义好的标准数据类型，可以直接用它们去定义变量；另一类是用户根据需要在一定的框架范围内自己设计的类型，先要向系统做出声明，然后才能用它们定义变量。

2. 结构体类型是把若干个数据有机地组成一个整体，这些数据可以使不同类型的。

3. 利用动态分配空间函数可以进行单链表的基本操作。

4. 共用体类型是指使几个不同的变量共占同一段内存的结构称为"共用体"类型的结构。

5. 枚举类型是把可能的值全部一一列出，枚举变量的值只能是其中之一。

6. 可以用 typedef 对已有的类型再命名，以方便使用，但 typedef 并不产生新的数据类型。

二、常见错误列表

错误实例	错误分析

struct student
{
　long num;
　char name[10];
}
	定义类型时大括号后没加分号

struct student
{
　long num;
　char name[10];
};
student student1;
	定义结构体变量时缺少 struct

scanf("%d,% s,% c,%d,% f,% s", &student1);	整体读入结构体变量
struct student student[2]; scanf("% s",&stu[0].name);	结构体数组的成员在输入输出时经常出错,比如 & 经常误用
struct student * p1; p1 -> num = 100;	指针变量没有初始化

习　题

1. 编写程序求空间任一点到原点的距离,点用结构体描述。并请考虑求空间中任意两点的距离的程序。

2. 编写一个函数 print,打印一个学生的成绩数组,该数组中有 5 个学生的数据记录,每个记录包括 num、name、score[3],用主函数输入这些记录,用 print 函数输出总分最大的学生记录。

3. 在上题的基础上,编写一个函数 input,用来输入 5 个学生的数据记录。

4. 有 n 个学生,每个学生的数据包括学号、姓名、三门课的成绩,从键盘输入 n 个学生的数据,要求求出:

每个学生的总分并由高到低排序。(要求使用链表结构)。

第9章　文　件

C语言的输入/输出(I/O)系统可分为控制台输入/输出与文件(也称磁盘)输入/输出两大类别。从技术角度看,控制台输入/输出与文件输入/输出两类别间的差别很小。本书前述各章节程序实例中使用了标准C控制台输入/输出函数从标准输入设备(如键盘)读取数据,并向标准输出设备(如屏幕)输出数据。标准输入输出设备是由系统自动为程序定义的,但标准输入和标准输出也可重定向到其它设备。

计算机系统中内存容量受限,且内存中数据不能长期保存,所以那些需长期保存并多次使用的程序或数据一般以文件的形式存放在外存储器中,待需要时再将信息从文件中读取出来。C语言中所操纵的文件是计算机操作系统负责存储与管理的文件。

9.1　文件概述

文件是存储在外存储器上,具有标识名称的一组相关数据/信息的集合。计算机操作系统通过文件系统,以文件为单位对数据进行管理。为了简化概念与统一化处理,操作系统一般将外部设备与外部数据都作为文件来进行管理。从操作系统的角度来看,计算机系统中的所有外围设备,如键盘和显示屏都是文件系统中的文件,各类型输入/输出操作全部是通过文件读写操作来完成的,这为程序与外围设备的各种通信统一了系统接口。

在进行文件操作之前,首先了解一些关于文件的基本概念。

1. 文件名

为了检索与引用文件,各文件都具有一个标识名称,称为文件名。文件名的一般格式如下:

主文件名.扩展名

主文件名一般用于描述文件主要内容,扩展名用于描述文件所属的类型;如"学生竞赛信息.xls"表示了一个存储学生竞赛信息的excel类型文件。文件扩展名用于辅助用户及软件系统辨识文件的资源类型,修改文件扩展名并不能影响文件本身所存储的数据格式或内容,所以文件扩展名可以省略,但通常保留。

在文件系统的管理下,路径用于表示文件在外部存储设备的具体存放位置。各个文件都存放在某一路径下。相同路径下文件名必须唯一,不同路径下的文件允许使用相同的文件名。为了访问指定的文件,可以在文件名前指定该文件所在的路径,如:

D:\NJXZC\MathIT\Student.doc

表示指定存放在逻辑驱动器D(或D盘)NJXZC目录下的子目录MathIT中的学生数据文件Student.doc。其中"D:\NJXZC\MathIT\"为文件路径,"Student"为主文件名,"doc"为文件扩展名。应当注意,不同的文件系统对文件路径的表示方法、主文件命名规则及长度、扩展名命名规则的规定不尽相同,使用时可参照相关系统说明。文件路径的表示也可分为绝对路径与相对路径两种方法。绝对路径表示方法从逻辑驱动器盘符开始指定具体文件路径，如上例所示；相对路径表示方法则从文件系统中的某个文件夹开始指定路径，例如“MathIT\ Student. doc”表示文件夹 MathIT 下的 Student. doc。相对路径只说明了文件的部分路径信息，一般文件系统还会将系统环境中的当前（或默认）路径附加到相对路径前，再进行指定的文件操作。例如若系统环境中的当前路径为“D：\ nJXZC \ ”，则指定相对路径“MathIT\ Student. doc”时，实际上是指定了“D：\ nJXZC \ MathIT \ Student. doc”这一完整路径。

2. 文本文件与二进制文件

文件是程序设计中的一个重要概念，根据不同的划分标准，可以将文件进行多种不同的分类。如按文件性质与用途可分为系统文件、库文件和用户文件；按操作限制可分为只读文件、可读可写文件、可执行文件等；而按文件内部编码方式划分，则可分为文本文件与二进制文件。

文本（text）文件是一种由若干行符合一定编码规则的字符（字节）数据构成的文件。在计算机系统中，所有数据存储及处理均使用二进制数表示，对于常用符号字符（如：*、/、\、@等）、数字字符（'0' - '9'）、大小写英文字符（'A' - 'Z'，'a' - 'z'）等字符存储与处理时也同样使用二进制数来表示。各种编码标准规定了数值与符号的对应关系，国际上普遍使用的西文字符编码标准 ASCII 码指定了 7 位或 8 位二进制数来表示 128 种或者 256 种字符，如数字符号“0”、大写字母“A”、小写字母“a”的 ASCII 编码值分别为十六制的 0x30、0x41、0x61。ASCII 码文件是一种常用的文本文件，文件中一个字节存放一个 ASCII 码字符。ASCII 文件可以在各种主流操作系统（如 Windows、UNIX、MAC OS）间自由交换文本数据。

二进制（binary）文件是二进制码文件，它是把数据以其在内存中的二进制编码形式直接存储在文件中。简单的说，文本文件是基于字符编码的文件，而二进制文件是基于值编码的文件。例如对一个短整型数据 12345，如果以 ASCII 码保存至文件中，则占用 5 个字节的存储空间，一个字节代表一个字符；而 12345 如果以短整型的二进制值形式保存至文件中，则占用 2 个节，如图 9 - 1 所示。

00110000	00111001

（a）短整型数据 12345 的内存存储形式

1100010	0110010	00110011	00110100	00110101

（b）短整型数据 12345 在 ASCII 文本文件中存储形式

00110000	00111001

（c）短整型数据 12345 在二进制文件中的存储形式

图 9 - 1　内存、文本文件及二进制文本文件中的数据存储形式

广义上讲，文件在外部设备上的存放形式均为二进制。文本文件采用定长的字符编码（如 ASCII 编码，一个字符为一个字节长度），便于对字符进行逐个译码与输出，可读性较好，但一般占用存储空间较多并需要存储转换时间；二进制文件中每个数据编码是变长的（如一个短整型数据占用 2 个字节，而一个双精度浮点型数据需占用 8 个字节），所以可读性差,读写不同二进制文件需要相应的译码器(比如读取BMP二进制图形文件,就需要相应的图片查看软件),但二进制文件存储灵活,且存储时直接写值,不需要存储转换时间,效率较高。

3. 流式文件与位置指针

在输入/输出操作中,数据以字节为单位进行处理,由程序直接控制输入/输出操作的开始与结束,而不受物理符号(如换行回车符等)控制,这种文件操作方式称为"流式文件"。

C语言以统一的流式文件的方式来完成对系统中各种文件的操作。在这种操作方式下,C程序把作为输入输出的各类文件视为一个字节的序列(字节流),即由一个一个字节数据(每个字节数据可能是一个字符,也可能是一个二进制代码)顺序组成,不考虑行界限。为了控制流式文件的读写操作,系统为该类文件设置了一个总是指向字节流中当前正要操作字节(即下一读/写字节)位置的标记,该标记称为读/写位置指针。当顺序读/写一个文件时,该位置指针一般初始指向文件头部(即首字节),每进行读/写一个字节操作,就读出/写入该位置指针指向的字节,然后修改位置指针指向下一字节,依此类推,直至文件尾部结束,顺序读/写操作完成,此时位置指针指向文件最后一个字节之后的位置。

应特别注意的是,文件的读写位置标记只是出于形象化的目的(它指向文件中当前读/写操作位置)而被称作为文件读/写位置指针,它与C语言中指向内存中存储单元地址的指针所表示含义完全不同,应明确区别两者。

流式文件也可以进行随机读写,即不按照文件中字节的物理存放顺序读写,而是可以按任意顺序读写文件中任意位置的字节数据。根据具体的读写要求,可以在程序中直接设定读写位置指针来实现对流式文件的随机读写操作。

4. 文件缓冲区与文件指针

C语言并没有直接操作文件的语句,用户程序通过调用C标准输入/输出库函数进行相应的文件操作。C标准输入/输出库函数通过相关系统调用把读写访问请求传递给操作系统内核,最终由操作系统内核驱动外设,完成文件输入/输出操作。ANSI C标准采用"缓冲文件系统"处理文件。在"缓冲文件系统"的方式下,标准库函数为每一个打开的文件分配一块内存区域,称为输入/输出缓冲区。读文件(即从外设输入数据)时,先从外设一次读入一批数据到该文件的输入缓冲区,然后程序直接从该缓冲区取数据;写文件(即向外设输出数据)时,先将输出数据送至该文件的输出缓冲区,当输出数据装满该缓冲区时才将缓冲区中的一批输出数据一次输出到外设。采用这种方式,读/写函数大多数时候都在输入/输出缓冲区中读写,减少了通过系统内核驱动的外设访问次数,使得相对低速的外设与高速的中央处理器能够协调工作,提高了文件输入/输出操作效率。

可以通过一个FILE结构体类型的指针找到文件的输入输出缓冲区。FILE结构体由系统声明,用来存放与文件相关的各类信息数据(如文件名、文件缓冲区位置、文件状态等),注意FILE是一个系统使用typedef定义的结构体类型名,而不是一个结构体标签。FILE结构体类型定义保存在头文件"stdio. h"中,不同C编译系统的FILE类型包含的内容大体相当,但并不完全相同,其具体细节可暂不关心。为了对文件操作进行控制,C系统自动地为程序正在处理的每一个文件开辟一块内存区域,该区域用于存放前述FILE结构体类型的文件信息数据,可以定义一个FILE结构体类型的指针变量指向这一内存区域。FILE结构体类型的指针变量称为文件指针,通过文件指针指向的内存区域中的相关文件信息数据能够找到相应的文件并实现对文件的处理。下列声明语句声明了一个文件指针:

```
FILE *fp;
```

声明文件指针后,可以使用它来标识相应的一个文件。一般情况下,操作n个文件时,应声明n个文件指针来分别标识n个文件,实现对各文件的访问,如图9-2所示。

图9-2　文件指针示意图

应当注意:(1) 声明文件指针后,该指针还需要赋值才能指向相应的文件信息区域(如通过打开文件函数fopen()的返回值来赋值,详见下一小节内容),从而真实标识一个文件。(2) 文件指针并不是指向外设中文件数据的起始位置,而是指向文件相关描述信息在内存中存储区域的开始位置。

9.2　常用文件操作函数

C语言中没有文件操作语句,所有文件操作功能都使用ANSI C提供的一组标准库函数来实现。库函数是由系统根据用户的一般需要提供给用户使用的一组已经定义好的程序,这些库函数根据功能存放在不同的函数库中。由于版权原因,库函数的源码一般不可见,每个函数库都有一个对应的头文件,该头文件中包含了对应函数库中各库函数的原型说明。使用某一库函数时,需要把该库函数所在函数库所对应的头文件包含进程序文件中(使用#include预处理命令)。例如与文件操作相关的函数库对应的头文件为"stdio.h"文件,在进行文件操作的程序中都需要包含进该头文件,即"#include stdio.h"。应注意的是,库函数虽并不属于C语言本身,但C库函数极大的方便了用户,并补充了C语言本身的某些不足(如C语言没有显示语句,但可以使用库函数printf()向屏幕输出)。库函数一般可分为C标准规定的库函数和编译器特定的库函数,使用C标准规定的库函数可以提高程序的可移植性。

常用的文件操作包括文件打开/关闭,文件读/写、文件位置定位等。操作文件的一般顺序为:打开文件→文件读写操作→关闭文件。

9.2.1　文件打开/关闭

在读写文件之前,首先应该打开文件,即为文件创建用于控制文件操作的文件信息区

(如前节所述,打开文件时一般使用一个文件指针指向该文件信息区从而建立起文件指针与所打开文件的联系)及文件输入、输出缓冲区。任何文件在操作完成后,都应当执行文件关闭操作。关闭文件操作将断开文件指针与打开文件的联系,并释放文件信息区与文件缓冲区。

1. 打开文件(fopen()函数)

使用标准输入/输出函数fopen()执行打开文件操作,其函数原型为:

```
FILE * fopen(char * pname,char * mode)
```

其中第一个参数通过字符串指定要打开或建立的文件的文件名,第二个以字符串指定文件的使用模式,即表明用户使用文件的意向。文件使用模式有十二种,可参见表9-1所示。

表9-1 文件使用模式

Mode(使用模式)	含义	指定文件不存在时的处理
"r"	只读。只读模式打开一个文本文件,只允许读数据	出错
"w"	只写。只写模式打开或建立一个文本文件,只允许写数据,会清空原文件内容	建立新文件
"a"	追加。追加模式打开一个文本文件,并在文件末尾写数据,不会清空原文件内容	出错
"rb"	只读(二进制)。该模式打开一个二进制文件,并且只允许读数据	出错
"wb"	只写(二进制)。该模式只写打开或建立一个二进制文件,并且只允许写数据,会清空原文件内容	建立新文件
"ab"	追加(二进制)。该模式追加打开一个二进制文件,并在文件末尾写数据,不会清空原文件内容	出错
"r+"	可读可写。该模式读写打开一个文本文件,允许读和写数据	出错
"w+"	可读可写。该模式读写打开或建立一个文本文件,允许读写数据,会清空原文件内容	建立新文件
"a+"	可读可写。该模式读写打开一个文本文件,允许读,或在文件末尾追加数据,不会清空原文件内容	出错
"rb+"	可读可写(二进制)。该模式读写打开一个二进制文件,允许读和写数据	出错
"wb+"	可读可写(二进制)。该模式读写打开或建立一个二进制文件,允许读写数据,会清空原文件内容	建立新文件
"ab+"	可读可写(二进制)。该模式读写打开一个二进制文件,允许读,或在文件末尾追加数据,不会清空原文件内容	出错

在找不到指定文件名所对应的文件时,若指定按写方式打开文件,则fopen()就按照指定文件名新建一个文件;若指定按读方式打开文件,fopen()就产生一个错误。

一个使用fopen()打开文件的示例代码如下:

```
FILE * fp;
fp = fopen("D:\NJXZC\MathIT\foo.dat", "r");
```

该代码表示以指读方式打开逻辑驱动器D(或D盘)中NJXZC目录下的子目录MathIT中的文件foo.dat。应特别注意Windows系统下路径分割符为反斜杠"\",它在C语言中有特殊含义(即转义符),所以示例中使用反斜杠"\"对路径分割字符"\"进行了转义,即"\"。

使用fopen()函数打开文件时,会执行下列操作:

(1) 分配给所打开文件一个FILE类型的文件结构体变量,并将有关信息填入文件结构体变量;

(2) 开辟一个文件缓冲区;

(3) 调用操作系统提供的打开文件或建立新文件功能,打开或建立指定文件;

(4) 若打开操作成功,fopen()返回相应的文件指针;若打开操作未能完成,则fopen()函数将返回一个空指针值NULL(头文件"stdio.h"中定义了NULL为0值)。所以,一般使用fopen()执行打开文件操作后,还应判断一下打开操作是否成功。示例代码如下:

```
FILE * fp;
If ((fp = fopen("D:\NJXZC\MathIT\foo.dat", "r") == NULL);
{
    printf("The fileopen() failed!");  /* 提示文件打开操作失败 */
    exit(1);            /* 程序异常退出,返回值1给操作系统 */
}
```

由于C语言将计算机的输入输出设备都看作是文件,例如键盘文件、屏幕文件等。ANSI C标准规定,在C程序开始执行时,操作系统环境会先自动打开标准输入、标准输入、标准错误三个文件并提供它们的文件指针;这些文件指针为stdin(标准输入)、stdout(标准输出)和stderr(标准出错)。通常stdin连接键盘,stdout与stderr连接屏幕,但也可以重定向stdin与stdout至其他文件上。

2. 关闭文件(fclose()函数)

执行完相关的文件操作后,应使用fclose()函数进行"关闭文件"操作。fclose()函数执行fopen函数的反向操作,包括释放文件缓冲区、释放文件指针指向的FILE结构体、松绑文件指针等。虽然当一个程序正常结束前,每一个该程序打开的文件会自动由系统调用fclose()关闭,但大多数操作系统对同时打开的文件数量会进行限制;同时,打开过多文件也会降低系统运行效率,所以当对文件的所有操作结束后,应手动关闭不再使用的文件;此外,对于输入文件,关闭文件时会将文件缓冲区中数据实际写入外设(如磁盘),从而可以防止程序意外终止时的文件缓冲区数据丢失。

fclose()的函数原型是:

```
int fclose(FILE * fp)
```

前例中使用fopen()函数打开文件得到文件指针后赋给了fp,当完成文件操作后,可通过以下代码关闭文件:

```
fclose(fp);
```

fclose()函数成功关闭文件时,返回0值;若关闭文件不成功,则返为EOF。注意EOF

是头文件"stdio.h"中预定义的一个值为 -1 的常量,一般用于表示文件结束或文件操作出错的状态。

9.2.2 文件读/写

打开文件之后,就可以通过函数返回的文件指针对该文件进行读写操作,常用的文件读写函数有字符读/写函数、字符串读/写函数、数据块读/写函数、格式化读/写函数与文件位置定位函数等。

1. 字符读写函数(fgetc()/fputc()函数)

从打开的文件中一次读/写一个字符使用 fgetc/fputc 函数,其函数原型、功能、返回值及调用示例如表 9-2 所示。

表 9-2 字符读写函数

函数原型	功 能	返回值	调用示例
int fgetc(FILE * fp)	从文件指针 fp 指向的文件中读取一个字符,同时将读/写位置指针向前移动一个字节	当操作成功时,函数返回读取字符的 ASCII 码;当出错或遇文件结束位置时,函数返回 EOF	char c; … c = fgetc(fp);
int fputc(int ch, FILE * fp)	将字符 ch 写入文件指针 fp 指向的文件中当前的读写位置,同时将读/写位置指针向前移动一个字节	当操作成功时,函数返回所写字符的 ASCII 码;当出错或遇文件结束位置时,函数返回 EOF	cha c = 'i'; … fputc(c,fp);

注意:

(1) 文件打开后,文件读写/位置指针指向文件的第一个字节,字符读写函数每进行一次读/写访问操作后,当前读/写位置自动向下移动一个字节。

(2) 在文件读写操作中,还可以使用 feof()函数检查文件读/写位置指针是否已移到文件的末尾。feof()函数原型为:

```
int feof(FILE * fp)
```

若文件指针指向的文件的文件读/写位置指针到达文件尾,feof()函数返回非零值(逻辑真值);否则,返回 0(逻辑假值)。

(3) C 系统在头文件"stdio.h"中为 fgetc()和 fputc()函数分别定义了宏名 putc 与 getc,定义如下:

```
#define getc(fp) fgetc(fp)
#define putc(ch,fp) fputc(ch,fp)
```

因此,使用形式上,可以将 getc()/putc()当作与 fgetc()/fputc()相同的函数对待。getc()/putc()具有较便捷的书写形式。

2. 字符串读写函数(fgets()/fputs()函数)

也可以使用 fgets()/fputs()函数从文件中一次读/写指定长度的多个字符,即对文件进行字符串读/写操作,其函数原型、功能、返回值及调用示例如表 9-3 所示。

表9-3 字符串读写函数

函数原型	功 能	返回值	调用示例
char * fgets(char * str, int n, FILE * fp)	从文件指针 fp 指向的文件中读取指定的 n-1 个字符送入 str 指向的字符数组中(若读取 n-1 个字符前遇换行符或文件结束 EOF,读取即结束),然后在末尾加入一个字符串终止字符 '\ 0',最后将文件读/ 写位置指针向前移动实际读取的字节个数	当操作成功时,函数返回 str 所指的字符数组首地址;否则,函数返回 EOF	char buf[10]; … fgets (buf, 10, fp);
int fputs (char * str, FILE * fp)	将 str 所指字符串(不含字符串终止字符 '\ 0'),写入文件指针 fp 指向的文件,并将文件读/ 写位置指针向前移动实际写入的字节个数	当操作成功时,函数返回 0 值;否则,函数返回 EOF	char str [] = "NJXZC"; … fputs(str,fp);

注意:

(1) fputs()函数中第一个参数可以是字符型指针、字符数组名或一个字符串常量。

(2) 库函数 gets()/puts()与 fgets()/ fputs()相类似,gets()/puts()是在标准输入 stdin 与标准输出 stdout 上操作。但 gets()会删除读入字串的 '\ n',puts()则会在输出字串末尾加上 '\ n'。

3. 数据块读/写函数(fread()/ fwrite()函数)

程序经常需要一次读写一组数据(或一块数据,如一次读/ 写多个实数),C 语言可使用 fread()/fwrite()函数读/写文件中的数据块,其函数原型、功能、返回值及调用示例如表 9-4 所示。

表9-4 数据块读/ 写函数

函数原型	功能	返回值	调用示例
int fread(void * buf, int size, int count, FILE * fp)	从文件指针 fp 指向的文件中读取 count 个 size 字节大小的数据项,并送入 buf 所指向的数据存储区,然后将文件读/ 写位置指针向前移动 size * count 个字节数。一般地,buf 指向某个数组,size 对应一个数组元素类型的存储空间大小(字节),count 对应读入数组元素的个数	当操作成功时,函数返回实际读取的数据项个数;否则,函数返回 EOF	float fa[5]; … fgets(fa,4,5, fp);
int fwrite(void * buf, int size, int count, FILE * fp)	将 buf 指向的数据存储区中 count 个 size 字节大小的数据项写到文件指针 fp 所指的向的文件中,然后将文件读/ 写位置指针向前移动 size * count 个字节数。一般地,buf 指向数据区域, size 对应一个数组元素类型的存储空间大小(字节),count 对应写入文件的数组元素个数	当操作成功时,函数返回实际写入文件的数据项个数;否则,函数返回其它值	char str [] = "NJXZC"; … fwrite (str, 1, 5,fp);

注意：

（1）打开文件操作时若指定模式为二进制读/写模式，读数据时会将文件中数据不加转换的原样读入，而写数据时也会将内存中的数据不加转换的原样复制到文件中，这样就可以使用 fread()/fwrite()函数读/写任意类型的信息了。

（2）fwrite()写操作完成后，应使用 fclose()关闭文件。

（3）fread()/fwrite()函数正常执行后返回的是读出/写入的数据项个数。

4. 格式化读/写函数（fscanf()/fprintf()函数）

与大家熟悉的 scanf()/printf()函数的功能相似，fscanf()/fprintf()函数也是格式化读写函数。它们的区别在于函数 fscanf()/fprintf()所操作的对象是一般文件，而 scanf()与 printf()操作对象是标准输入/输出文件。所谓格式化读/写是指把数据按函数控制字符串参数中控制字符的的要求进行转换，然后进行读/写操作。fscanf()/fprintf()函数的函数原型、功能、返回值及调用示例如表 9－5 所示。

表 9－5　格式化读/写函数

函数原型	功能	返回值	调用示例
int fscanf（FILE * fp, char * format,...） / * 其中"..."为输入参数列表 */	从文件指针 fp 指向的文件中读出相应数据，按格式字符串 format 的格式进行转换，并读取到输入参数列表中对应的变量中	当操作成功时，函数返回实际读取的参数个数；否则，函数返回一个负数	int ; float f; … fscanf(fp,"% d,% f",&i,&f);

int fprintf（FILE * fp, char * format,...）
/ * 其中"..."为输出参数列表 */
	将字符输出参数列表中各变量按格式控制字符串 format 中对应的控制字符要求进行转换，并将转换后的得到的字符串写入文件指针指向的文件中	当操作成功时，函数返回实际写入的参数个数；否则，函数返回一个负数	int i =0 ;
			float f =0.5;
			…
			fprintf(fp,"% d,% 4.1f",i,f);

注意：

（1）使用 fscanf()时，其中输入参数列表中的变量应该使用取地址操作符"&"取其地址。

（2）一般而言，从文件读取数据时的控制格式应该与向该文件写入数据时的数据格式相同，除非进行强制转换。

（3）如果读取文件中的字符串，对应的输入参数应该为 char 型数组名或指针（指向足够的已分配存储空间），不可只定义为 char 型，否则将引起内存读写错误。

5. 文件位置定位函数（rewind()、fseek()与 ftell()函数）

正如本章第一节所述，C 系统的流式文件中有一个文件读/写位置指针，它指向文件当前读写位置。当顺序读/写一个文件时，每进行一次读/写操作，位置指针都会自动向下移动相应个数的字节位置。C 程序中也可以根据需要，使用 rewind()、fseek()函数在程序中直接设定读写位置指针来实现对流式文件的随机读写操作；使用 ftell()函数获得流式文件中的当前读写们置。rewind()、fseek()和 ftell()函数的函数原型、功能、返回值及调用示例如表 9－6 所示。

表9-6 文件位置定位函数

函数原型	功 能	返回值	调用示例
void rewind(FILE * fp)	使文件指针fp指向的文件的读/写位置指针重新指向文件开始处	无	… rewind(fp);
int fseek(FILE * fp, long offset,int origin)	使文件指针fp指向的文件的读/写位置指针指向由起始位置(origin)+位移量(offset)所指定的位置	当操作成功时,函数返回0值;否则,函数返回非零值。	… fseek(fp,100L,1)
long int ftell(FILE * fp)	获取文件指针fp指向的文件的当前读/写位置指针所指向的读/写位置	当操作成功时,函数返回当前读写位置值;否则,函数返回EOF。	long int I; … i = ftell(fp);

注意:

(1) ANSI C为fseek()函数中起始位置(origin)参数定义了三个宏,如表9-7所示。

表9-7 起始点宏

名 称	数字代表	起始位置(origin)含义
SEEK_SET	0	文件开始
SEEK_CUR	1	文件当前位置
SEEK_END	2	文件末尾位置

(2) fseek()定位时以起始位置为基点,移动由位移量(offset)所指定的字节数,位移量应该为长整型数据,当位移量是正数时,从起始位置向前移动offset个字节;当位移量是负数时,则从起始位置向后退回offset个字节。

6. 文件读写出错检测函数(ferror()、clearerr()函数)

C提供了一些检测函数用来检查输入输出函数调用中可能出现的错误。ferror()函数用于检查文件在用各种输入输出函数进行读写时是否出错。clearerr()函数用于清除出错标志和文件结束标志,置它们为0值。ferror()、clearerr()函数的函数原型、功能、返回值及调用示例如表9-8所示。

表9-8 文件读写出错检测函数

函数原型	功 能	返回值	调用示例
int ferror (FILE * stream);	检测对文件指针stream指向的文件流的输入输出操作是否出错	如果ferror()返回值为0(逻辑假值),表示相关操作未出错。如果返回一个非零值(逻辑真值),表示相关操作出错	… if(ferror(fp)) {…}
void clearerr(FILE * stream);	使文件错误标志和文件结束标志置为0	无	… fseek(fp,100L,1)

注意:

(1) 调用 fgetc( )、fputc( )、fread( )、fwrite( )等各种输入输出函数时,可以根据这些函数返回值检测是否出现错误,也可以使用 ferror( )函数检查是输入输出操作否出错。使用输入输出函数对同一文件的每一次操作,都会产生新的 ferror( )函数值。因此,应当在每一次输入输出函数调用后,立即检查 ferror( )函数值,以取得这次函数操作是否成功的状态信息,否则信息会丢失。

(2) 执行 fopen( )函数打开文件时,使用 ferror( )函数的返回值为 0。

(3) 若出现文件读写错误标志,它将一直保留至对该文件的任何一个输入/ 输出函数、clearerr( )或 rewind( )函数的调用。

(4) 若在一次输入输出函数调用时出现错误(若使用 ferror( )函数检测,返回值为非零),则应立即使用 clearerr( )函数对该文件相关标志置 0,以便进行下一次输入输出函数调用后的检测。

9.3　文件操作示例

【例 9.1】编写一个程序,从命令行接收两个文本文件的文件名,如“file1”与“file2”,将文件 file1 的内容复制到文件 file2 中。

【问题分析】

程序功能是复制文本文件内容,编译链接后可执行程序的执行方式是:

可执行程序 源文件名 目标文件名

C 语言 main( )函数原型:

```
void main(int argc,char * argv[])
```

其中 argc 中存放接收参数个数,argv 指针数组中各指针指向各命令行参数(其中包括可执行程序文件名本身)。

程序以“r”文件使用模式打开源文件,以“w”文件使用模式打开目标文件,将源文件中文本内容使用 fgetc( )函数逐字符读出,同时使用 fputc( )函数逐字符写入目标文件中。可以使用 feof( )函数判断文件读取是否到文件尾部。执行完文件操作后需关闭所打开的文件。

【解题步骤】

(1) 定义文件指针变量,根据命令行参数打开相应文件,并给文件指针变量赋值。

(2) 使用循环逐字符从源本件复制文本内容至目标文件。

(3) 关闭打开的两个文件。

【程序代码】

```
#include <stdio.h>
#include <stdlib.h>
void main(int argc,char * argv[])
{
    FILE * fp_source = NULL;          /* 源文件文件指针 */
    FILE * fp_dest = NULL;            /* 目标文件文件指针 */
```

```
    if(argc !=3)
  /* 执行方式为:可执行文件名 源文件名 目标文件名,所以输入参数个数应该等于3 */
    {
        printf("Error! The number of arguments are not correct!\n");
        printf("Usage: cmd source - filename dest - filename");
        exit(0);
    }
    if ((fp_source = fopen(argv[1],"r")) == NULL)
  /* 以只读模式"r"打开 argv[1]指向字符串指定的文件,为 fp_source 赋值,若打
开失败则提示并退出 */
    {
        printf("Error!The source file can not be opened!\n");
        exit(0);
    }
    if ((fp_dest = fopen(argv[2],"w")) == NULL)
  /* 以只写模式"w"打开 argv[2]指向字符串指定的文件,为 fp_dest 赋值,若打开失
  败则提示并退出 */
    {
         printf ("Error!The destination file can not be created or
opened!\n");
        exit(0);
    }
    while (!feof(fp_source))  /* 从源文件逐字符复制内容到目标文件 */
    {
        fputc(fgetc(fp_source),fp_dest);
    }
    printf("File copy done!");
    fclose(fp_source);
    fclose(fp_dest);
}
```

【例9.2】当文本文件中各行不超过一固定长度(如255个字符),使用 fgets()与 fputs()字符串读/写函数编写完成例9.1功能的程序,并为目标文件中各行加上行号。

【问题分析】

当文本文件由多行组成,每行不超过一个固定长度(比如一般的C源程序),可以使用字符串读/写函数 fgets()/fputs()进行文件逐行复制操作,使程序更加简洁。在进行逐行复制时,使用计数方法获得当前复制的行数,可使用 fprintf()函数将当前行号计数以一定格式写入每一行开始位置。

【解题步骤】

(1) 定义文件指针变量,根据命令行参数打开相应文件,并给文件指针变量赋值。

(2) 使用循环逐行读出源文件中每一行文本放入一个字符数组缓冲区中,逐行写入目标文件时,应先将行号计数写入目标文件,再将缓冲区中文本内容写入目标文件。

(3) 关闭打开的两个文件。

【程序代码】

```
#include <stdio.h>
#include <stdlib.h>

#define LINE_SIZE 256
void main(int argc,char * argv[])
{
    FILE * fp_source = NULL;                  /* 源文件文件指针 */
    FILE* fp_dest = NULL;                     /* 目标文件文件指针 */
  char buf[LINE_SIZE];                        /* 读操作缓冲区 */
    int  line_num =1;                         /* 目标文件行号记数 */
    if(argc !=3)
/* 执行方式为:可执行文件名 源文件名 目标文件名,所以输入参数个数应该等于 3 */
    {
        printf("Error! The number of arguments are not correct!\n");
        printf("Usage: cmd source - filename dest - filename");
        exit(0);
    }
    if ((fp_source = fopen(argv[1],"r")) == NULL)
  /* 以只读模式"r"打开 argv[1]指向字符串指定的文件,为 fp_source 赋值,若打开失败则提示并退出 */
    {
        printf("Error!The source file can not be opened!\n");
        exit(0);
    }
    if ((fp_dest = fopen(argv[2],"w")) == NULL)
  /* 以只写模式"w"打开 argv[2]指向字符串指定的文件,为 fp_dest 赋值,若打开失败则提示并退出 */
    {
        printf ("Error!The destination file can not be created or opened!\n");
        exit(0);
    }
    while (fgets(buf,LINE_SIZE,fp_source)!= NULL)
                                    /* 从源文件逐字符复制内容到目标文件 */
    {
```

```
        fprintf(fp_dest,"% -5d",line_num++);
                                  /*向目标文件中先写入一个行号,并将行号记数增1*/
        fputs(buf,fp_dest);
    }
    printf("File copy done!");
    Sfclose(fp_source);
    fclose(fp_dest);
}
```

【例9.3】定义一个用于存储学生信息的结构体类型struct Student,包含学号(id)、姓名(name)、性别(sex)、年龄(age)等成员。从键盘输入出若干条学生记录到一个struct Student类型的数组中,将该数组学生记录写入文件"student. dat";读取文件"student. dat"内容并输出。

【问题分析】

可按如下格式定义结构体类型struct Student:

```
struct Student        /*定义结构体 struct Student*/
{
    char id[9];       /*学号长度8*/
    char name[11];    /*姓名长度可最多10个字符*/
    char sex;         /*可用字符'M'表示男,'F'表示女*/
    int age;
};
```

可以定义一个struct Student结构体类型的数组用来存放多条学生记录。结构体中包含字符串、字符与整型等多个数据类型的成员,操作文件时应以二进制方式打开文件,并且应使用数据块读/写函数一次将一个结构体从文件中读出或写入文件。

【解题步骤】

(1) 定义结构体类型struct Student。

(2) 在主函数中创建struct Student类型数组,并循环使用scanf()读入学生信息到各数组元素中。

(3) 使用"wb"打开或创建student. dat文件,循环使用fwrite()函数将结构体数组中各元素写入student. dat。关闭student. dat文件。

(4) 使用"rb"打开刚创建的student. dat文件,循环使用fread()函数从该文件中读出逐条读出结构体类型的数据,并输出到屏幕。

【程序代码】

```
#include <stdio.h>
#include <stdlib.h>
#define SIZE 5
struct Student              /*定义结构体 struct Student*/
{
    char id[9];             /*学号长度8*/
```

```
    char name[11];          /* 姓名最多可为 10 个字符 */
    char sex;               /* 可用字符 'M' 表示男,'F' 表示女 */
    int age;                /* 年龄 */
};

int main()
{
    int i;
    struct Student SA_INPUT[SIZE];
/* 定义大小为 SIZE 的 struct Student 结构体类型数组 SA_INPUT,用于接收从
键盘输入的学生数据 */
    struct Student SA_OUTPUT[SIZE];
/* 定义大小为 SIZE 的 struct Student 结构体类型数组 SA_OUTPUT,用于存放从
Student.dat 文件中读出的学生数据 */
    FILE * fp;
    for(i=0;i<SIZE;i++)
                        /* 循环读入 SIZE 个学生记录,放入数组 SA_INPUT 中 */
    {
        printf("Please input the data for NO_% -2d student:\n",i+1);
        printf("id:");
        scanf("% 8s",SA_INPUT[i].id);   /* 最多读入 8 字符 */
        fflush(stdin);
    /* 清除标准输入(键盘缓冲区)中 s 可能超过 8 字符长度而遗留下的字符 */
        printf("name:");
        scanf("% 10s",SA_INPUT[i].name);   /* 最多读入 10 字符 */
        fflush(stdin);
    /* 清除标准输入(键盘缓冲区)中可能超过 10 字符而遗留的字符及换行符 */
        printf("sex(M/F):");
        scanf("% c",&(SA_INPUT[i].sex));
        printf("age:");
        scanf("%d",&(SA_INPUT[i].age));
    }
    if((fp=fopen("Student.dat","wb"))==NULL)
/* 以只写模式(二进制)"wb"打开或创建文件 Student.dat,若打开失败则提示并退
出 */
    {
        printf("Error!The file Student.dat can ntot be opened!\n");
        exit(0);
    }
```

```
    for(i =0;i < SIZE;i ++)
  /* 将 SA_INPUT 数组中各结构体数据元素使用 fwrite()函数写入 Student.dat */
    {
        if(fwrite(&SA_INPUT[i],sizeof(struct Student),1,fp)!=1)
        {
              printf ( " File Student. dat write error at NO _%  - 2d
student",i +1);
        }
    }
    fclose(fp);
  if((fp = fopen("Student.dat","rb")) == NULL)
    /* 以只读模式(二进制)"rb"打开文件 Student.dat,若打开失败则提示并退出 */
    {
        printf("Error!The  file Student.dat can not be opened!\n");
        exit(0);
    }
    for(i =0;i < SIZE;i ++)
  /* 从文件指针指向的 Student.dat 文件中循环读出记录数据并放入 SA_OUTPUT
数组元素中,并输出到屏幕上 */
    {
        fread(&SA_OUTPUT[i],sizeof(struct Student),1,fp);
        printf("% -8s% -10s% c% -2d\n"S, SA_OUTPUT[i].id, SA_
OUTPUT[i] .name, SA_OUTPUT[i].sex, SA_OUTPUT[i].age);
    }
    fclose(fp);
    return 0;
  }
```

【例9.4】使用例9.3程序保存5条学生struct Student结构体类型的记录到student. dat文件中。从该student. dat文件中按1、3、5、2、4顺序读出各学生记录,并输出到屏幕上。

【问题分析】

Student. dat文件中存放了以二进制方式通过fwrite( )函数写入的struct Student结构体类型记录数据,可以通过使用只读(二进制)“rb”方式打开student. dat文件,并以fread( )函数读取相记录数据。但要求以非顺序方式读取记录,所以需通过fseek( )函数定位文件读/写位置并完成读取操作,先读取奇数位置学生记录,再读取偶数位置学生记录,同时把记录内容输出到屏幕上。

【解题步骤】

(1) 定义结构体类型struct Student。

(2) 以只读模式(二进制)"rb"打开Student. dat。

(3) 循环使用fseek( )函数定位文件读写位置,先完成对奇数位置学生记录的读取,并输出。

(4) 循环使用fseek()函数定位文件读写位置,完成对偶数位置学生记录的读取,并输出。

(5) 关闭打开的文件。

【程序代码】

```
#include <stdio.h>
#include <stdlib.h>
#define SIZE 5
struct Student                  /* 定义结构体 struct Student */
{
    char id[9];                 /* 学号长度 8 */
    char name[11];              /* 姓名最多可为 10 个字符 */
    char sex;                   /* 可用字符 'M' 表示男,'F' 表示女 */
    int age;                    /* 年龄 */
};

int main()
{
    int i;
    struct Student SA[SIZE];
/* 定义大小为 SIZE 的 struct Student 结构体类型数组 SA,用于存放从
Student.dat 文件中读出的学生数据 */
    FILE * fp;
    if((fp = fopen("Student.dat","rb")) == NULL)
/* 以只读模式(二进制)"wb"打开或创建文件 Student.dat,若打开失败则提示并退
出 */
    {
        printf("Error!The  file Student.dat can not be opened!\n");
        exit(0);
    }
    for(i = 0;i < SIZE;i += 2)
/* 移动 Student.dat 文件读/写位置指针指向奇数位置的学生记录,从文件中循环
读出记录数据并放入 SA 数组元素中,并输出到屏幕上 */
    {
        fseek(fp,i * sizeof(struct Student),SEEK_SET);
                                                /* 移动文件读/写位置指针 */
        fread(&SA[i],sizeof(struct Student),1,fp);
        printf("% -8s% -10s% c% -2d\n",SA[i].id,SA[i].name,SA
[i].sex,SA[i].age);
```

```
    }
    for(i =1;i < SIZE;i +=2)
```

/* 移动 Student.dat 文件读/写位置指针指向偶数位置的学生记录,从文件中循环读出记录数据并放入 SA 数组元素中,并输出到屏幕上 */

```
    {
        fseek(fp,i * sizeof(struct Student),SEEK_SET);
                                        /* 移动文件读/写位置指针 */
        fread(&SA[i],sizeof(struct Student),1,fp);
        printf("% -8s% -10s% c% -2d\n",SA[i].id,SA[i].name,SA
[i].sex,SA[i].age);
    }
    fclose(fp);
    return 0;
}
```

【例9.5】参考成绩管理系统设计的已完成部分,实现将保存在 STU 结构体类型数组中的所有学生信息输出到文件 student. txt 中并可从该文件读出相应学生信息的相关功能函数。

【问题分析】

在前述成绩管理系统中,已完成对学生信息的录入、修改、统计、排序和查询等功能模块,可参照本章前例,设计两个功能函数,函数原型如下:

```
void WritetoFile(STU stu[], int n);
                    /* 接收学生信息数组,输出 n 条学生信息到文件 */
int ReadfromFile(STU stu[]);
            /* 从文件中输入学生信息到指定数组中,返回读取的学生记录个数 */
```

编码完成上述两个函数的功能,并在成绩管理系统中添加相应菜单项调用这两个函数实现向文件写入或从文件读出学生信息的功能。

【解题步骤】

结构体类型数组的文件读写步骤可参照本节前述例子,此处不再赘述。

【程序代码】

```
#include <stdio.h>
#include <stdlib.h>
#include <string.h>
#define STU_NUM 40
#define COURSE_NUM 3
typedef struct student          /* 定义学生的结构体类型 */
{
    long num;
    char name[15];
    float score[COURSE_NUM];
```

```
        float sum;
        float aver;
    }STU;
    void WritetoFile(STU stu[], int n)
                                    /*输出所有学生的信息到文件 student.txt 中*/
    {
        FILE *fp;
        int i, j;
        if((fp=fopen("student.txt","w"))==NULL)
        {
            printf("Failure to open student.txt!\n");
            exit(0);
        }
        for(i=0; i<n; i++)
                                    /*向 student.txt 文件中顺序写入 n 条学生记录*/
        {
            fprintf(fp, "%ld%s",stu[i].num, stu[i].name);
            for(j=0; j<COURSE_NUM; j++)
            {
                fprintf(fp, "%10.0f",stu[i].score[j]);
            }
            fprintf(fp, "%10.0f%10.0f\n", stu[i].sum, stu[i].aver);
        }
        fclose(fp);
    }
    int ReadfromFile(STU stu[])      /*从文件 student.txt 中读取学生信息*/
    {
        FILE *fp;
        int i, j;
        if((fp=fopen("student.txt","r"))==NULL)
        {
            printf("Failure to open student.txt!\n");
            exit(0);
        }
        for(i=0; !feof(fp); i++)    /*顺序读出全部学生信息*/
        {
            fscanf(fp, "%10ld", &stu[i].num);
            fscanf(fp, "%10s", stu[i].name);
            for(j=0; j<COURSE_NUM; j++)
```

```
        {
            fscanf(fp, "%10f", &stu[i].score[j]);
        }
        fscanf(fp, "%10f%10f", &stu[i].sum, &stu[i].aver);
    }
    fclose(fp);
    printf("Total Students is%d.\n", i-1);
    return i-1;
}
```

小　结

一、知识点概括

1. 文件的相关概念,包括文件名、文本文件与二进制文件类型、流式文件操作方式与读/写位置指针、文件缓冲区与文件指针。

2. C语言的文件操作是通过库函数进行的,使用fopen()/fclose()函数进行文件打开关闭操作;使用fgetc()/fputc()函数对文件进行字符读/写;使用fgets()/fputs()函数对文件进行字符串读/写;使用fread()/fwrite()函数对文件进行数据块读/写;使用fscanf()/fprintf()函数对文件进行格式化读/写;使用rewind()、fseek()、ftell()、feof()函数定位文件读/写位置。

真实使用的应用程序常常需要从磁盘等外部设备中读入数据并将处理结果输出到磁盘等外部设备中长期保存下来,这都需要通过文件操作来完成。本章内容在实际应用中非常重要,应重点掌握文件打开/关闭,文件的各种读/写操作函数的使用。

习　题

1. 文本文件与二进制文件的区别是什么?

2. 什么是文件指针?

3. 什么是文件读/写位置指针?它与文件指针有何区别?

4. 怎样执行打开文件操作?为什么应该及时关闭打开的文件,怎样关闭?

5. 有两个文本文件“file1”和“file2”,请编程实现将文件file1中的内容附加到文件file2尾部。

6. 有一个ASCII码文件,编程统计文件中各英文字母出现的次数。

7. 有一个文本文件“file1”包含若干行字符串,编程将该文本文件中各字符串转换成全大写字母形式保存到磁盘文件“file2”中。

8. 编程从键盘读入10条学生记录(包括学号、学生姓名、笔试成绩、机试成绩、平时成绩),计算学生的总评成绩(总评成绩 = 笔试成绩 * 0.3 + 机试成绩 * 0.3 + 平时成绩 * 0.4),将各条学生记录的内容及对应总评成绩保存至文件“exam_grade.dat”中。

第 10 章　C 语言应用程序设计实例

通过前面章节的学习，我们基本掌握了 C 语言程序设计的基本方法，本章将再通过一个学生成绩管理系统的设计与实现的综合性实例，帮助读者了解基本的软件开发过程，进一步培养结构化程序设计的思想，加深对 C 语言基本要素和控制结构的理解。

10.1　背景知识

学生成绩管理是学校教务管理非常重要的工作，大量的学生成绩的统计分析如果只靠人工完成，既费时又费力，还容易出错。而使用计算机进行学生成绩管理，不仅提高了工作效率，还提高了安全性。设计一个学生成绩管理系统具有非常重要的意义。

10.2　核心知识点

系统功能的分析与设计，程序的模块划分、初始化模块、主控模块、源程序、调试结果等。

10.3　系统开发环境

计算机安装好 Windows 2000 及以上操作系统和 VC ++ 6.0。打开 VC ++6.0 开发环境，新建工程，输入系统实施部分中系统功能实现的源程序，并进行编译连接最后运行程序可得到相应的结果。

10.4　系统实施

一、系统功能的分析与设计

通过调研与分析，学生成绩管理系统应实现如下功能：

● 文件存取功能：

(1) 从文件读取学生信息。

(2) 将学生信息保存到文件。

● 编辑功能：

(1) 增加学生的信息。

(2) 删除学生的信息。

(3) 修改学生的信息。

● 统计功能：

(1) 计算每门课程的总分和平均分。

(2) 计算每个学生的总分和平均分。

(3) 按课程分别统计各分数段的人数以及所占的百分比。

- 排序功能:

(1) 按学号由小到大排出成绩表。

(2) 按每个学生的总分由高到低排序。

- 查询功能:

(1) 按学号查询学生信息。

(2) 按姓名查询学生信息。

- 显示功能:输出学生信息。
- 退出功能:退出当前学生成绩管理系统。

系统功能模块图如图10-1所示。

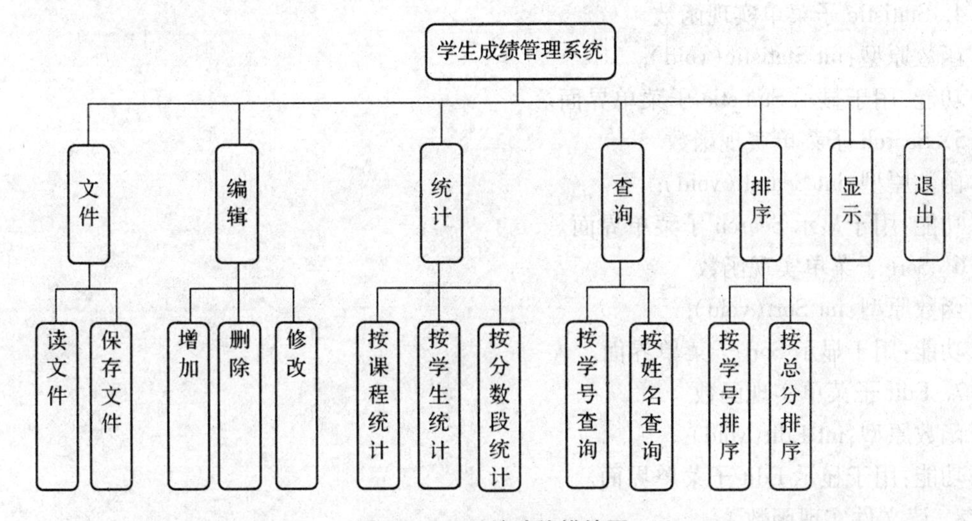

图10-1　系统功能模块图

二、核心数据结构的设计

```
#define MAX_LEN 10              //姓名长度
#define STU_NUM 40              //学生人数
#define COURSE_NUM 3            //课程数
//学生信息的结构体
typedef struct student
{
    long num;                   //学号
    char name[MAX_LEN];         //姓名
    float score[COURSE_NUM];    //各门课程成绩
    float sum;                  //总分
    float aver;                 //平均分
}STU;
```

三、函数功能设计

1. 主菜单实现函数

函数原型:int MainMenu(void);

功能:用于显示主菜单界面。

2. File 子菜单实现函数

函数原型:int File(void);

功能:用于显示 File 子菜单界面。

3. Edit 子菜单实现函数

函数原型:int Edit(void);

功能:用于显示 Edit 子菜单界面。

4. Statistic 子菜单实现函数

函数原型:int Statistic(void);

功能:用于显示 Statistic 子菜单界面。

5. Search 子菜单实现函数

函数原型:int Search(void);

功能:用于显示 Search 子菜单界面。

6. Sort 子菜单实现函数

函数原型:int Sort(void);

功能:用于显示 Sort 子菜单界面。

7. Edit 子菜单实现函数

函数原型:int Edit(void);

功能:用于显示 Edit 子菜单界面。

8. 读文件实现函数

函数原型:void OpenF(STU * stu);

功能:从文件中读入学生信息。

9. 写文件实现函数

函数原型:void SaveF(STU * stu);

功能:将学生信息写入文件。

10. 添加学生信息的函数

函数原型:void AppendStu(STU * stu);

功能:录入多名学生信息,先输入学号,如果学号重复须重新输入,如果输入学号为0,则结束输入,输入的成绩信息如果不在0~100分范围,则提示重新输入。

11. 删除学生信息的函数

函数原型:void DeleteStu(STU * stu);

功能:用户输入待删除的学生学号,如果该学号存在,则删除,否则,提示该学生不存在。

12. 修改学生信息的函数

函数原型:void ModifyStu(STU * stu);

功能:用户输入待修改的学生学号,如果该学号存在,则显示该学生信息,并提示重新输入该学生信息,否则,提示该学生不存在。

13. 按课程统计的函数

函数原型:void StabyCourse(STU * stu);

功能:统计每门课程的总分和平均分,并将结果输出到屏幕。

14. 按学生统计的函数

函数原型:void StabyStudent(STU * stu);

功能:统计每位学生的总分和平均分,并将结果输出到屏幕。

15. 分段统计函数

函数原型:void StaScore(STU * stu);

功能:统计每个分数段的人数,并将结果输出到屏幕。

16. 按学号查找学生的函数

函数原型:void SearchbyNum(STU * stu);

功能:用户输入待查找的学生学号,如果找到则显示该学生信息,否则显示没找到。

17. 按姓名查找学生的函数

函数原型:void SearchbyName(STU * stu);

功能:用户输入待查找的学生姓名,如果找到则显示该学生信息,否则显示没找到。

18. 按学号升序排列的函数

函数原型:void SortbyNum(STU * stu);

功能:按照学生学号将学生信息进行升序排序,并将结果输出到屏幕。

19. 按总分降序排列的函数

函数原型:void SortbyScore(STU * stu);

功能:按照学生成绩总分将学生信息进行降序排序,并将结果输出到屏幕。

20. 显示学生信息的函数

函数原型:void PrintStu(STU * stu);

功能:将学生信息输出到屏幕。

21. 退出系统的函数

函数原型:void Quit();

功能:退出之前,先检查学生信息是否有改变,如果有,提示是否保存,如果是,则调SaveF()函数进行保存,显示提示信息,调用exit(0)终止程序,退出系统。

三、系统源程序

```
#include <stdio.h>
#include <stdlib.h>
#include <conio.h>
#include <io.h>
#include <string.h>
#define MAX_LEN 10                                    //姓名长度
#define STU_NUM 40                                    //学生最大人数
#define COURSE_NUM 3                                  //课程数
```

```
//学生信息的结构体
typedef struct student
{
    long num;                           //学号
    char name[MAX_LEN];                 //姓名
    float score[COURSE_NUM];            //各门课程成绩
    float sum;                          //总分
    float aver;                         //平均分
}STU;

//函数原型声明
int MainMenu(void);
int File(void);
int Edit(STU * stu);
int Statistic(void);
int Search(void);
int Sort(void);
void OpenF(STU * stu);
void SaveF(STU * stu);
void AppendStu(STU * stu);
void DeleteStu(STU * stu);
void ModifyStu(STU * stu);
void StabyCourse(STU * stu);
void StabyStudent(STU * stu);
void StaScore(STU * stu);
void SearchbyNum(STU * stu);
void SearchbyName(STU * stu);
void SortbyNum(STU * stu);
void SortbyScore(STU * stu);
void PrintStu(STU * stu);
void Quit();

int n = 0;                              //学生实际人数
int SAVEFLAG = 0;                       //是否需要存盘标志变量

//主函数
int main(void)
```

```
{
    int ch,sch;
    STU stuRecord[STU_NUM];
    while(1)
    {
        ch = MainMenu();                    //显示主菜单
        switch(ch)
        {
            case 1: sch = File();           //显示 File 子菜单
                    if (sch ==1)
                        OpenF(stuRecord);
                    else if(sch ==2)
                        SaveF(stuRecord);
                    break;
            case 2: sch = Edit(stuRecord);            //显示 Edit 子菜单
                    if (sch ==1)
                        AppendStu(stuRecord); //添加学生信息
                    else if(sch ==2)
                        DeleteStu(stuRecord); //删除学生信息
                    else if(sch ==3)
                        ModifyStu(stuRecord); //修改学生信息
                    break;
            case 3: sch = Statistic();  //显示 Statistic 子菜单
                    if(sch ==1)  //统计每门课程的总分和平均分
                        StabyCourse(stuRecord);
                    else if(sch ==2)  //统计每位学生的总分和平均分
                        StabyStudent(stuRecord);
                    else if(sch ==3)          //分段统计
                        StaScore(stuRecord);
                    break;
            case 4: sch = Search();                   //显示 Search 子菜单
                    if(sch ==1)                       //按学号查找学生
                        SearchbyNum(stuRecord);
                    else if(sch ==2)                  //按姓名查找学生
                        SearchbyName(stuRecord);
                    break;
            case 5:sch = Sort();                      //显示 Sort 子菜单
```

```
            if(sch==1)                      //按总分降序排序
                SortbyScore(stuRecord);
            else if(sch==2)                 //按学号升序排序
                SortbyNum(stuRecord);
            break;
        case 6:PrintStu(stuRecord);  //在屏幕上显示学生信息
            break;
        case 0: Quit(stuRecord);                    //程序结束运行
        default:printf("Input error!\n");  //输入错误,重新输入
            break;
        }
    }
    return 0;
}

//显示主菜单
int MainMenu(void)
{
    int sel;
    system("cls");                          //清屏
    printf("The Students' Grade Management System\n");
    printf("******************************** \n");
    printf("*    Main  Menu              *\n");
    printf("*    1.File                  *\n");
    printf("*    2.Edit                  *\n");
    printf("*    3.Statistic             *\n");
    printf("*    4.Search                *\n");
    printf("*    5.Sort                  *\n");
    printf("*    6.Print                 *\n");
    printf("*    0.Quit                  *\n");
    printf("******************************** \n");
    printf("Please enter you choice:");
    scanf("%d",&sel);
    return sel;
}

//显示 File 子菜单
int File(void)
```

```
{
    int sel;
    system("cls");                          //清屏
    printf("******************************\n");
    printf("*    File  Menu                 *\n");
    printf("*    1.Open file                *\n");
    printf("*    2.Save file                *\n");
    printf("******************************\n");
    printf("Please enter you choice:");
    scanf("%d",&sel);
    return sel;
}

//显示 Edit 子菜单
int Edit(STU*stu)
{
    int sel;
    system("cls");                          //清屏
    printf("******************************\n");
    printf("*    Edit  Menu                 *\n");
    printf("*    1.Append                   *\n");
    printf("*    2.Delete                   *\n");
    printf("*    3.Modify                   *\n");
    printf("******************************\n");
    printf("Please enter you choice:");
    scanf("%d",&sel);
    return sel;
}

//显示 Statistic 子菜单
int Statistic(void)
{
    int sel;
    system("cls");                          //清屏
    printf("******************************\n");
    printf("*  Statistic  Menu              *\n");
    printf("*  1.Statistic by course        *\n");
    printf("*  2.Statistic by student       *\n");
```

```
    printf("*   3.Statistic Analysis                  * \n");
    printf("******************************** \n");
    printf("Please enter you choice.");
    scanf("%d",&sel);
    return sel;
}

//显示 Search 子菜单
int Search(void)
{
    int sel;
    system("cls");                                //清屏
    printf("******************************** \n");
    printf("*     Search  Menu                        * \n");
    printf("*     1. Search by number                 * \n");
    printf("*     2. Search by name                   * \n");
    printf("******************************** \n");
    printf("Please enter you choice:");
    scanf("%d",&sel);
    return sel;
}

//显示 Sort 子菜单
int Sort(void)
{
    int sel;
    system("cls");                                //清屏
    printf("******************************** \n");
    printf("*   Sort  Menu    * \n");
    printf("*   1. Sort in desecending order by total score  * \n");
    printf("*   2. Sort in ascending order by number    * \n");
    printf("******************************** \n");
    printf("Please enter you choice:");
    scanf("%d",&sel);
    return sel;
}
```

```
//从文件中读取学生信息
void OpenF(STU * stu)
{
    FILE * fp;
    int i, j;
    if((fp = fopen("StuGrade.txt","r")) == NULL)
    {
        printf("Failure to open student.txt!\n");
        exit(0);
    }
    for(i = 0; !feof(fp); i ++)
    {
        fscanf(fp, "% 10ld", &stu[i].num);
        fscanf(fp, "% 10s", stu[i].name);
        for(j = 0; j < COURSE_NUM; j ++)
        {
              fscanf(fp, "% 10f", &stu[i].score[j]);
        }
        fscanf(fp, "% 10f% 10f", &stu[i].sum, &stu[i].aver);
    }
    fclose(fp);
    n = i - 1;
    printf("Total Students is%d.\n", n);
    PrintStu(stu);
}
//保存学生的信息到文件中
void SaveF(STU * stu)
{
    FILE * fp;
    int i, j;
    if((fp = fopen("StuGrade.txt","w")) == NULL)
    {
        printf("Failure to open student.txt!\n");
        exit(0);
    }
    for(i = 0; i < n; i ++)
    {
        fprintf(fp, "% ld\t% s",stu[i].num, stu[i].name);
        for(j = 0; j < COURSE_NUM; j ++)
```

```
        {
            fprintf(fp, "% 10.0f",stu[i].score[j]);
        }
        fprintf(fp, "% 10.0f% 10.0f\n", stu[i].sum, stu[i].aver);
    }
    fclose(fp);
    printf("save complete,%d records have been saved to the file.\
n", n);
    getch();
}

//添加学生信息
void AppendStu(STU * stu)
{
    int i;
    int sameFlag =1;            //是否学号相同标志变量
    while(1)
    {
        if(n < =STU_NUM)
        {
            sameFlag =1;
            while(sameFlag)
            {
                printf("\nInput student's num:");
                scanf("% ld", &stu[n].num);
                //将新输入的学号和已存在的学号逐一比较,如相同,提前结束
                  循环
                for(i =0; i <n; i ++)
                {
                    if(stu[n].num == stu[i].num)
                        break;
                }
                //不存在相同的,结束输入
                if(i > =n)
                    sameFlag =0;
                else
                    printf("The number is existing, please input again\n");
            }
            if(stu[n].num ==0) break;
            printf("\nInput student's name:");
```

```
        scanf("% s", stu[n].name);

        //输入各科成绩
        do
        {
            printf("input MATH score(0 -100):");
            scanf("% f", &stu[n].score[0]);
        }while(stu[n].score[0] < 0 || stu[n].score[0] > 100);
        do
        {
            printf("input ENGLISH score(0 -100):");
            scanf("% f", &stu[n].score[1]);
        }while(stu[n].score[1] <0 ||stu[n].score[1] > 100);
        do
        {
            printf("input COMPUTER score(0 -100):");
            scanf("% f", &stu[n].score[2]);
        }while(stu[n].score[2] < 0 || stu[n].score[2] > 100);
        //计算总分和平均分
        stu[n].sum =0;
        for(i =0; i <3; i ++)
            stu[n].sum = stu[n].sum + stu[n].score[i];
        stu[n].aver = stu[n].sum/COURSE_NUM;
        n ++;                                          //学生数目加1
        SAVEFLAG =1;                                   //需要存盘
        printf("Append success!\n");
    }
    else
    {
        printf("The Number is Full!Can't APPEND!\n");
        break;
    }
  }
  printf("\npress any key to return main menu\n");
  getch();
}

//删除学生信息
void DeleteStu(STU * stu)
```

```
{
    int i,k;
    long num;
    printf("Input student's num:");
    scanf("% ld", &num);
    for(i =0; i <n; i ++)
        if(num == stu[i].num)
            break;
    if(i <n)
    {
        for(k = i +1; k <n; k ++)
            stu[k -1] = stu[k];
        n --;
        SAVEFLAG =1;                                    //需要存盘
        printf("Delete success!\n");
    }
    else
       printf("NOT FOUND!\n");
    printf("\npress any key to return main menu\n");
    getch();
}

//修改学生信息
void ModifyStu(STU * stu)
{
    int i, j;
    long num;
    printf("Input student's num:");
    scanf("% ld", &num);
    for(i =0; i <n; i ++)
        if(num == stu[i].num)
            break;
    if(i <n)
    {
       printf("Num \t Name \t MATH \tENG \tCOM \n");
       printf("% ld\t% s \t", stu[i].num,stu[i].name);
       for(j =0; j <COURSE_NUM; j ++)
       {
          printf("% .0f \t", stu[i].score[j]);
       }
```

```
            printf ( " \ nInput student's num, name and MATH, ENGLISH,
COMPUTER score:\n");
            scanf("% ld% s", &stu[i].num, stu[i].name);
            stu[i].sum =0;
            for(j =0; j <COURSE_NUM; j ++)
            {
                scanf("% f", &stu[i].score[j]);
                stu[i].sum = stu[i].sum + stu[i].score[j];
            }
            stu[i].aver = stu[i].sum/COURSE_NUM;
            SAVEFLAG =1;                                    //需要存盘
            printf("Modify success!\n");
        }
        else
            printf("NOT FOUND!\n");
        printf("\npress any key to return main menu\n");
        getch();
    }

    //计算每门课程的总分和平均分
    void StabyCourse(STU * stu)
    {
        int i, j;
        float sum[COURSE_NUM],aver[COURSE_NUM];
        for(j =0; j <COURSE_NUM; j ++)
        {
            sum[j] =0;
            for(i =0; i <n; i ++)
            {
                sum[j] = sum[j] + stu[i].score[j];
            }
            aver[j] = sum[j]/n;
            //统计结果显示
            printf("course%d: sum = % .0f, aver = % .0f \n",j +1, sum[j],
aver[j]);
        }
        printf("\npress any key to return main menu\n");
        getch();
    }
```

```
//计算每个学生各门课程的总分和平均分
void StabyStudent(STU * stu)
{
    int i, j;
    for(i=0; i<n; i++)
    {
        stu[i].sum=0;
        for(j=0; j<COURSE_NUM; j++)
        {
            stu[i].sum=stu[i].sum+stu[i].score[j];
        }
        stu[i].aver=stu[i].sum/COURSE_NUM;
        //统计结果显示
        printf("%d: sum=% .0f, aver=% .0f\n", stu[i].num, stu[i].
sum, stu[i].aver);
    }
    printf("\npress any key to return main menu\n");
    getch();
}

//统计各分数段的学生人数及所占的百分比
void StaScore(STU * stu)
{
    int i, j, total=0, t[6];
    for(j=0; j<COURSE_NUM; j++)
    {
        printf("For course%d\n", j+1);
        for(i=0; i<6; i++)
            t[i]=0;
        for(i=0; i<n; i++)
        {
            if(stu[i].score[j]>=0 && stu[i].score[j]<60)
                t[0]++;
            else if(stu[i].score[j]<70)
                t[1]++;
            else if(stu[i].score[j]<80)
                t[2]++;
            else if(stu[i].score[j]<90)
                t[3]++;
            else if(stu[i].score[j]<100)
```

```
                t[4]++;
            else if(stu[i].score[j]==100)
                t[5]++;
        }
        for(total=0,i=0;i<=5;i++)
            total=total+t[i];
        if(total!=n)
        {
            printf("Scores inputed are not in right scope!\n");
            return;
        }
        for(i=0;i<=5;i++)
        {
            if(i==0)
                printf("<60\t%d\t%.2f%%\n",t[i], (float)t[i]/
n*100);
            else if(i==5)
                 printf("%d\t%d\t%.2f%%\n",(i+5)*10,t[i],
(float)t[i]/n*100);
            else
                printf("%d-%d\t%d\t%.2f%%\n",(i+5)*10,(i+5)
*10+9,t[i],(float)t[i]/n*100);
        }
    }
    printf("\npress any key to return main menu\n");
    getch();
}

//按学号查找学生成绩并显示查找结果
void SearchbyNum(STU*stu)
{
    long number;
    int i,j;
    printf("Input the number you want to search:");
    scanf("%ld",&number);
    for(i=0;i<n;i++)
        if(stu[i].num==number)
            break;
    if (i<n)
    {
```

```
        printf("No \t Name \t MATH \tENG \tCOM \tSUM \tAVER\n");
        printf("% ld\t% s\t", stu[i].num, stu[i].name);
        for(j =0; j <COURSE_NUM; j ++)
            printf("% .0f\t", stu[i].score[j]);
        printf("% .0f\t% .0f\n", stu[i].sum, stu[i].aver);
    }
    else
        printf("\n Not found!\n");
    printf("\npress any key to return main menu\n");
    getch();
}
```

```
//按姓名查找学生并显示查找结果
void SearchbyName(STU * stu)
{
    char x[MAX_LEN];
    int i, j;
    printf("Input the name you want to searh:");
    scanf("% s", x);
    for(i =0; i <n; i ++)
        if(strcmp(stu[i].name,x) ==0)
            break;
    if (i <n)
    {
        printf("No \t Name \t MATH \tENG \tCOM \tSUM \tAVER\n");
        printf("% ld\t% s\t", stu[i].num, stu[i].name);
        for(j =0; j <COURSE_NUM; j ++)
            printf("% .0f\t", stu[i].score[j]);
        printf("% .0f\t% .0f\n", stu[i].sum, stu[i].aver);
    }
    else
        printf("\n Not found!\n");
    printf("\npress any key to return main menu\n");
    getch();
}
```

```
//按学生总分降序排序
void SortbyScore(STU * stu)
{
    int i, j, k;
```

```
    STU temp1;
    for(i=0; i<n-1; i++)
    {
        k=i;
        for(j=i+1; j<n; j++)
            if(stu[j].sum>stu[k].sum)
                k=j;
        if(k!=i)
        {
            temp1=stu[k];
            stu[k]=stu[i];
            stu[i]=temp1;
        }
    }
    printf("\nSort in descending order by total score of every
student:\n");
    PrintStu(stu);
}

//按学号对学生升序排序
void SortbyNum(STU *stu)
{
    int i, j, k;
    STU temp1;
    for(i=0; i<n-1; i++)
    {
        k=i;
        for(j=i+1; j<n; j++)
            if(stu[j].num<stu[k].num)
                k=j;
        if(k!=i)
        {
            temp1=stu[k];
            stu[k]=stu[i];
            stu[i]=temp1;
        }
    }
    printf("\nSort in ascending order by number:\n");
    PrintStu(stu);
}
```

```
//在屏幕上显示所有学生的信息
void PrintStu(STU*stu)
{
    int i,j;
    printf("No \tName \tMATH \t\tENGLISH\t\tCOMPUTER \tSUM \tAVER \
n");
    for(i=0;i<n;i++)
    {
        printf("%ld\t%s\t",stu[i].num,stu[i].name);
        for(j=0;j<COURSE_NUM;j++)
        {
            printf("%.0f\t\t",stu[i].score[j]);
        }
        printf("%.0f\t%.0f\n",stu[i].sum,stu[i].aver);
    }
    printf("\npress any key to return main menu\n");
    getch();
}

//退出函数
void Quit(STU*stu)
{
    //退出前要检查是否需要保存
    char ch;
    if(n!=0 && SAVEFLAG==1)                //需要保存
    {
        printf("You have changed the records. Do you want to save?
(Y/N):");
        getchar();                         //接收前面的回车
        ch=getchar();                      //接收用户选择
        if(ch=='Y' || ch=='y')
            SaveF(stu);
    }
    printf("You will quit, thank you for using the system!\n");
    exit(0);                               //结束程序运行
}
```

四、系统功能演示

1. 程序运行,首先显示主菜单界面,如图10-2所示,根据提示输入你要选择的功能编号,这里我们先输入编号2,进入Edit子菜单。

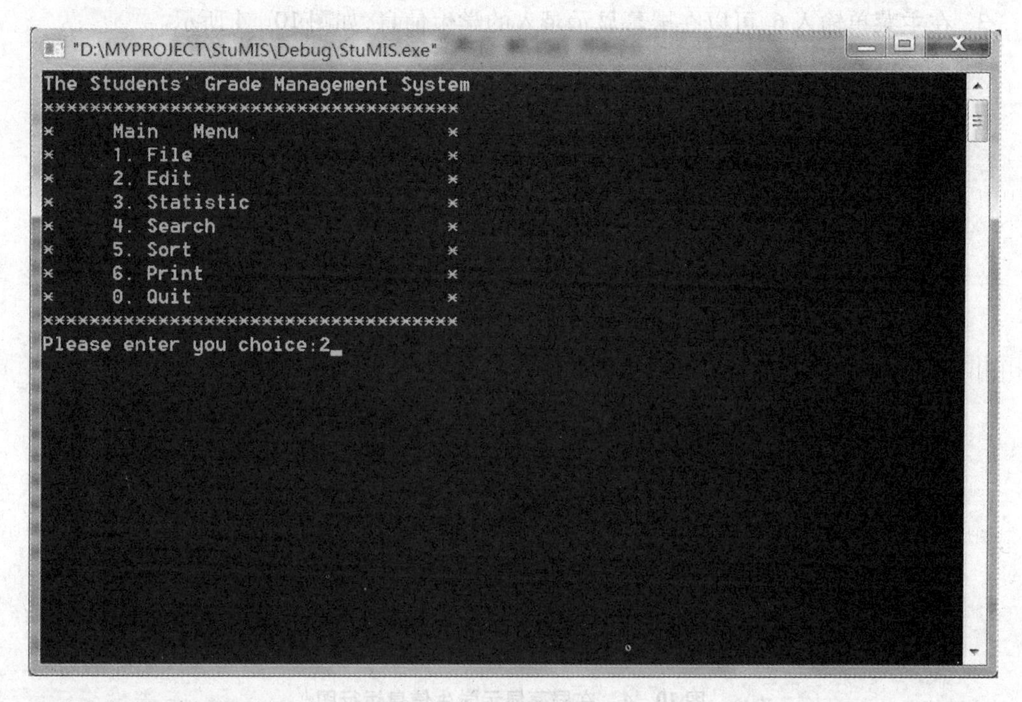

图 10－2　主菜单界面运行图

2. 在 Edit 子菜单输入 1，开始录入学生信息，先输入学号，如果学号有重复，则不允许添加，如果输入学号为 0，则结束录入。输入的学生成绩如果不在 0－100 范围，重新提示输入，如图 10－3 所示。

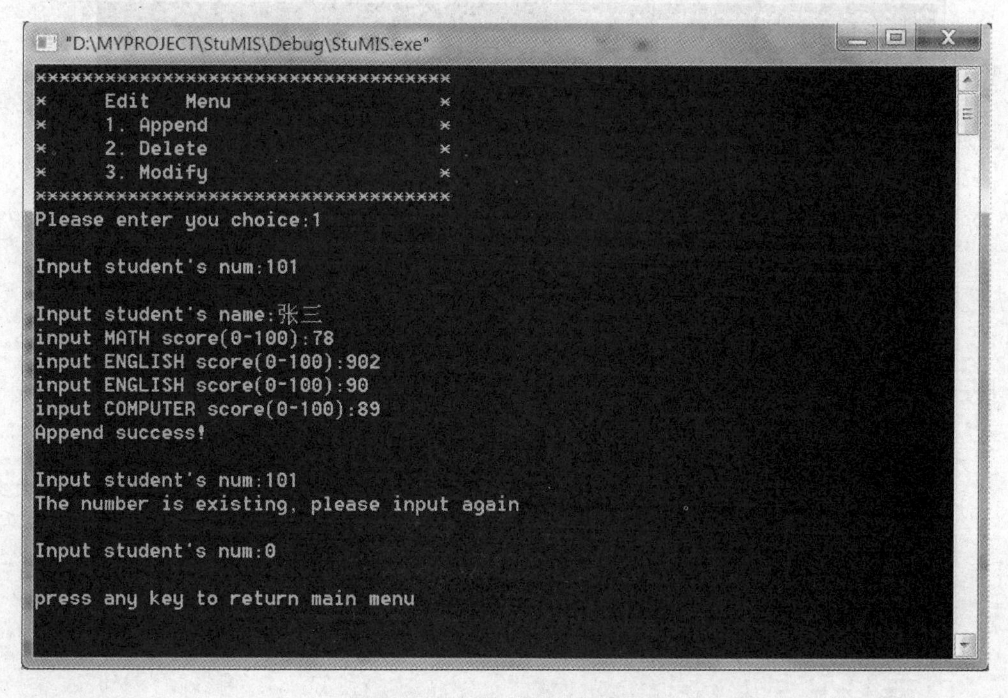

图 10－3　添加学生信息运行图

3. 在主菜单输入 6，可以在屏幕显示录入的学生信息，如图 10－4 所示。

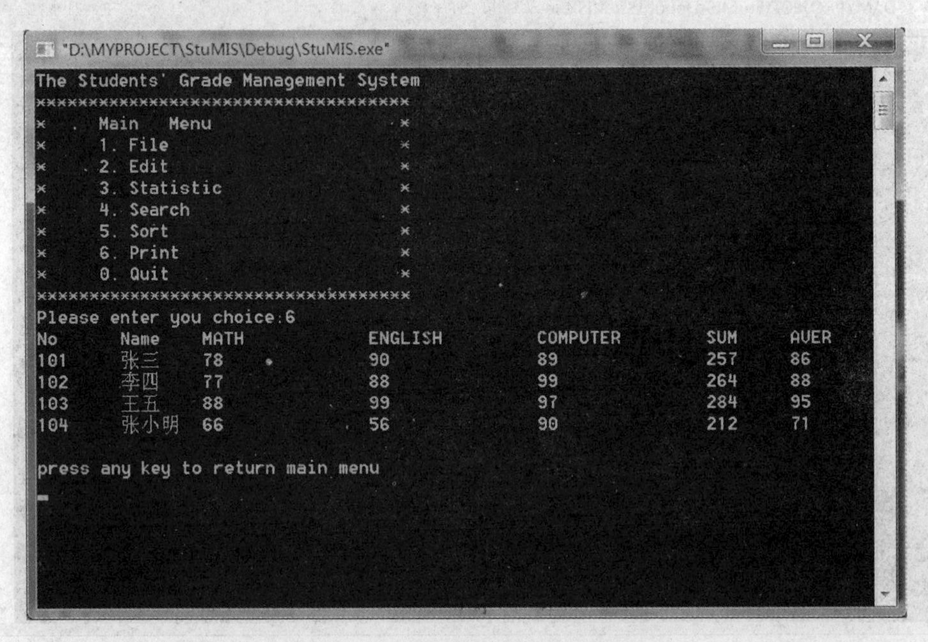

图 10－4　在屏幕显示学生信息运行图

4. 在主菜单输入 1，进入 File 子菜单，输入 2，可以将学生信息保存，如图 10－5 所示。

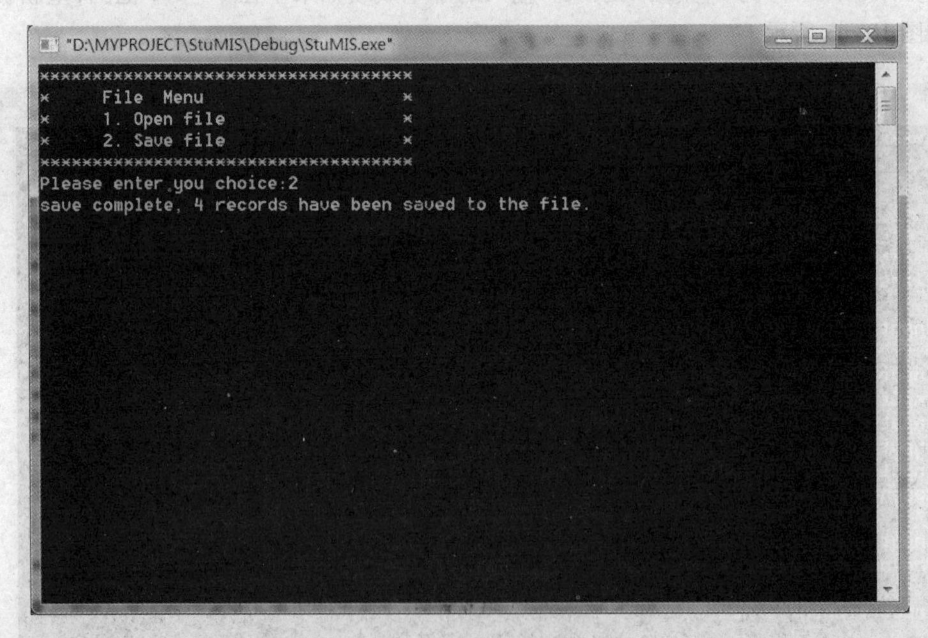

图 10－5　保存学生信息运行图

5. 在主菜单输入 1,进入 File 子菜单,输入 1,可以从文件读入学生信息,如图 10 - 6 所示。

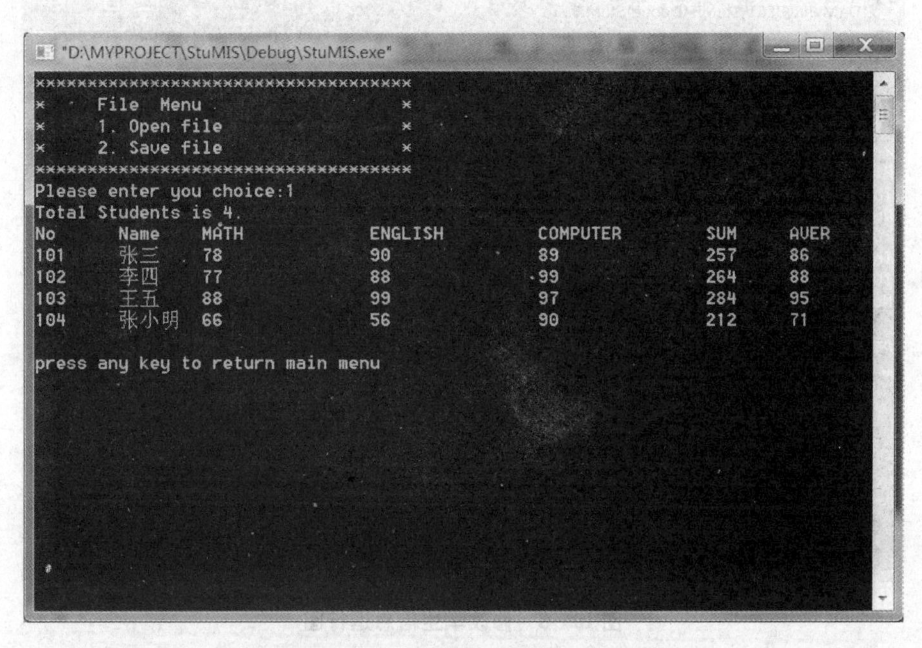

图 10 - 6　从文件读学生信息运行图

6. 在主菜单输入 2,进入 Edit 子菜单,输入 2,进行删除学生信息,如果输入的学号不存在,则提示“NOT FOUND!”。如果输入的学号存在,则删除该学生信息,提示“Delete success!”。在主菜单输入 6,屏幕将显示删除后的学生信息,如图 10 - 7 所示。

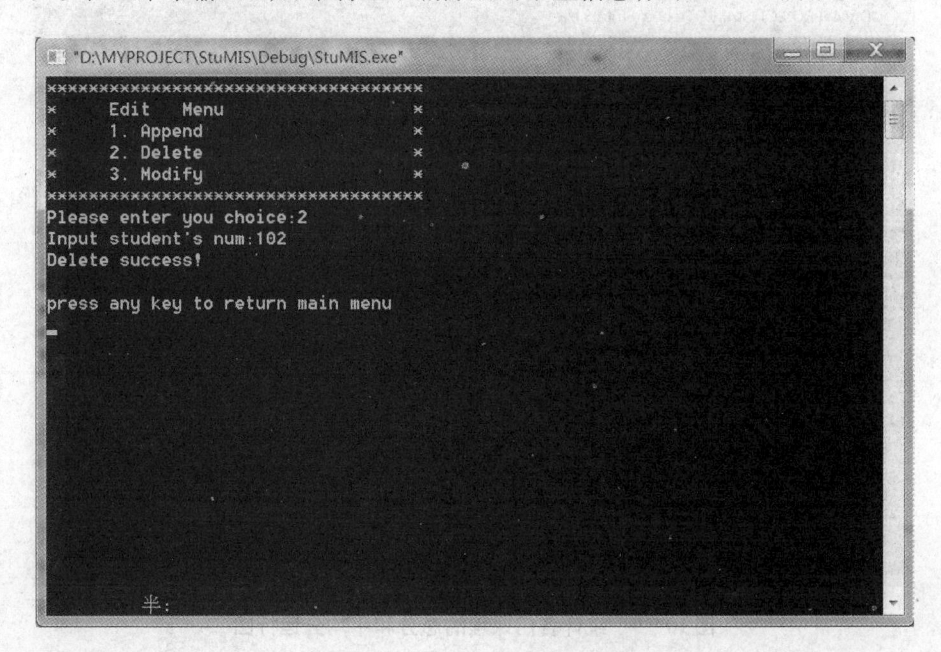

图 10 - 7　删除学生信息运行图

7. 在主菜单输入2,进入Edit子菜单,输入3,进行修改学生信息,如图10-8所示。

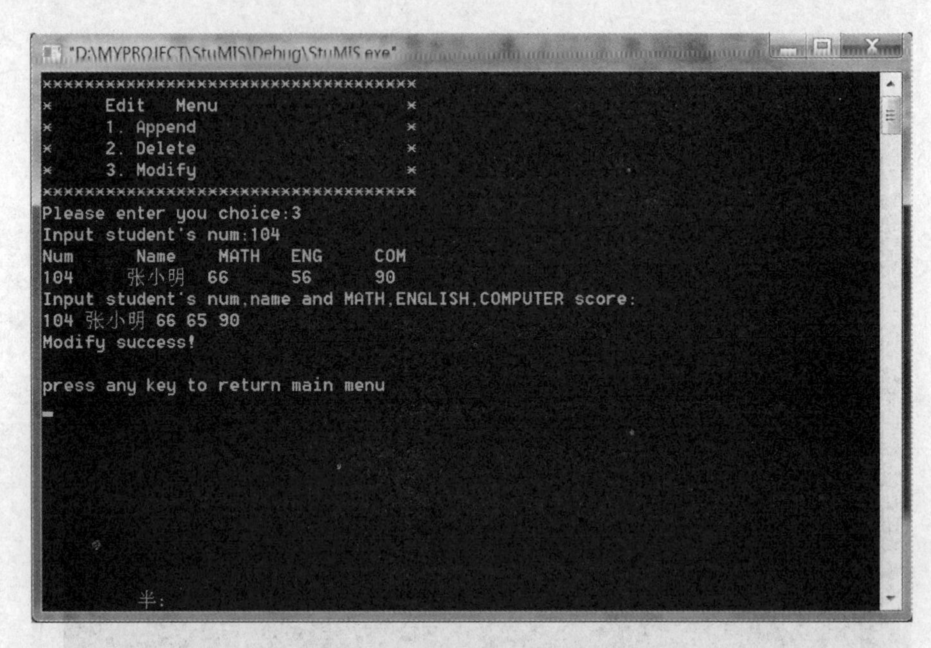

图10-8 修改学生信息运行图

8. 在主菜单输入3,进入Statistic子菜单,输入你要选择的功能编号,这里我们先输入编号1,回车后就能看到按课程进行统计的结果信息,如图10-9所示。

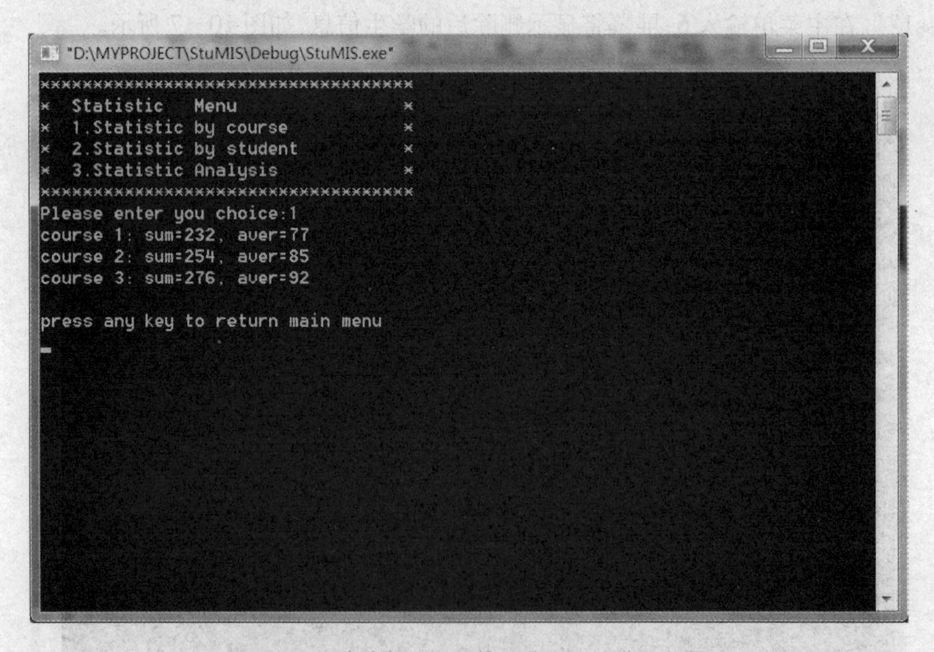

图10-9 统计各门课程的总分和平均分运行图

9. 在主菜单输入 2,进入 Search 子菜单,输入你要选择的功能编号,这里我们先输入编号 1,按学号查找学生,如果输入的学号不存在,则提示“NOT FOUND!”,否则显示查找到的学生信息,如图 10－10 所示。

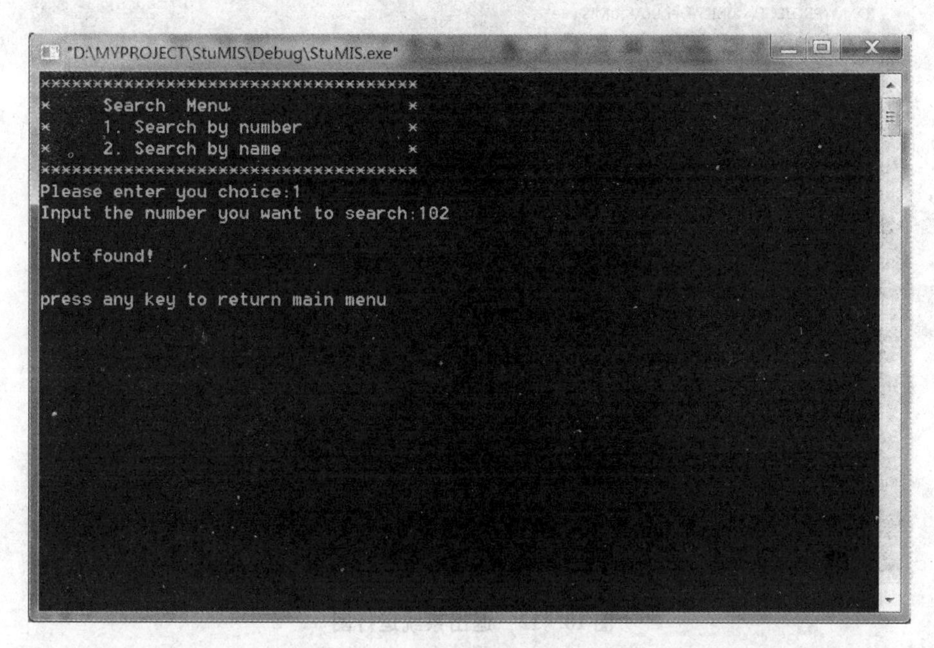

图 10－10　按学号查找学生运行图

10. 在主菜单输入 2,进入 Sort 子菜单,输入你要选择的功能编号,这里我们先输入编号 1,回车个就能看到按学生总分降序排序后的结果,如图 10－11 所示。

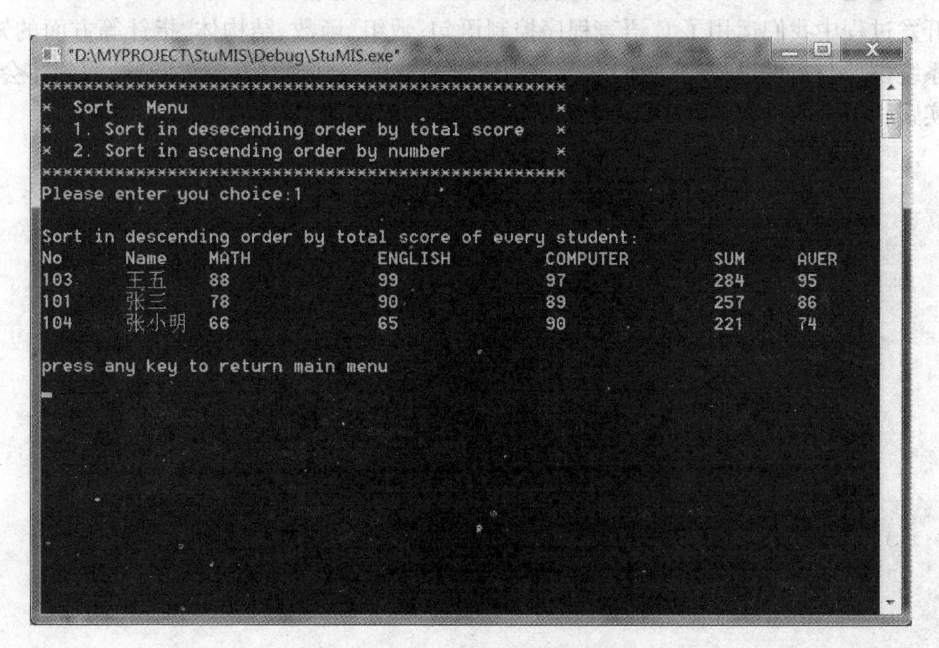

"D:\MYPROJECT\StuMIS\Debug\StuMIS.exe"
****
* Sort   Menu   *
* 1. Sort in desecending order by total score   *
* 2. Sort in ascending order by number   *
****
Please enter you choice:1
Sort in descending order by total score of every student:
No Name MATH ENGLISH COMPUTER SUM AVER
103 王五 88 99 97 284 95
101 张三 78 90 89 257 86
104 张小明 66 65 90 221 74
press any key to return main menu

图 10－11　按总分降序排列运行图

11. 在主菜单输入 0,退出系统之前,要先判断学生信息是否有改动,如果有,是否要保存?如果要保存,则调用保存模块进行保存后退出,如图 10－12 所示。

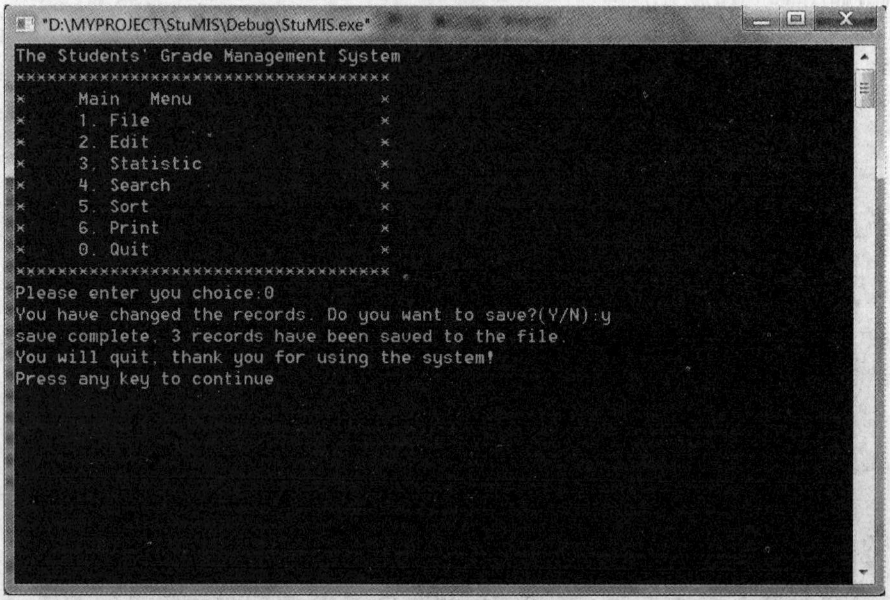

```
"D:\MYPROJECT\StuMIS\Debug\StuMIS.exe"
The Students' Grade Management System
**********************************
*      Main   Menu               *
*      1. File                   *
*      2. Edit                   *
*      3. Statistic              *
*      4. Search                 *
*      5. Sort                   *
*      6. Print                  *
*      0. Quit                   *
**********************************
Please enter you choice:0
You have changed the records. Do you want to save?(Y/N):y
save complete. 3 records have been saved to the file.
You will quit. thank you for using the system!
Press any key to continue
```

图 10－12　退出系统运行图

10.5　小结

本节通过开发一个具体的学生成绩管理系统,将我们前面所学的相关知识点串联起来,例如开发过程中我们运用了 C 语言程序控制语句、数组、函数、结构体、指针等方面的知识。在该系统设计与实现过程中,我们综合运用所学的知识,分析问题、解决问题,深刻体会到理论和实践相结合的重要性。

附　录

附录A　在Visual C++ 6.0环境下运行C程序的方法

美国微软公司出品的Visual C ++是Windows平台上最流行的C/C ++集成开发环境之一,它为用户开发C或C ++程序提供了一个集成环境,这个集成环境包括:源程序的输入、编辑和修改,源程序的编译和连接,程序运行期间的调试与跟踪,项目的自动管理等。

Visual C ++6.0(以下简称VC)的集成开发环境,被划分成四个主要区域:菜单和工具栏、工作区窗口、代码编辑窗口和输出窗口,如图A-1所示。

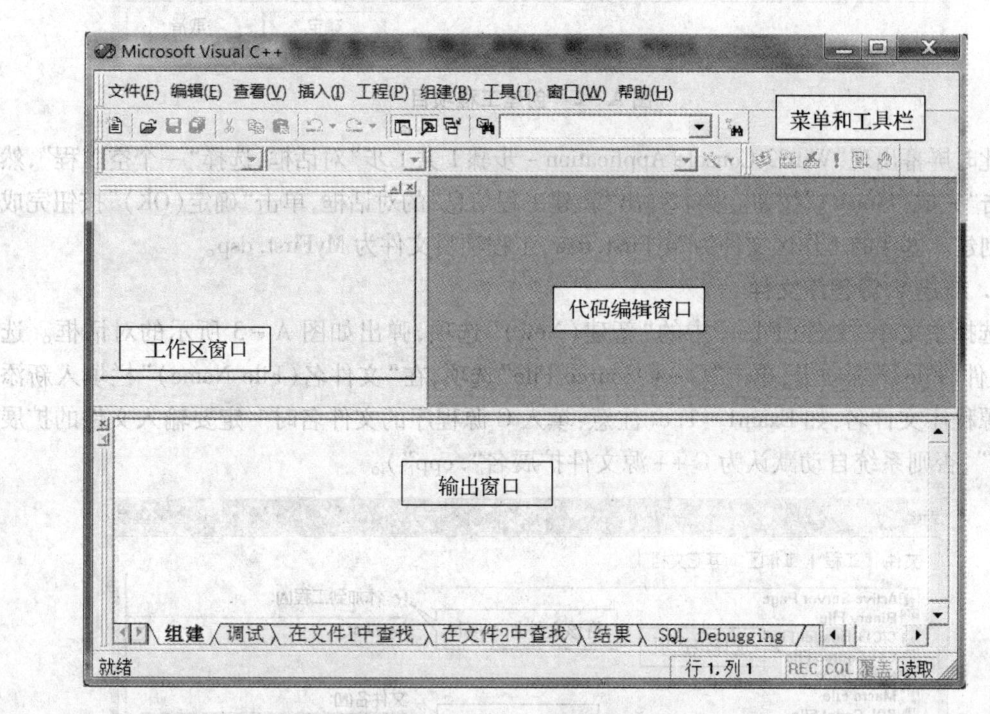

图A-1　VC ++6.0集成开发环境

1. 创建工程项目

VC集成开发环境是用工程项目的形式来管理应用程序的,每一个应用程序都会对应一个工程项目。工作区窗口是以视图方式来显示当前工程项目中的所有文件,方便用户管理。现要创建工程项目MyFirst,该工程项目文件存放在D:\ MYPROJECT。创建一个工程项目的操作步骤如下:

启动VC环境后,选择主菜单“文件(File)”中的“新建(New)”选项,在弹出的对话框中单击上方的选项卡“工程(Projects)”,选择“Win32 Console Application”工程类型,在“位置(Location)”文本框中选择该工程项目所在的路径D:\ MYPROJECT,在“工程名称(Project name)”文本框中输入项目名称“MyFirst”,如图A-2所示,然后点击“确定”按钮。

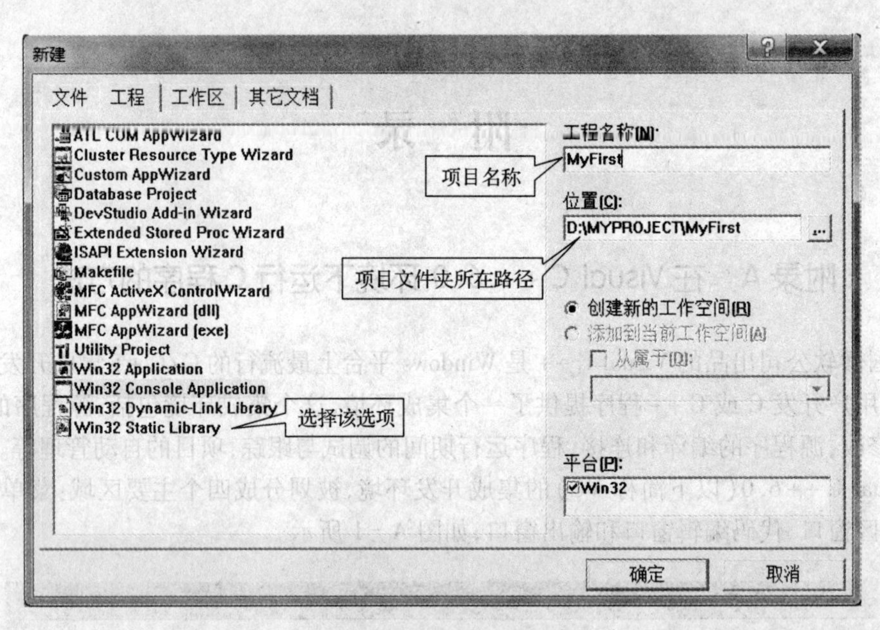

图 A-2 创建工程项目

此时屏幕出现“Win32 Console Application - 步骤1共1步”对话框，选择“一个空工程”，然后单击“完成(Finish)”按钮。接着弹出“新建工程信息”的对话框，单击“确定(OK)”按钮完成工程创建。创建的工作区文件为 MyFirst. dsw，工程项目文件为 MyFirst. dsp。

2. 新建 C 源程序文件

选择主菜单“文件(File)”中的“新建(New)”选项，弹出如图 A-3 所示的对话框。选择“文件(File)”选项卡，单击“C ++ Source File”选项，在“文件名(File Name)”栏填入新添加的源程序文件名，如 Exam1 -1. c(注意：填入 C 源程序的文件名时一定要输入文件的扩展名“. c”，否则系统自动默认为 C ++ 源文件扩展名“. cpp”)。

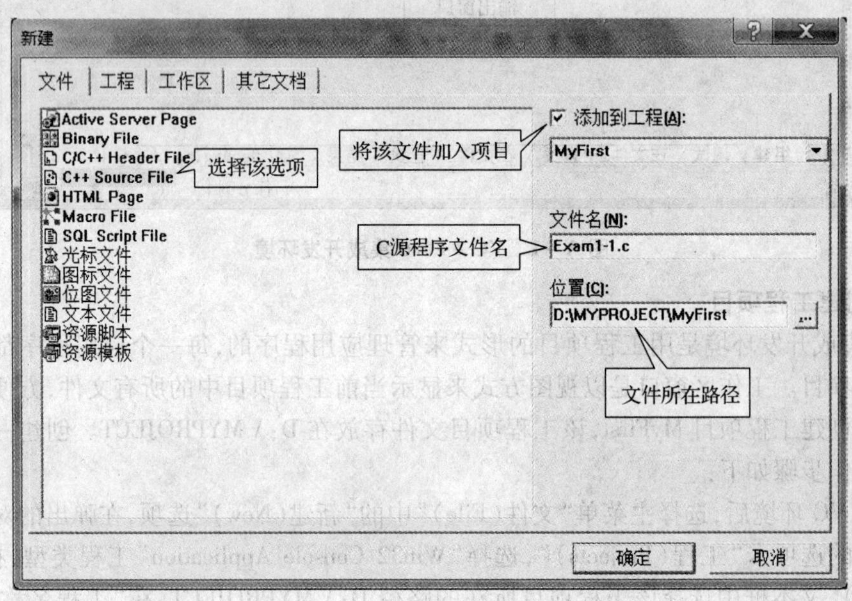

图 A-3 新建 C 源程序文件

3. 输入编辑、编译、连接和运行

(1) 在代码编辑窗口(如图 A-4 所示)输入和编辑 C 源程序(如 Exam1-1.c),如发现错误,要及时改正。

(2) 对源程序进行编译,生成二进制目标文件(如 Exam1-1.obj)。输出窗口用来输出编译时发现的语法错误,只有当输出窗口输出为"0 error(s),0 warning(s)"时,才表示编译顺利完成可以进行连接了。如果有错,必须改正才能继续。

(3) 进行连接处理。经过编译后的目标文件还不能直接执行,必须将所有编译后得到的目标模块连接装配起来,再与函数库相连接成一个整体,生成一个可执行程序(如 Exam1-1.exe)。

(4) 运行可执行程序,得到运行结果(如图 A-5 所示)。

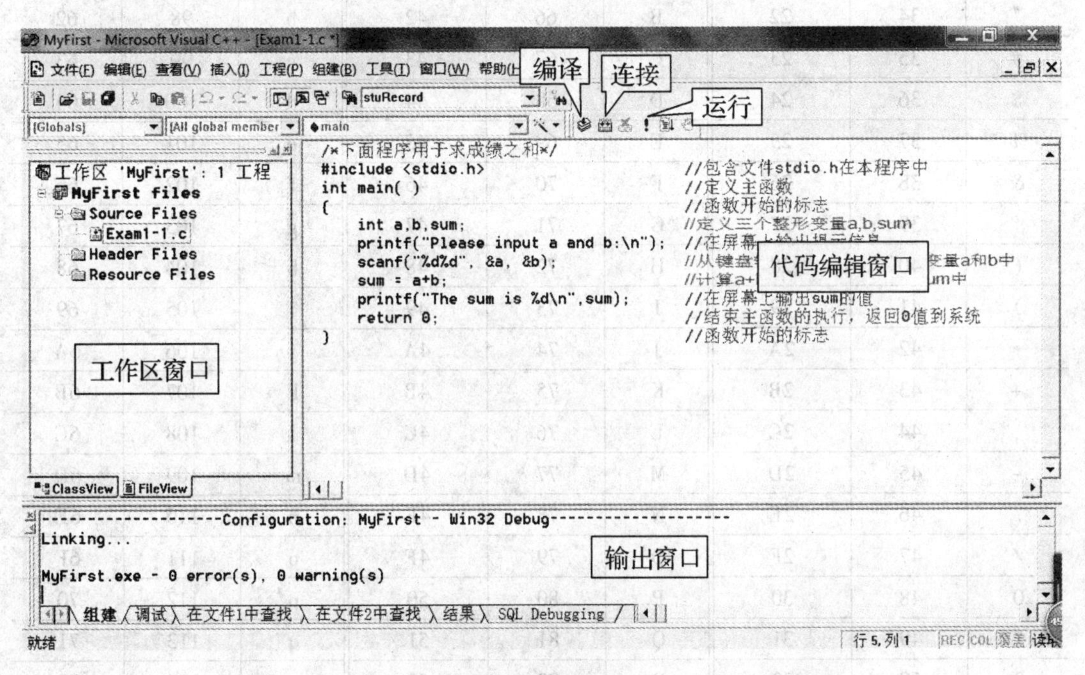

图 A-4 编辑程序

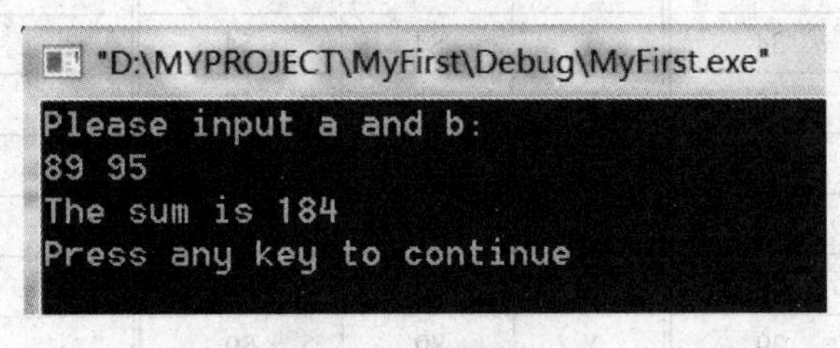

图 A-5 运行结果

C 程序的错误可以分为两类:

一是语法错误,编译程序通过编译可以发现,用户根据提示信息修改错误。在输出窗口中,用鼠标双击任何一条错误信息,系统就可以定位到源程序中错误所在的位置,然后就可以改正错误了。除了错误信息之外,编译器还可能输出警告(Warning)信息。如果只有警告信息而没有错误信息,程序还是可以运行的,但很可能存在某种潜在的错误,而这些错误又没有违反C语言的语法规则。

二是逻辑错误,这种错误编译程序时不能发现,用户往往需要通过设置断点,跟踪运行过程,才能发现错误。

附录B 常用字符与ASCII代码对照表

符号	十进制	十六进制	符号	十进制	十六进制	符号	十进制	十六进制
空格	32	20	@	64	40	`	96	60
!	33	21	A	65	41	a	97	61
″	34	22	B	66	42	b	98	62
#	35	23	C	67	43	c	99	63
$	36	24	D	68	44	d	100	64
%	37	25	E	69	45	e	101	65
&	38	26	F	70	46	f	102	66
′	39	27	G	71	47	g	103	67
(	40	28	H	72	48	h	104	68
)	41	29	I	73	49	i	105	69
*	42	2A	J	74	4A	j	106	6A
+	43	2B	K	75	4B	k	107	6B
,	44	2C	L	76	4C	l	108	6C
−	45	2D	M	77	4D	m	109	6D
.	46	2E	N	78	4E	n	110	6E
/	47	2F	O	79	4F	o	111	6F
0	48	30	P	80	50	p	112	70
1	49	31	Q	81	51	q	113	71
2	50	32	R	82	52	r	114	72
3	51	33	S	83	53	s	115	73
4	52	34	T	84	54	t	116	74
5	53	35	U	85	55	u	117	75
6	54	36	V	86	56	v	118	76
7	55	37	W	87	57	w	119	77
8	56	38	X	88	58	x	120	78
9	57	39	Y	89	59	y	121	79
:	58	3A	Z	90	5A	z	122	7A
;	59	3B	[	91	5B	{	123	7B
<	60	3C	\	92	5C	|	124	7C
=	61	3D	]	93	5D	}	125	7D
>	62	3E	^	94	5E	~	126	7E
?	63	3F	_	95	5F			

附录C　C语言中的关键字

auto	break	case	char	const	continue
default	do	double	else	enum	extern
float	for	goto	if	int	long
register	return	short	signed	sizeof	static
struct	switch	typedef	union	unsigned	void
volatile	while				

附录D　运算符的优先级及结合方式

优先级	运算符	名　称	结合方向
1	( ) [ ] -> .	圆括号 下标 指针引用结构体成员 取结构体变量成员	从左到右
2	! ~ + - (类型名) * & -- -- sizeof	逻辑非 按位取反 正号 负号 强制类型转换 取指针内容 取地址 自增 自减 长度运算符	从右到左
3	* / %	乘法 除法 取余	从左到右
4	+ -	加法 减法	从左到右
5	<< >>	左移 右移	从左到右
6	> < > = < =	大于 小于 大于或等于 小于或等于	从左到右
7	== ! =	等于 不等于	从左到右

续表

<table>
<tr><th>优先级</th><th>运算符</th><th>名称</th><th>结合方向</th></tr>
<tr><td>8</td><td>&</td><td>按位“与”</td><td>从左到右</td></tr>
<tr><td>9</td><td>^</td><td>按位“异或”</td><td>从左到右</td></tr>
<tr><td>10</td><td>|</td><td>按位“或”</td><td>从左到右</td></tr>
<tr><td>11</td><td>&&</td><td>逻辑“与”</td><td>从左到右</td></tr>
<tr><td>12</td><td>||</td><td>逻辑“或”</td><td>从左到右</td></tr>
<tr><td>13</td><td>?:</td><td>条件运算</td><td>从右到左</td></tr>
<tr><td>14</td><td>= += -=
*= /= %= &=
^= |= >>= <<=</td><td>赋值运算</td><td>从右到左</td></tr>
<tr><td>15</td><td>,</td><td>逗号运算</td><td>从左到右</td></tr>
</table>

附录E 常用标准库函数

1. 数学函数

数学函数中除求整型数绝对值函数abs()外，均在头文件math.h中说明。

函数名	函数定义格式	函数功能	说 明
abs	int abs(int x)	求整型数x的绝对值	函数说明在stdlib.h中
fabs	double fabs(double x)	求x的绝对值	
sqrt	double sqrt(double x)	计算x的平方根	要求x≥0
exp	double exp(double x)	计算e^x	e为2.718......
pow	double pow(double x,double y)	计算x^y	
log	double log(double x)	求lnx	
log10	double log10(double x)	求$\log_{10}x$	
ceil	double ceil(double x)	求不大于x的最小整数	
floor	double floor(double x)	求小于x的最大整数	
fmod	double fmod(double x,double y)	求x/ y的余数	
modf	double modf(double x, double * ptr)	把x分解,整数部分存入*ptr,返回x的小数部分	
sin	double sin(double x)	计算sin(x)	x为弧度值
cos	double cos(double x)	计算cos(x)	x为弧度值
tan	double tan(double x)	计算tan(x)	x为弧度值
asin	double asin(double x)	计算$\sin^{-1}(x)$	x∈[-1,1]
acos	double acos(double x)	计算$\cos^{-1}(x)$	x∈[-1,1]
atan	double atan(double x)	计算$\tan^{-1}(x)$	

2. 字符串操作函数

表中所列字符串操作函数在头文件 string. h 中说明。

函数名	函数定义格式	函数功能	返回值
strcat	char * strcat (char * s, char * t)	把字符串 t 连接到 s,使 s 成为包含 s 和 t 的结果串	字符串 s
strcmp	int strcmp (char * s, char * t)	逐个比较字符串 s 和 t 中对应字符,直至对应字符不等或比较到串尾	相等:0 不等:不相同字符的差值
strncmp	int strncmp(char * s, char * t, int n)	逐个比较字符串 s 和 t 中的前 n 个字符,直至对应字符不等或前 n 字符比较完毕。	相等:0 不等:不相同字符的差值
strcpy	char * strcpy (char * s, char * t)	把字符串 t 复制到字符串 s 中	字符串 s
strncpy	char * strncpy(char * s, char * t, int n)	将字符串 t 的前 n 个字符复制到字符串 s 中	字符串 s
strlen	unsigned int strlen (char * s)	计算字符串 s 的长度(不含‘\0')	字符串的长度
strchr	char * strchr(char * s, char c)	在字符串 s 中查找字符 c 首次出现的地址	找到: 相应地址 找不到: NULL
strstr	char * strstr(char * s, char * t)	在字符串 s 中查找字符串 t 首次出现的地址	找到: 相应地址 找不到: NULL

3. 字符判别函数

表所列的字符判别函数在头文件 ctype. h 中说明。

函数名	函数定义格式	函数功能	返回值
isalpha	int isalpha(char c)	判别 c 是否为字母字符	是:返回非 0 值 否:返回 0 值
islower	int islower(char c)	判别 c 是否为小写字母	
isupper	int isupper(char c)	判别 c 是否为大写字母	
isdigit	int isdigit(char c)	判别 c 是否为数字字符	
isalnum	int isalnum(char c)	判别 c 是否为字母、数字字符	
isspace	int isspace(char c)	判别 c 是否为空格字符	
iscntrl	int iscntrl(char c)	判别 c 是否为控制字符	
isprint	int isprint(char c)	判别 c 是否为可打印字符	
ispunct	int ispunct(char c)	判别 c 是否为标点符号	
isgraph	int isgraph(char c)	判别 c 是否为除字母、数字、空格外的可打印字符	
tolower	char tolower(char c)	将大写字母 c 转换为小写字母	c 对应的小写字母
toupper	char toupper(char c)	将小写字母 c 转换成大写字母	c 对应的大写字母

4. 常见的数值转换函数

表中所列的数值转换函数在头文件 stdlib. h 中说明。

函数名	函数定义格式	函数功能	返回值
abs	int abs(int x)	求整型数 x 的绝对值	运算结果
atof	double atof(char * s)	把字符串 s 转换成双精度浮点数	
atoi	int atoi(char * s)	把字符串 s 转换成整型数	
atol	long atol(char * s)	把字符串 s 转换成长整型数	
rand	int rand( )	产生一个伪随机的无符号整数	伪随机数
srand	srand(unsigned int seed)	以 seed 为种子(初始值)计算产生一个无符号的随机整数	随机数

5. 输入输出函数

下列输入输出函数在头文件 stdio. h 中说明。

函数名	函数定义格式	函数功能	返回值
getchar	int getchar( )	从标准输入设备读入一个字符	所读字符。若文件结束或出错,返回 EOF
putchar	int putchar(char ch)	向标准输出设备输出字符 ch	输出的字符 ch。若出错,返回 EOF。
gets	char * gets(char * s)	从标准输入设备读入一个字符串到字符数组 s,输入字符串以回车结束	读入的字符串 s。若出错,返回 NULL。
puts	int puts(char * s)	把指向的字符串 s 输出到标准输出设备,'\0'转换为'\n'输出	返回换行符。若失败,返回 EOF。
printf	int printf(char * format, 输出表)	按 format 给定的输出格式,把输出表各表达式的值,输出到标准输出设备	输出字符的个数,若出错,返回 EOF
scanf	int scanf(char * format, 输入项地址列表)	按 format 给定的输入格式,从标准输入设备读入数据,存入各输入项地址列表指定的存储单元	输入数据的个数,若出错,返回 EOF
sprintf	int sprintf(char * s, char * format, 输出表)	功能类似于 printf( ) 函数,但输出目标为字符串 s	输出的字符个数,若出错,返回 EOF
sscanf	int sscanf(char * s, char * format, 输入项地址列表)	功能类似于 scanf( ) 函数,但输入源为字符 s	输入数据的个数,若出错,返回 EOF

6. 文件操作函数

表中所列的文件操作函数在头文件 stdio. h 中说明。

函数名	函数定义格式	函数功能	返回值
fopen	FILE * fopen(char * fname, char * mode)	以 mode 方式打开文件 fname	成功:文件指针失败:NULL
fclose	int fclose(FILE * fp)	关闭 fp 所指文件	成功:0 失败:非 0
feof	int feof(FILE * fp)	检查 fp 所指文件是否结束	是:非 0 失败:0
fgetc	int fgetc(FILE * fp)	从 fp 所指文件中读取一个字符	成功:所取字符失败:EOF
fputc	int fputc(char ch, FILE * fp)	将字符 ch 输出到 fp 所指向的文件	成功:ch 失败:EOF
fgets	char * fgets(char * s, int n, FILE * fp)	从 fp 所指文件最多读取 n-1 个字符(遇'\n'、^z 终止)到字符串 s 中	成功:s 失败:NULL
fputs	int * fputs(char * s, FILE * fp)	将字符串 s 输出到 fp 所指向的文件	成功:s 的末字符失败:0
fread	int fread(T * a, long sizeof(T), unsigned int n, FILE * fp)	从 fp 所指文件复制 n * sizeof(T) 个字节,到 T 类型指针变 a 所指的内存区域	成功:n 失败:0
fwrite	int fwrite(T * a, long sizeof(T), unsigned int n, FILE * fp)	从 T 类指针变量 a 所指处起复制 n * sizeof(T) 个字节的数据,到 fp 所指向的文件	成功:n 失败:0
rewind	void rewind(FILE * fp)	移动 fp 所指文件读写位置到到文件头	
fseek	int fseek(FILE * fp, long n, unsigned in pos)	移动 fp 所指文件读写位置,n 为位移量,pos 为起点位置	成功:0 失败:非 0
ftell	long ftell(FILE * fp)	求当前读写位置到文件头的字节数	成功:所求字节数失败:EOF
remove	int remove(char * fname)	删除名为 fname 的文件	成功:0 失败:EOF
rename	int rename(char * oldfname, char * newfname)	改文件名 oldfname 为 newfname	成功:0 失败:EOF

注:fread()和 fwrite()中的类型 T 可以是任一合法定义的类型。

7. 动态内存分配函数

ANSI C 的动态内存分配函数共 4 个,在头文件 stdlib. h 中说明。

函数名	函数定义格式	函数功能	返回值
colloc	void * calloc (unsigned int n, unsigned int size)	分配 n 个连续存储单元(每个单元包含 size 字节)	成功:分配的存储单元首地址失败:NULL
malloc	void malloc (unsigned int size)	分配 size 个字节的存储单元块	成功:分配的存储单元首地址失败:NULL
free	void free(void * p)	释放 p 所指存储单元块(必须是由动态内在分配函数一次性分配的全部单元)	
realloc	void * realloc (void * p, unsigned int size)	将 p 所指的已分配存储单元块的大小改为 size	成功:单元块首地址失败:NULL

参考文献

[1] 谭浩强著,C 语言程序设计(第四版)[M],清华大学出版社,2010.6.

[2] 苏小红,王宇颖等编著,C 语言程序设计[M],高等教育出版社,2011.4.

[3] 吕俊、谢旻等编著,C 语言程序设计教程[M],南京大学出版社,2014.1.

[4] 何钦铭,颜晖. C 语言程序设计[M]. 高等教育出版社, 2012.3.

图书在版编目(CIP)数据

C 语言程序设计 / 田丰春，杨种学主编．—南京：南京大学出版社，2016.1

ISBN 978-7-305-16333-3

Ⅰ.①C… Ⅱ.①田… ②杨… Ⅲ.①C 语言-程序设计 Ⅳ.①TP312

中国版本图书馆 CIP 数据核字(2015)第 309024 号

出版发行 南京大学出版社
社　　址 南京市汉口路 22 号　　　邮　　编 210093
出 版 人 金鑫荣

书　　名 C 语言程序设计
主　　编 田丰春 杨种学
责任编辑 单 宁 吴宜锴　　　编辑热线 025-83596923

照　　排 南京理工大学资产经营有限公司
印　　刷 南通印刷总厂有限公司
开　　本 787×1092 1/16 印张 22 字数 536 千
版　　次 2016 年 1 月第 1 版 2016 年 1 月第 1 次印刷
ISBN 978-7-305-16333-3
定　　价 45.00 元

网　　址：http://www.njupco.com
官方微博：http://weibo.com/njupco
官方微信号：njupress
销售咨询热线：(025)83594756

C语言程序设计习题集

南京大学出版社

目　录

第1章　绪　论

一、单项选择题

1. 一个C语言程序是由(　　)。

A) 一个主程序和若干子程序组成　　B) 函数组成

C) 若干过程组成　　D) 若干子程序组成

2. 以下叙述正确的是(　　)。

A) 在C程序中,main函数必须位于程序的最前面

B) C语言的每一行中只能写一条语句

C) C语言本身没有输入输出语句

D) 在对一个C语言进行编译的过程中,可发现注释中的拼写错误

3. 在C语言中,每个语句必须以(　　)结束。

A) 回车符　　B) 冒号　　C) 逗号　　D) 分号

4. C语言中用于结构化程序设计的3种基本结构是(　　)。

A) 顺序结构、选择结构、循环结构　　B) if,switch,break

C) for,while,do-while　　D) if,for,continue

5. 以下说法错误的是(　　)。

A) 一个算法应包含有限个步骤

B) 在计算机上实现的算法是用来处理数据对象的

C) 算法中指定的操作,不能通过已经实现的基本运算执行有限次后实现

D) 算法的目的是为了求解

二、填空题

1. 最简单的C程序最少由一个函数组成,这个函数是________________。

2. 系统默认的C语言源程序文件的扩展名是____________________,经过编译后生成的目标文件的扩展名是____________________,经过连接后生成的可执行文件的扩展名是____________________。

3. C语言程序的注释有两种,一种是行注释,以____________________开头;一种是块注释,它总是以____________________符号作为开始标记,以____________________符号作为结束标记。

第2章 顺序结构程序设计

一、单项选择题

1. 下列关于C语言用户标识符的叙述中正确的是(　　)。

A) 用户标识符中可以出现下划线和中划线(减号)

B) 用户标识符中不可以出现中划线,但可以出现下划线

C) 用户标识符中可以出现下划线,但不可以放在用户标识符的开头

D) 用户标识符中可以出现下划线和数字,它们都可以放在用户标识符的开头

2. 指出下面合法的标识符(　　)。

A) a_b　　B) int　　C) #abc　　D) 3_abc

3. 以下四个字符序列中,能用作用户自定义的标志符是(　　)。

A) putchar　　B) double　　C) A123_　　D) int

4. 下面不正确的字符串常量是(　　)。

A) 'abc'　　B) "12'12"　　C) "0"　　D) " "

5. 表达式 3.6－5/2＋1.2＋5%2 的值是(　　)。

A) 4.3　　B) 4.8　　C) 3.3　　D) 3.8

6. 已知字母A的ASCII码为十进制数65,且c2为字符型,则执行语句 c2＝'A'＋'6'－'3' 后,c2中的值为(　　)。

A) D　　B) 68　　C) 不确定的值　　D) C

7. 设变量n为float类型,m为int类型,则以下能实现将n中的数值保留小数点后两位,第三位进行四舍五入运算的表达式是(　　)。

A) n＝(n*100＋0.5)/100.0　　B) m＝ n*100＋0.5, n＝m/100.0

C) n＝ n*100＋0.5/100.0　　D) n＝(n/100＋0.5)*100.0

8. 以下程序的输出结果是(　　)。

```
main()
{  int i=10,j=1;
   printf("%d,%d\n",i--,++j);
}
```

A) 9,2　　B) 10,2　　C) 9,1　　D) 10,1

9. 若以下选项中的变量已正确定义,则正确的赋值语句是(　　)。

A) x1＝86.8%3　　B) 1＋9＝x2

C) x3＝0x1f　　D) x4＝1＋6＝7

10. 有声明 int x＝2;,以下表达式中值不等于8的是(　　)。

A) x＋＝2,x*2　　B) x＋＝x*＝x

C) (x＋7)/2*((x＋1)%2＋1)　　D) x*7.2/x＋1

11. 若有以下定义,则能使值等于3的表达式是(　　)。

int k=7,x=12;

A) x%=(k%=5)　　B) x%=(k-k%5)

C) x%=k-k%5　　D) (x%=k)-(k%=5)

12. 设有说明:char w; int x; float y; double z;则表达式 w*x+z-y 值的数据类型为(　　)。

A) float　　B) char　　C) int　　D) double

13. 以下合法的赋值语句是(　　)。

A) x=y=100;　　B) d--;　　C) x+y　　D) c=int(a+b);

14. printf函数中用到格式符%5s,其中数字5表示输出的字符串占用5列.如果字符串长度大于5,则输出按方式(　　)。

A) 从左起输出该字串,右补空格

B) 按原字符长从左向右全部输出

C) 右对齐输出该字串,左补空格

D) 输出错误信息

15. 若变量已正确说明为int类型,要给a,b,c输入数据,以下正确的是(　　)。

A) read (a,b,c);

B) scanf("%d%d%d",a,b,c);

C) scanf("%D%D%D",%a,%b,%c);

D) scanf("%d%d%d",&a,&b,&b);

16. 若有声明"long a,b;"且变量a和b都需要通过键盘输入获得初值,则下列语句中正确的是(　　)。

A) scanf("%ld%ld,&a,&b");　　B) scanf("%d%d",a,b);

C) scanf("%d%d",&a,&b);　　D) scanf("%ld%ld",&a,&b);

17. 已知字符A的ASCII码为65,则执行下列函数调用语句时,不能输出字符B的是(　　)。

A) putchar('B');　　B) putchar("B");

C) putchar(66);　　D) putchar('\x42');

二、填空题

1. 设有说明语句:char a='\x12'; 则变量a包含________个字符。

2. 以下程序的输出结果是________。

```
main()
{ unsigned short x=65535;
  int y;
  printf("%d\n",y=x);
}
```

3. 表达式 -7/2 的结果是________,表达式 7%-2 的结果是________。

4. 下列程序的输出结果是________。

```
main()
{  double d=3.2;
   int x,y;
   x=1.2;
   y=(x+3.8)/5.0;
   printf("% f\n",d*y);
}
```

5. 以下程序的输出结果是 k = ________,c = ________ 。

```
main( )
{  int a=1,b=2,c=3,k;
   k=a+++b+++c;
   printf("k=%d  c=%d\n",k,c);
}
```

6. 若 x 为 int 型数据,则执行以下语句后,x=5;x+=x-=x*x;x 的值是________ 。

7. 若有"int a=3; a += a -= -a*a;",则 a 的值是________ 。

8. 若有定义:int a=20,b=9,c=5;接着顺序执行下列语句后,变量 b 中的值是________ 。

c=(a-=(b-5));

c=(a%11)+(b=3);

9. 以下程序运行后的输出结果是________ 。

```
main()
{  char c; int n=100;
   float f=10; double x;
   x=f*=n/=(c=50);
   printf("%d % f\n",n,x);
}
```

10. 若有声明"int a=5,b=2;",则表达式"b+=(float)(a+b)/2"运算后 b 的值为________ 。

11. 设"a=2,b=3,x=3.5,y=2.5",求表达式(float)(a+b)/2+(int)x%(int)y 的值________ 。

12. 有一个整型变量 int score;若用 printf()函数输出这个变量的值,应使用________语句。

13. 有以下语句段

```
int n1=10,n2=20;
printf("________",n1,n2);
```

要求按以下格式输出 n1 和 n2 的值,每个输出行从第一列开始,请填空。

n1=10

n2=20

14. 已知字符 A 的 ACSII 码值为 65，以下语句的输出结果是________________。

```
char ch='B';
printf("%c %d\n",ch,ch);
```

15. 以下程序段的输出结果是________________.

```
int i=9;
printf("%o\n",i);
```

16. 有以下程序

```
#include <stdio.h>
main()
{  char ch1,ch2;  int n1,n2;
   ch1=getchar();  ch2=getchar();
   n1=ch1-'1';  n2=n1*10+(ch2-'2');
   printf("%d\n",n2);
}
```

程序运行时输入：34<回车>，执行后输出结果是________________。

第3章　选择结构程序设计

一、单项选择题

1. 若有声明"int x = 2, y = 1, z = 0;",则下列关系表达式中有语法错误的是(　　)。

A) x > y = 2　　　　B) z > y > x

C) x > y == 1　　　　D) x == (x = 0, y = 1, z = 2)

2. 判断 char 型变量 ch 是否为大写字母的正确表达式是(　　)。

A) 'A' <= ch <= 'Z'　　　　B) (ch >= 'A')&(ch <= 'Z')

C) (ch >= 'A')&&(ch <= 'Z')　　　　D) ('A' <= ch)AND('Z' >= ch)

3. 以下程序的运行结果是(　　)。

```
main( )
{  int a,b,d = 241;
   a = d/100 % 9;
   b = (-1)&&(-1);
   printf("%d,%d",a,b);
}
```

A) 6,1　　B) 2,1　　C) 6,0　　D) 2,0

4. 有如下程序段

```
int a = 14,b = 15,x;
char c = 'A';
x = (a&&b)&&(c < 'B');
```

执行该程序段后,x 的值为(　　)。

A) true　　B) false　　C) 0　　D) 1

5. 以下程序的输出结果是(　　)。

```
main()
{  int a = 3,b = 4;
   printf("%d\n",a <= b);
}
```

A) 3　　B) 4　　C) 1　　D) 0

6. 若希望当 A 的值为奇数时,表达式的值为“真”,A 的值为偶数时,表达式的值为“假”。则以下不能满足要求的表达式是(　　)。

A) A%2 == 1　　　　B) !(A%2 == 0)

C) !(A%2)　　　　D) A%2

7. 设有:int a = 1,b = 2,c = 3,d = 4,m = 2,n = 2;执行(m = a > b)&&(n = c > d)后 n 的值为(　　)。

A) 1　　B) 2　　C) 3　　D) 4

8. 已知 int x = 10,y = 20,z = 30;以下语句执行后 x,y,z 的值是(　　)。

```
if(x>y) z=x; x=y; y=z;
```

A) x=10, y=20, z=30　　B) x=20, y=30, z=30

C) x=20, y=30, z=10　　D) x=20, y=30, z=20

9. 以下程序的运行结果是(　　)。

```
main()
{  int m=5;
   if(m++ >5)
      printf("%d\n",m);
   else
      printf("%d\n",m--);
}
```

A) 4　　B) 5　　C) 6　　D) 7

10. 若运行时给变量 x 输入 12,则以下程序的运行结果是(　　)。

```
main( )
{  int x,y;
   scanf("%d",&x);
   y=x>12 ? x+10 : x-12;
   printf("%d\n",y);
}
```

A) 4　　B) 3　　C) 2　　D) 0

二、填空题

1. 以下程序输出的结果是____________。

```
main()
{  int a=5,b=4,c=3,d;
   d=(a>b>c);
   printf("%d\n",d);
}
```

2. 为表示关系:x≤y≤z ,应使用的 C 语言表达式是____________。

3. 设 y 是 int 型变量,请写出判断 y 为奇数的关系表达____________。

4. 以下程序运行后的输出结果是____________。

```
main ( )
{  int a,b,c;
   a=10;b=20;c=(a% b<1)||(a/b>1);
   printf("%d %d %d ",a,b,c);
}
```

5. C 语言中的逻辑值"真"是用________表示的,逻辑值"假"是用________表示的。

6. 判断变量 a、b 的值均不为 0 的逻辑表达式为____________。

7. 若有声明"int a = 30, b = 7;",则表达式"! a + a% b"的值是＿＿＿＿＿＿。

8. 设"a = 3,b = 4,c = 5",求逻辑表达式! (x = a)&&(y = b)&&0 的值＿＿＿＿＿＿。

9. 以下程序运行后的输出结果是＿＿＿＿＿＿。

```
main()
{
    int a =3,b =4,c =5,t =99;
    if(b < a&&a < c) t = a;a = c;c = t;
    if(a < c&&b < c) t = b;b = a;a = t;
    printf("%d%d%d ",a,b,c);
}
```

10. 有以下程序

```
main()
{  int n =0,m =1,x =2;
   if(!n) x -=1;
   if(m) x -=2;
   if(x) x -=3;
   printf("%d\n",x);
}
```

执行后输出结果是＿＿＿＿＿＿。

11. 运行下面的程序,如果从键盘上输入5,则输出结果为＿＿＿＿＿＿。

```
main()
{  int x;
   scanf("%d",&x);
   if(x ++ >5) printf("%d",x);
   else printf("%d",x --);
}
```

12. 有3个整数a、b、c,由键盘输入,利用条件表达式,输出其中最大的数。

```
#include <stdio.h>
main()
{  int a,b,c,temp,max;
   printf("请输入3 个整数:");
   scanf("%d,%d,%d",&a,&b,&c);
   temp = ______________ ;
   max = ______________ ;
   printf("3 个整数的最大数是%d\n",max);
}
```

13. 执行下列程序段后,变量i的值是＿＿＿＿＿＿。

```
int i =10;
switch(i){
```

```
    case 9:i +=0;
    case 10:i +-1;
    case 11:i +=2;
    default:i +=3;
}
```

14. 下面程序的输出结果是 x = ______________ ,y = ______________ 。

```
main()
{  int x=3,y=1;
   switch(x==3)
   {  case 1:  x+=1; y+=1;break;
      case 2:  x+=2; y+=2;break;
      default:  x+=4; y+=4;
   }
   printf("x=%d,y=%d\n",x,y);
}
```

15. 下列程序段的输出结果是 ______________ 。

```
int n='c';
switch(n++)
{  default:  printf("error");  break;
   case 'a': case 'A': case 'b': case 'B': printf("good");  break;
   case 'c': case 'C': printf("pass");
   case 'd': case 'D': printf("warn");
}
```

16. 以下程序运行后的输出结果是______________ 。

```
main()
{  int x=1,y=0,a=0,b=0;
   switch(x)
   {  case 1:switch(y)
           {  case 0: a++; break;
              case 1: b++; break;
           }
      case 2:a++;b++; break;
   }
   printf("%d %d\n",a,b);
}
```

第 4 章　循环结构程序设计

一、单项选择题

1. C 语言中(　　)。

A）不能使用 do-while 语句构成的循环

B）do-while 语句构成的循环必须用 break 语句才能退出

C）do-while 语句构成的循环，当 while 语句中的表达式值为非零时结束循环

D）do-while 语句构成的循环，当 while 语句中的表达式值为零时结束循环

2. 设有程序段

```
int k =10;
while(k =0)k =k -1;
```

这下面描述中正确的是(　　)。

A）while 循环执行 10 次　　B）循环是无限循环

C）循环体语句一次也不执行　　D）循环体语句执行一次

3. 语句 while(! E);中的表达式! E 等价于(　　)。

A）E ==0　　B）E! =1　　C）E! =0　　D）E ==1

4. 下面程序段的运行结果是(　　)。

```
int n =0;
while(n ++ <=2);printf("%d",n);
```

A）2　　B）3　　C）4　　D）有语法错

5. 以下程序段(　　)。

```
x =-1;
do{
  x =x * x;
} while(!x);
```

A）是死循环　　B）循环执行二次

C）循环执行一次　　D）有语法错误

6. 下面程序的运行结果是(　　)。

```
#include <stdio.h > < /P < p >
main()
{  int y =10;
   do{y --;}while(--y);
   printf("%d\n",y --);
}
```

A）-1　　B）1　　C）8　　D）0

7. 有以下程序

```
main()
{ int i;
  for(i=0;i<3;i++)
     switch(i)
     { case 0:printf("%d",i);
       case 1:printf("%d",i);
       default:printf("%d",i);
     }
}
```

程序执行后的输出结果是(　　)。

A) 000112　　B) 12　　C) 12020　　D) 120

8. 以下程序的输出结果是(　　)。

```
#include <stdio.h>
main()
{ int i;
  for(i='A';i<='I';i++) printf("% c",i+32);
     printf("\n");
}
```

A) 编译不通过,无输出　　B) ABCDEFGH

C) abcdefghi　　D) abcdefgh

9. 若程序中已有相应的声明,下列语句中错误的是(　　)。

A) printf(i==4 ? "%6d\ n" : "%6d" , i);

B) i==4 ? printf("%6d\ n" , i) : printf("%6d" , i);

C) for(i=10; ; i--) if(i ==1) break;

D) for(i=10; ; i--) if(i --); break;

10. 有以下程序

```
main()
{ int n=4;
  while(n--)
     printf("%d ",--n);
}
```

程序执行后的输出结果是(　　)。

A) 2 0　　B) 3 1　　C) 3 2 1　　D) 2 1

二、填空题

1. 若a是int型变量,则下面表达式(a=4*5,a*2),a+6的值是＿＿＿＿＿＿。

2. 若有定义int k=-2;,执行语句while(k++<5);后,k的值为＿＿＿＿＿＿。

3. 设i,j,k均为int型变量,则执行完下面的for循环后,k的值为＿＿＿＿＿＿。

```
for(i=0,j=10; i<=j; i++,j--) k=i+j;
```

4. 以下程序运行后的输出结果是________________。

```
main()
{  int i =10, j =0;
   do
   {  j =j +i;
      i --;
   }while(i >3);
   printf("%d\n",j);
}
```

5. 以下循环体的执行次数是________________。

```
main()
{  int i,j;
   for(i =0,j =1;i <=j +1; i +=2,j --)
       printf("%d\n",i);
}
```

6. 设有以下程序：

```
main( )
{  int n1,n2;
   scanf("%d",&n2);
   while(n2!=0)
   {  n1 =n2% 10;
      n2 =n2/10;
      printf("%d",n1);
   }
}
```

程序运行后，若从键盘上输入 2006，则输出的结果是________________。

7. 用以下程序计算 1 到 100 的整数的累加和，请填空。

```
main()
{  int i =1,sum = ________________ ;
   for(________________ )
   {  sum += i;
      i ++;
   }
   printf("sum = %d\n",________________ );
}
```

8. 下面程序的功能是：计算 1 到 10 之间奇数之和及偶数之和，请填空。

```
main()
{  int a, b, c, i;
   a = c =  ________________ ;
```

```
    for(i=0;i<10;i+=2)
    { a+=i;
      ____________;
      c+=b;
    }
    printf("偶数之和=%d\n",a);
    printf("奇数之和=%d\n",c);
}
```

9. 以下程序的功能是计算：s=1+12+123+1234+12345，请填空。

```
main()
{ int t=0,s=0,i;
  for(i=1;i<=5;i++)
  { t=i+____________;s=s+t;}
  printf("s=%d\n",s);
}
```

10. 求1!+2!+3!+4!+5!+…+20!。

```
main()
{ int n,i=1;
  long sum,s=1;
  ____________;
  scanf("%d",&n);
  while(____________)
  { s=s*i;
    ____________;
    i++;
  }
  printf("sum=%ld\n",sum);
}
```

11. 下面程序是从键盘输入学号，然后输出学号中百位数字是3的学号，输入0时结束循环，请填空。

```
main()
{ long int num;
  scanf("%ld",&num);
  do
  { if(____________) printf("%ld",num);
    scanf("%ld",&num);
  }while(____________);
}
```

12. 下面程序的功能是将从键盘输入的一对数,由小到大排序输出,当输入一对相等数时结束循环,请填空。

```
#include  <stdio.h>
main()
{  int  a,b,t;
   scanf("%d%d",&a,&b);
   while(________________)
   {  if (________________)
      {  t=a;a=b;b=t;}
      printf("%d,%d",a,b);
      ________________ ;
   }
}
```

13. 求10以内2的倍数和sum1及其余各数的积sum2。

```
main()
{  int sum1=0,sum2=1,i;
   for(i=1;i<10;i++)
      if(________________)
          sum1+=i;
      else ________________
          printf("%d,%d",sum1,sum2);
}
```

14.

```
#include<stdio.h>
main()
{  int j,k,s,m;
   for(k=1;k<10;k++)
   {  s=1;m=k+2;
      for(j=k;j<m;j++,k++)
          s+=j;
   }
   printf("s=%d,k=%d",s,k);
}
```

程序输出结果________________,________________。

15. 下面程序是计算 $s=1+(1+2)+(1+2+3)+\cdots+(1+2+3+\cdots+n)$ 的值,请填空。

```
main()
{  int n,i,j,s,sum=0;
   scanf("%d",&n);
   for(i=1;i<=n;i++)
```

```
    { ____________________ ;
      for(j =1;j <=i;j ++)
          ____________________ ;
      sum +=s;
    }
    printf("%d",sum);
}
```

16. 以下程序打印所有符合下列条件的3位正整数:是某一个数的平方数,其中有两位数相同,如100、121等。

```
main()
{  int a,b,c,n,k;
   for(k =10;;k ++)
   {  n ____________________ ;
      if(n >999)____________________ ;
      a =n/100;
      b = ____________________ ;
      c =n% 10;
      if(!((a -b) * (b -c) * (c -a))) printf("\n%d,%d",n,k);
   }
}
```

17. 下面程序的功能是从键盘输入的10个整数中,找出第一个能被7整除的数。若找到,打印此数后退出循环;若未找到,打印"not exist",请填空。

```
main()
{  int i, a;
   for (i =1; i <=10; i ++)
   {  scanf("%d",&a);
      if(____________________ ) {printf("%d", a); break;}
   }
   if(____________________ )  printf(" not exist \n");
}
```

18. 下面程序输出3到100之间的所有素数,请填空。

```
main()
{  int i,j;
   for ( i =3; i <=100; i ++)
   {  for(j =2;j <=i -1; j ++)
          if (____________________ ) break;
          if (____________________ )
              printf("% 4d",i);
   }
```

```
}
```

19. 以下程序的输出结果是__________。

```
void main()
{  int i=0,a=0;
   while(i<20)
   {  for(;;)
      {  if((i%10)==0) break;
         else i--;
      }
      i+=11; a+=i;
   }
   printf("%d\n",a);
}
```

20. 以下程序的功能是:输出100以内(不含100)能被3整除且个位数为6的所有整数,请填空。

```
main()
{  int i,j;
   for(i=0;__________;i++)
   {  j=i*10+6;
      if(__________) continue;
      printf("%d",j);
   }
}
```

21. 以下程序运行后的输出结果是__________。

```
main()
{  int x=15;
   while(x>10&&x<50)
   {  x++;
      if(x/3){x++;break;}
      else continue;
   }
   printf("%d\n",x);
}
```

22. 若输入字符串:abcde<回车>,则以下while循环体将执行______次。

```
while((ch=getchar())=='e') printf("*");
```

23. 以下程序运行后的输出结果是__________。

```
main()
{  char c1,c2;
   for(c1='0',c2='9';c1<c2;c1++,c2--)
```

```
    printf("% c% c",c1,c2);
}
```

24. 下面程序的功能是：统计从键盘输入的若干个字符中有效字符的个数，以换行符作为输入结束。有效字符是指第一个空格符前面的字符，若输入字符中没有空格符，则有效字符为除了换行符之外的所有字符。请填空。

```
#include <stdio.h>
void main()
{  int count =0,ch;
   printf("\n 请输入一行字符:");
   while (__________________)
   {  if(ch==' ')      __________________;
      count++;
   }
   printf("\n 共有 %d 个有效字符.\n",count);
}
```

25. 下面程序的功能是从键盘输入的一组字符中统计出大写字母的个数 m 和小写字母的个数 n，并输出 m、n 中的较大者，请填空。

```
#include  <stdio.h>
main()
{  int  m=0,n=0;
   char  c;
   while((__________________)!='\n')
   {  if(c>='A' && c<='Z')  m++ ;
      if(c>='a' && c<='z')  n++;
   }
   printf("%d\n",__________________ ?n:m);
}
```

26. 下面程序的运行结果是__________________。

```
main()
{  int k=0;
   char  c='A';
   do
   {  switch(c++)
      {  case 'A': k++;break;
         case 'B': k--;
         case 'C': k+=2;break;
         case 'D': k=k% 2;continue;
         case 'E': k=k*10;break;
         default: k=k/3;
```

```
        }
        k++;
    }while(c<'G');
    printf("k=%d",k);
}
```

第5章　数　组

一、单项选择题

1. 下列合法的数组定义是(　　)。

A) char a[ ] = "string";

B) int a[5] = {0,1,2,3,4,5};

C) char a = "string";

D) char a[5] = {0,1,2,3,4,5};

2. 以下下关于 C 语言中数组的描述正确的是(　　)。

A) 数组的大小是固定的,但可以有不同的类型的数组元素。

B) 数组的大小是可变的,但所有数组元素的类型必须相同。

C) 数组的大小是固定的,所有数组元素的类型必须相同。

D) 数组的大小是可变的,可以有不同的类型的数组元素。

3. 设有 char array[ ] = "China";

则数组 array 所占的空间字节数为(　　)。

A) 4　　B) 5　　C) 6　　D) 7

4. 若有数组 A 和 B 的声明

"static char A[ ] = "ABCDEF", B[ ] = {'A', 'B', 'C', 'D', 'E', 'F'};"

则数组 A 和数组 B 的长度分别是(　　)。

A) 7,6　　B) 6,7　　C) 6,6　　D) 7,7

5. 以下能对二维数组 a 进行正确初始化的语句是(　　)。

A) int a[2][ ] = {{1,0,1},{5,2,3}};

B) int a[ ][3] = {{1,2,3},{4,5,6}};

C) int a[2][4] = {{1,2,3},{4,5},{6}};

D) int a[3][ ] = {{1,0,1},{},{1,1}};

6. 若有说明: int a[ ][3] = {1,2,3,4,5,6,7};则 a 数组第一维的大小是(　　)。

A) 2　　B) 3　　C) 4　　D) 无确定值

7. 下面程序段的运行结果是(　　)。

```
char c[] = "\t\v\\\0will\n";
printf("%d",strlen(c));
```

A) 14　　B) 3

C) 9　　D) 字符串中有非法字符,输出值不确定

8. 下面程序(　　)。

```
main()
{  int a[3] = {0},i;                              //第1行
   for (i =0;i <3;i ++) scanf("%d",&a[i]);        //第2行
```

```
    for (i=0;i<4;i++) a[0]=a[0]+a[i];       //第3行
  printf("%d",a[0]);                          //第4行
}
```

A) 没有错误　　B) 第3行有错　　C) 第4行有错　　D) 第1行有错

9. 以下程序的输出结果是(　　)。

```
#include<stdio.h>
void main()
{  int n[2]={0},i,j,k=2;
   for (i=0;i<k;i++)
      for (j=0;j<k;j++)
          n[j]=n[i]+1;
   printf("%d",n[k]);
}
```

A) 不确定的值　　B) 3　　C) 2　　D) 1

10. 以下程序输出结果是(　　)。

```
#include<stdio.h>
void main()
{  int i,a[10];
   for(i=9;i>=0;i--)
        a[i]=10-i;
   printf("%d%d%d",a[2],a[4],a[8]);
}
```

A) 852　　B) 741　　C) 862　　D) 369

11. 定义如下变量和数组:

```
int i;
int x[3][3]={1,2,3,4,5,6,7,8,9};
```

则以下语句的输出结果是(　　)。

```
for (i=0;i<3;i++)
    printf("%d",x[i][2-i]);
```

A) 1 5 9　　B) 1 4 7　　C) 3 5 7　　D) 3 6 9

12. 若二维数组 a 有 m 列,则计算任一元素 a[i][j]在数组中位置的公式为(　　)。(假设 a[0][0]位于数组的第一个位置上。)

A) j*m+i　　B) i*m+j　　C) i*m+j-1　　D) i*m+j+1

13. 有下面程序段,则(　　)。

```
char a[3],b[]="China";
a=b;
printf("%s",a);
```

A) 运行后将输出 China　　B) 运行后将输出 Ch

C) 运行后将输出 Chi　　D) 编译出错

14. s12 和 s2 已正确定义并分别指向两个字符串。若要求:当 s1 所指串大于 s2 所指串时,执行语句 S;则以下选项中正确的是(　　)。

A) if(s1 > s2)S;　　B) if(strcmp(s1,s2))S;

C) if(strcmp(s2,s1) > 0)S;　　D) if(strcmp(s1,s2) > 0)S;

15. 为了判断两个字符串 s1 和 s2 是否相等,应当使用(　　)。

A) if (s1 == s2)　　B) if (s1 = s2)

C) if (strcpy (s1,s2))　　D) if (strcmp(s1,s2) == 0)

16. 执行以下程序

```
main()
{  char str[13];
   scanf("%s",str);
   printf("%s\n",str);
}
```

若输入数据为:abc　123 <回车>,则程序的输出结果是(　　)。

A) abc　　B) abc　123　　C) abc123　　D) abc123abc123

17. 下面程序运行后的输出结果是(　　)。

```
main()
{  char arr[2][4];
   strcpy(arr[0],"you");
   strcpy(arr[1],"me");
   arr[0][3] = '&';
   printf("%s\n",arr[0]);
}
```

A) you&me　　B) you　　C) me　　D) err

18. 已知有预处理命令#include <stdio. h>和声明 char s[10] = "Thank you"; int i;,要求输出字符串"Thank you",以下选项中不能达到要求的语句是(　　)。

A) puts(s);

B) printf("%s" , s[10]) ;

C) for(i = 0; s[i] ! = '\0' ; i ++)　printf("%c" , s[i]);

D) for(i = 0; s[i] ! = '\0' ; i ++)　putchar(s[i]);

19. 以下程序运行后的输出结果是(　　)。

```
main()
{  char a[7] = "a0\0a0\0";
   int i,j;
   i = sizeof(a);
   j = strlen(a);
   printf("%d  %d",i,j);
}
```

A) 2　2　　B) 7　2　　C) 7　5　　D) 6　2

20. 有如下程序:

```
main()
{  int a[3][3]={{1,2},{3,4},{5,6}},i,j,s=0;
   for(i=1;i<3;i++)
        for(j=0;j<3;j++)
             s+=a[i][j];
   printf("%d\n",s);
}
```

该程序的输出结果是(　　)。

A) 18　　B) 19　　C) 20　　D) 21

二、填空题

1. 运行以下程序时,输出结果是________。

```
#include <stdio.h>
int main()
{  int i,a[10];
   for(i=9;i>=0;i--)
        a[i]=10-i;
   printf("%d%d%d",a[1],a[4],a[8]);
}
```

2. 以下程序运行后,如果从键盘上输入 76 98 88 64 93 <回车>,则输出结果第一行为________,第二行为________。

```
#include <stdio.h>
int main()
{  int num[5],max,min,i;
   printf("请输入5个数:\n");
   for(i=0;i<5;i++)
      scanf("%d",&num[i]);
   max=num[0];
   min=num[0];
   for(i=1;i<5;i++)
   {  if(max<num[i])   max=num[i];
      if (min>num[i])   min=num[i];
   }
   printf("max=%d\n",max);
   printf("min=%d\n",min);
}
```

3. 以下程序的输出结果是________。

```
#include <stdio.h>
int main()
```

```
{  int a[4][4]={{1,2,3},{2,4,6},{3,5,7}};
   printf("%d,%d\n",a[1][2],a[3][1]);
}
```

4. 设有以下程序

```
#include <stdio.h>
int main()
{  int a[3][3],i,j;
   for(i=0; i<3; i++)
      for(j=0; j<3; j++)
          scanf("%d",&a[i][j]);
   for(i=0; i<3; i++)
      for(j=0; j<3; j++)
          a[i][j]=a[(a[i][j]+1)%2+1][(a[j][i]+2)%2+1];
}
```

若输入的数据为:1 3 5 7 9 2 4 6 8 执行程序后,
a[0][0] = ________________, a[1][1] = ________________, a[2][2] = ________________。

5. 设有以下程序

```
#include <stdio.h>
int main()
{  int i,j,a[ ][3]={1,2,3,4,5,6,7,8,9};
   for(i=0;i<3;i++)
       for(j=i+1;j<3;j++)
           a[j][i]=0;
   for(i=0;i<3;i++)
   {  for(j=0;j<3;j++)
         printf("% 2d ",a[i][j]);
            printf("\n");
   }
}
```

运行以上程序,输出3行结果。问:第1行的输出为________________;
第2行的输出为________________;第3行的输出为________________。

6. 当运行以下程序时,从键盘输入:

ab <CR>
c <CR>
def <CR>

(<cR>表示回车),则输出结果的第一行是________________,
第二行是________________,第三行是________________。

```
#include <stdio.h>
```

```
#define N 6
int main()
{  char c[N];
   int i =0;
   for(;i <N;c[i] =getchar(),i ++);
   for(i =0; i <N; i ++)
         putchar(c[i]);
}
```

7. 以下程序的输出结果为________。

```
#include <stdio.h>
int main()
{  char b[ ] = "Hello,you";
   b[5] =0;
   printf("%s\n", b );
}
```

8. 以下程序运行后的输出结果是________。

```
#include <stdio.h>
#include <string.h>
int main()
{  char ch[] = "abc",x[3][4];
   int i;
   for(i =0;i <3;i ++)
         strcpy(x[i],ch);
   for(i =0;i <3;i ++)
         printf("%s",&x[i][i]);
   printf("\n");
}
```

9. 下列程序的输出结果是________。

```
#include <stdio.h>
#include <string.h>
int main()
{  char b[30];
   strcpy(&b[0],"CH");
   strcpy(&b[1],"DEF");
   strcpy(&b[2],"ABC");
   printf("%s\n",b);
}
```

10. 该程序功能是:将有 10 个元素的整型数组 a 中下标值为偶数的元素从大到小排列,其他元素不变。请填空以使程序完整。

```
#define k 10
#include <stdio.h>
int main()
{  int a[k]={1,2,5,7,9,3,4,6,8,10},t;
   int i,j;
   for(i=0;i<k;i++)
        printf("% 5d",a[i]);
   for(i=0;i<= ______________ ;i=i+2)
        for(j=i+2;j<k;j+=2)
            if( ______________ )
            {  t=a[i];  ______________ ;  a[j]=t;  }
   for(i=0;i<k;i++)
     printf("% 5d",a[i]);
   printf("\n");
}
```

11. 有10个整数按由大到小的顺序存放在一个数组a中,输入一个数x,要求用折半查找法找出该数是数组中的第几个元素的值。

```
sign=0;
while (!sign && left<=right)
{  mid= ______________ ;
   if (x==a[mid])
   {  printf("%d:%d\n",x,mid);
      sign=1;
   }
   elseif (x<a[mid])left=mid+1;
   else ______________ ;
}
```

12. 请填空以使程序完整。有一个m*n的矩阵,以下程序的功能是求出其中值最大的元素的值,以及相应的行号和列号。

```
#include <stdio.h>
#define M  4
#define N  3
int main()
{  int i,j,row=0,colum=0,max;
   int a[M][N]={{1,23,3},{4,8,6},{17,6,1},{0,11,17}};
   max=a[0][0];
   for(i=0;i<=3;i++)
     for(j=0;j<=2;j++)
          if( ______________ )
          {  max= ______________ ;
```

```
            row = i;
            colum = j;
        ]
    printf("max = %d,row = %d,colum = %d\n",max,row,colum);
}
```

13. 请填空以使程序完整。该程序的功能是把从键盘输入的十进制(long 型)以 16 进制数的形式输出。

```
#include <stdio.h>
int main()
{  char b[16] = {'0','1','2','3','4','5','6','7','8','9','A','B','C','D','E','F'};
   int c[64],d,i = 0;
   long n;
   printf("Enter a number:\n");
   scanf("% ld",&n);
   do
   {  c[i] = ________________ ;
      i ++;
      n = ________________ ;
   }while(n!=0);
   printf("Transmite mew base:\n");
   for(--i;i >= 0;--i)
   {  ________________ ;
      printf("% c",b[d]);
   }
}
```

14. 下面程序的功能是:使一个字符串按逆序存放,请填空。

```
#include <stdio.h>
#include <string.h>
int main()
{  char m,str[10];
   int i,j;
   gets(str);
   for(i = 0,j = strlen(str);____________ ;i ++,j --)
   {  m = str[i];
      str[i] = __________ ;
      str[j -1] = m;
   }
   printf("%s\n",str);
}
```

15. 以下程序的功能是:将无符号八进制数字构成的字符串转换为十进制整数。例如,输入的字符串为:556,则输出十进制整数366。请填空。

```
#include <stdio.h>
#include <string.h>
int main()
{  char s[6];
   int n,i=0;
   gets(s);
   n = ____________ -'0';
   while( ____________ !='\0')
       n=n*8+s[i]-'0';
   printf("%d\n",n);
}
```

16. 该程序功能是统计一个字符串中单词的个数,单词以空格分割。请填空以使程序完整。

```
#include <stdio.h>
#include <string.h>
int main()
{  int i,num=0,word=0;
   char str[80];
   gets(____________);
   printf("%s\n",str);
   for(i=0;i<strlen(str);i++)
      if(str[i]==' ') word=0;
      else if(____________)
      {  word=1;  num++; }
   printf("%d\n",num);
}
```

第6章　函　数

一、单项选择题

1. 以下正确的函数声明形式是(　　)。

A) double fun(int x,int y)

B) double fun(int x;int y)

C) double fun(int x,int y)

D) double fun(int x,y)

2. 在C语言程序中,以下正确的叙述是(　　)。

A) 函数的定义可以嵌套,但函数的调用不可以嵌套

B) 函数的定义和函数的调用均不可以嵌套

C) 函数的定义不可以嵌套,但函数的调用可以嵌套

D) 函数的定义和函数的调用均可以嵌套

3. C语言规定,函数返回值的类型是由(　　)。

A) return语句中的表达式类型所决定

B) 调用该函数时系统临时决定

C) 调用该函数时的主调函数类型所决定

D) 在定义该函数时所指定的函数类型所决定

4. 按C语言的规定,以下不正确的说法是(　　)。

A) 实参可以是常量、变量或表达式　　B) 形参可以是常量、变量或表达式

C) 实参可以为任意类型　　D) 实参应与其对应的形参类型一致

5. 若要使函数中的局部变量在函数调用之间保持其值,该变量必须声明为(　　)。

A) auto　　B) static　　C) extern　　D) register

6. C语言规定,简单变量做实参时,它和对应形参之间的数据传递方式是(　　)。

A) 地址传递　　B) 单向值传递

C) 由实参传给形参　　D) 由用户指定传递方式

7. 若用数组名作为函数调用的实参,传递给形参的是(　　)。

A) 数组的首地址　　B) 数组第一元素的值

C) 数组中全部元素的值　　D) 数组元素的个数

8. 以下正确的说法是(　　)。

A) 用户若需调用标准库函数,调用前必须重新定义

B) 用户可以重新定义标准库函数,若如此,该函数将失去原有含义

C) 用户若需调用标准库函数,调用前不必使用预编译命令将函数所在文件包括到用户源文件中,系统将自动调用

D) 系统根本不允许用户重新定义标准库函数

9. 以下叙述中正确的是(　　)。

A）局部变量说明为static存储数,其生存期将得到延长

B）全局变量说明为static存储类,其作用域将被扩大

C）任何存储类的变量在未赋初值时,其值都是不确定的

D）形参可以使用的存储类说明符与局部变量完全相同

10. 以下不正确的说法为(　　)。

A）在函数内的复合语句中定义的变量在本函数范围内有效

B）在不同函数中可以使用相同名字的变量

C）在函数内定义的变量只在本函数范围内有效

D）形式参数是局部变量

11. 在一个源文件中定义的全局变量的作用域为(　　)。

A）本文件的全部范围

B）本程序的全部范围

C）本函数的全部范围

D）从定义该变量的位置开始至本文件结束为止

12. 设函数fun的定义形式为(　　)

```
void fun(char ch, float x ) { … }
```

则以下对函数fun的调用语句中,正确的是(　　)。

A）fun("abc",3.0);　　B）t=fun('D',16.5);

C）fun('65',2.8);　　D）fun(32,32);

13. 有一个如下定义的函数:

```
func(int a)
{  printf("%d",a);}
```

则该函数的返回类型是(　　)。

A）与参数a的类型相同　　B）void类型

C）没有返回值　　D）无法确定

14. 以下程序运行结果(　　)。

```
#include <stdio.h>
int f(int a)
{  return a%2;  }
int main()
{  int s[8]={1,3,5,2,4,6},i,d=0;
   for (i=0;f(s[i]);i++)
      d+=s[i];
   printf("%d\n",d);
}
```

A）9　　B）11　　C）19　　D）21

15. 以下程序运行结果(　　)。

```
#include <stdio.h>
```

```
long fun(int n)
{  long s;
   if(n ==1 ||n ==2) s =2;
   else s =n - fun(n -1);
   return s;
}
int main()
{  printf("%d\n",fun(3));  }
```

A) 2　　B) 1　　C) 0　　D) 10

16. 以下程序的输出结果是(　　)。

```
#include <stdio.h>
int func(int x)
{  int p;
   if(x ==0 ||x ==1)
         return(3);
   p =x - func(x -2);
   return p;
}
int main()
{   printf("%d\n",func(9)); }
```

A) 7　　B) 2　　C) 0　　D) 3

17. 有以下程序:

```
#include <stdio.h>
int f(int b[ ][4])
{  int i,j,s =0;
   for(j =0;j <4;j ++)
   {  i =j;
      if(i >2) i =3 -j;
      s =s +b[i][j];
   }
   return s;
}
int main()
{  int a[4][4] = {{1,2,3,4},{0,2,4,6},{3,6,9,12},{3,2,1,0}};
   printf("%d",f(a));
}
```

执行后的输出结果是(　　)。

A) 12　　B) 11　　C) 18　　D) 16

18. 有如下程序：

```
#include <stdio.h>
int func(int a,int b)
{  return(a+b); }
int main()
{  int x=2,y=5,z=8,r;
   r=func(func(x,y),z);
   printf("% \d\n",r);
}
```

该程序的输出的结果是(　　)。

A) 12　　B) 13　　C) 14　　D) 15)

19. 以下程序运行结果是(　　)。

```
#include <stdio.h>
int func (int a,int b)
{  static int m=0, i=2;
   i+=m+1;
   m=i+a+b;
   return(m);
}
int main()
{  int k=3,m=1,p;
   p=func(k,m);
   printf("%d,",p);
   p=func(k,m);
   printf("%d\n",p);
}
```

A) 8,15　　B) 9,17　　C) 7,15　　D) 8,7

20. 以下程序的正确运行结果是(　　)。

```
#include <stdio.h>
int f(int a)
{  int b=0;
   static int c=5;
   b++;
   c++;
   return(a+b+c);
}
int main()
{  int a=2,i;
   for(i=0;i<2;i++)
```

```
    printf("% 4d",f(a));
}
```

A) 9 10　　B) 8 9　　C) 7 8 9　　D) 7 9 11

二、填空题

1. 运行以下程序时,输出结果是________。

```
#include <stdio.h>
long fun(int n)
{  long s;
   if(n ==1 || n ==2)
        s =20;
   else
        s =n - fun(n -1);
   return s;
}
int main()
{   printf("%d\n",fun(3));  }
```

2. 运行以下程序时,输出结果的第一行是________,第二行是________。

```
#include <stdio.h>
void fun(int i,int j)
{  int x =4;
   printf("i =%d;j =%d;x =%d\n",i,j,x);
}
int main()
{  int i =2,x =3,j =5;
   fun(j,2);
   printf("i =%d;j =%d;x =%d\n",i,j,x);
}
```

3. 设有以下程序段:

```
void prnt(int n, int aa[])
{  int i;
   for(i =1; i <=n;i ++)
   {  printf("% 6d", aa[i]);
      if(!(i% 5))
         printf("\n");
   }
   printf("\n");
}
```

若变量 n 中的值为 24,则 print()函数共输出________行,最后一行有________个数。

4. 运行以下程序时,输出结果是______________。

```
#include <stdio.h>
int fun(int a,int b)
{  return (a+b);  }
int main()
{  int x=1,y=3,z=5,r;
   r=fun(fun(x,y),z);
   printf("%d\n",r);
}
```

5. 运行以下程序时,输出结果是______________。

```
#include <stdio.h>
void fun(int x)
{  if(x/2>0)  fun(x/2);
   printf("%d",x%2);
}
int main()
{  fun(18);
   printf("\n");
}
```

6. 运行以下程序时,输出结果是______________。

```
#include <stdio.h>
long fit(int n)
{  if(n>2)
        return(fit(n-1)+fit(n-2));
   else
        return(3);
}
int main()
{  printf("%ld\n",fit(4));  }
```

7. 运行以下程序时,输出结果是______________。

```
#include <stdio.h>
int b;
int fun (int a)
{  static int c=2;
   return((++a)+(++b)+(++c));
}
int main()
{  int i, a=1;
   for(i=0;i<2;i++)
```

```
        printf("% 5d",fun(a));
}
```

8. 运行以下程序时,输出结果是________________。

```
#include <stdio.h>
int f(int a)
{  int b =0;
   static int c =2;
   b ++;  c +=3;
   return (a +b +c);
}
int main()
{  int a =1,i;
   for(i =0;i <=2;i ++)
        printf("% 4d",f(a));
}
```

9. 运行以下程序时,输出结果的第一行是____________,第二行是____________。

```
#include <stdio.h>
int func (int a,int b)
{  static int m =0, i =2;
   i +=m +1;
   m =i +a +b;
   return(m);
}
int main()
{  int k =2,m =1,p;
   p =func(k,m);  printf("%d\n",p);
   p =func(k,m);  printf("%d\n",p);
}
```

10. 以下程序运行结果________________。

```
#include <stdio.h>
int a =3,b =5;
int max(int a, int b)
{  int c;
   c =a >b? a:b;
   return(c);
}
int main()
{  int a =8;
   printf("max =%d",max(a,b));
}
```

11. 以下程序功能是计算50名学生的成绩的平均分,请填空以使程序完整。

```
#include <stdio.h>
float ave(float arr[50])
{  int i;
   float aver,sum;
   sum=arr[0];
   for(i=1;i<50;i++)
        sum=____________;
   aver=sum/50;
   return(aver);
}
int main()
{  float score[50],av;
   int i;
   for(i=0;i<50;i++)
         scanf("%f",&score[i]);
   av=ave(____________);
   printf("%5.2f\n",av);
}
```

12. 下列函数实现3×3的矩阵转置,即行列互换。

```
void convert(int array[][3])
{  int i,j,t;
   for (i=0;i<3;i++)
        for (j=_____;j<3;j++)
        {   t=array[i][j];
            ____________________;
            array[j][i]=t;
        }
}
```

13. 下列函数实现判素数。

```
int prime(int n)
{  int flag=1,i;
   for (i=2;i<n/2 && flag==1;i++)
        if (n%i==0)
              ____________;
   return(____________);
}
```

14. 下列函数实现求两个整数的最大公约数。

```
int hcf(int u,int v)
```

```
{  int r;
   do{r=u% v;
     u=v;
     v=r;
    }while(______________);
   return(______________);
}
```

15. 下列函数实现用递归方法求n阶勒让德多项式的值,递归公式为:

$$P_n(x) = \begin{cases} 1 & (n=0) \\ x & (n=1) \\ ((2n-1)\cdot x - P_{n-1}(x) - (n-1)\cdot P_{n-2}(x))/n & (n>1) \end{cases}$$

```
double P(int n,double x)
{  double c;
   if(n==0)   c=1;
   else  if(n==1)  c=x;
   else   c=______________ ;
   return(______________ );
}
```

第7章　指　针

一、单项选择题

1. 若有定义:“int　a[2][3];”,则对a数组的第i行第j列a元素值的正确表示(　　)。

A) (a+i)[j]　　B) *(a+i)+j

C) *(*(a+i)+j)　　D) *(a+i+j)

2. 若有以下定义和语句,则对a数组元素的正确引用是(　　)。

```
int a[2][3],(*p)[3];
p=a;
```

A) (p+1)[0]　　B) *(*(p+2)+1)

C) *(p[1]+1)　　D) p[1]+2

3. 若有说明“int *p,m=5,n;”,以下正确的程序段是(　　)。

A) p=&n;　*p=m;　　B) p=&n; scanf("%d",&p);

C) scanf("%d",&n);　*p=n;　　D) p=&n;　scanf("%d",*p);

4. 若有以下定义,则对a数组元素的正确引用是(　　)。

```
int a[5],*p=a;
```

A) p+5　　B) *(a+2)　　C) a+2　　D) &a+1

5. 语句“int(*ptr)();”的含义是(　　)。

A) ptr是指向int型数据的指针变量

B) ptr是指向函数的指针,该函数返回一个int型数据

C) ptr是指向一维数组的指针变量

D) ptr是一个函数名,该函数的返回值是指向int型数据的指针

6. 若有定义和赋值语句,则对a数组的第i行第j列(假设i,j以正确说明并赋值并赋值)元素的不合法引用为(　　)。

```
int a[2][3]={0},(*p)[3];
p=a;
```

A) *(p[i]+j)　　B) (a+i)+j

C) *(*(p+i)+j)　　D) (*(p+i))[j]

7. 以下能正确进行字符串赋值操作的是(　　)。

A) char *s;　s="ABCDE";

B) char s[5]={'A','B','C','D','E'};

C) char s[5]={"ABCDE"};

D) char *s;　scanf("%s",s);

8. 若有定义:int a[2][3];则对a数组的第i行第j列d元素地址的正确表示为(　　)。

A) *(a[i]+j)　　B) a[i]+j

C) (a+i)　　D) *(a+j)

9. 若有声明:"int a[ ][4] = {1,2,3,4,5,6,7,8,9,10}, *p = *(a+1);",则值为9的表达式是(　　)。

A) p+=3;　*p++ ;　　B) p+=4;　*(p++);

C) p+=4;　* ++p;　　D) p+=4;　++ *p;

二、填空题

1. 阅读以下程序:

```
void main()
{  char *str[3] = {"Fortrain ","Prolog","Pascal "};
   char **p;
   int i;
   p = str;
   for(i=0;i<3;i++,p++)
      printf("% c\n ",(*(*p+3)+1));
}
```

该程序第1行、第2行及最后一行的输出分别为________、________和________。

2. 设有以下程序:

```
void fun(int *p1,int *p2);
void main()
{  int i,a[6] = {1,2,3,4,5,6};
   fun(a, a+5);
}
void fun(int *p1,int *p2)
{  int t;
   if(p1<p2)
   {  t = *p1; *p1 = *p2; *p2 = t;
         fun(p1 +=2, p2 -=2);
   }
}
```

程序运行后,a[0] = ________,a[4] = ________。

3. 以下程序的运行结果是________。

```
void main()
{  int a[][4] = {1,2,3,4,1,2,3,4,1,2,3,4};
   int(*p)[4] = a,i,j,k = 0;
   for(i=0;i<3;i++)
      for(j=0;j<2;j++)
         k = k + *(*(p+i)+j);
   printf("%d\n",k);
}
```

4. 以下程序输出第二行为________。

```
void main()
{  char a[] = "abcdefg", *p;
   for(p = a;p < a + 2;p ++)
       printf("%s\n",p);
}
```

5. 以下程序运行时,输出结果的第一行是________,第二行是________。

```
#include <stdio.h>
void f (int *x, int y)
{  *x = y + 1 ; y = *x + 2 ; }
void main()
{  int a = 2, b = 2 ;
   f(&a, b) ;
   printf("%d\n%d",a,b);
}
```

6. 若要使指针 p 指向一个 float 类型的动态存储单元,请填空。

p = ________malloc(sizeof(float));

7. 以下程序的输出结果为________。

```
void main()
{  int a[2][3] = {1,3,5,7,9,11}, *s[2], **pp, *p;
   s[0] = a[0];s[1] = a[1];
   pp = s;
   p = (int *)malloc(sizeof(int));
   **pp = s[1][2];
   p = *pp;
   printf("%d\n", *p);
}
```

8. 以下程序的运行结果是________。

```
#include <stdio.h>
void main ()
{  int a = 28,b;
   char s[10], *p;
   p = s;
   do{  b = a% 16;
        if(b <10) *p = b +48;
        else *p = b +55;
        p ++;
        a = a/5;
   }while(a >0);
```

```
  *p='\0';
 puts(s);
}
```

9. 设有以下程序:

```
void fun(int x,int y,int *cp,int *dp)
{  *cp=x+y;
   *dp=x-y;
}
void main()
{ int a, b, c, d;
  a=30; b=40;
  c=50; d=60;
  fun(a,b,&c,&d);
  printf("c=%d,d=%d\n", c, d);
}
```

程序输出结果 c=______,d=______。

10. 设有以下 main()函数:

```
void main(int argc, char *argv[ ])
{ while(argc > 1)
  {  ++argv;
     printf("%s\n", *argv);
     --argc;
  }
}
```

经过编译、连接后得到可执行文件名为 c1.exe,

若在系统的命令状态下输入命令行:c1 nanjing xiaozhuang college <回车>,

则在第一行输出______,第三行输出______。

11. 以下程序的功能是将字符串中的数字字符删除后输出,请填空:

```
#include <stdio.h>
void delnum(char *s)
{ int i,j;
  for(i=0,j=0;s[i]!='\0';i++)
      if(s[i]<'0' ______ s[i]>'9')  {s[j]=s[i];j++;}
  s[j]=______;
}
void main()
{ char item[80]= "abc123def45gh";
  delnum(item);
  printf("\n%s",______);
}
```

12. 下面程序的运行结果是________。

```
#include <stdio.h>
#include <string.h>
void main()
{  char p1[50] = "abc", *p2,str[50] = "abc";
   p2 = "abc";
   strcpy(str+1,strcat(p1,p2));
   printf("%s\n",str);
}
```

13. 以下程序的运行结果是________。

```
int *swap(int *a,int *b)
{
    int *p;
    p=a;a=b;b=p;
    return a;
}
void main()
{
    int x=3,y=4,z=5;
    swap(swap(&x,&y),&z);
    printf("%d,%d,%d",x,y,z);
}
```

14. 以下程序的输出结果为________。

```
#include <stdio.h>
void main()
{  int a[] = {1,2,3,4,5,6,7,8,9}, *p=a;
   p++;
   printf("%d", *(p+3));
}
```

15. 以下程序的输出结果为________。

```
void main()
{  int a[3][4] = {{1,3,5,7},{9,11,13,15},{17,19,21,23}};
   int i=2,j=3;
   int (*p)[4]=a;
   printf("%d\n", *(*(p+i)+j));
}
```

16. 以下程序使用递归方法求数组中的最大值及其下标值，请填空。

```
#define M 10
void findmax(int *a,int n,int i,int *pk)
```

```
{  if(i<n)
   {if(a[i]>a[*pk])________;
   findmax(a,n,i+1,________);
   }
}
void main()
{  int a[M],i,n=0;
   printf("\nEnter %d data:\n",M);
   for(i=0;i<M;i++)
   scanf("%d",________);
   findmax (a,M,0,&n);
   printf("The maximum is: %d\n",a[n]);
   printf("it's index is: %d\n",n);
}
```

17. 以下程序的运行结果第一行是________,第二行是________。

```
void  main()
{  int  a[]={5,8,7,6,2,7,3};
   int y,*p=&a[1];
   y=(*--p)++;
   printf("%d\n ",y);
   printf("%d",a[0]);
}
```

18. 以下程序的运行结果是________。

```
void swap(int **r,int **s)
{  int *t;
   t=*r;
   *r=*s;
   *s=t;
}
void main()
{  int a=1,b=2,*p,*q;
   p=&a;
   q=&b;
   swap(&p,&q);
   printf("%d,%d\n",*p,*q);
}
```

19. 阅读以下程序:

```
void main()
{  char *str[3]={"Basic ","Visual C++","Pascal "};
```

```
    char * *p;
    int i;
    p=str;
    for(i=0;i<3;i++,p++)
        printf("%c\n",(*(*p+3)+1));
}
```

该程序第1行、第2行及最后一行的输出分别为________、________和________。

第 8 章　结构体和共用体

一、单项选择题

1. 设有以下定义：

```
struct person
{char name[9];
   int age;};
struct person class [10] = {"john",17,"Paul",19,"Mary",18,"Adam",
16};
```

根据上述定义，能输出字母 M 的语句是(　　)。

A) printf("%c\n",class[3].name);

B) printf("%c\n",class[3].name[1]);

C) printf("%c\n",class[2].name[0]);

D) printf("%c\n",class[2].name[1]);

2. 设有如下定义：

```
struct sj
{int a;float b;}data,*p;
```

若有"p=&data;"，则对 data 中的 a 域的正确引用是(　　)。

A) (*p).data.a　　B) p->data.c　　C) (*p).a　　D) p.data.a

3. 已知有如下的结构类型定义和变量声明：

```
struct student
{  int num;
   char name[10];
}stu = {1,"Mary"}, *p = &stu;
```

则下列语句中错误的是(　　)。

A) printf("%d",stu.num);　　B) printf("%d",(&stu)->num);

C) printf("%d",&stu->num);　　D) printf("%d",p->num);

4. 设有以下说明语句

```
struct ex{ int x ; float y; char z ;} example;
```

则下面的叙述中不正确的是(　　)。

A) struct 结构体类型的关键字　　B) example 是结构体类型名

C) x,y,z 都是结构体成员名　　D) struct ex 是结构体类型

5. 当定义一个结构体变量时，系统为它分配的内存空间是(　　)。

A) 结构中一个成员所需的内存容量

B) 结构中第一个成员所需的内存容量

C) 结构体中占内存容量最大者所需的容量

D）结构中各成员所需内存容量之和

6. 定义以下结构体数组

```
struct c
  {  int x;          int y;
  }s[2] = {1,3,2,7};
```

语句“printf("%d",s[0].x * s[1].x)”的输出结果为(　　)。

A）3　　B）2　　C）6　　D）21

7. 已知有结构定义和变量声明如下：

```
struct student
{  char name[20];
   int score;
   struct student *h;
}stu, *p;
int *q;
```

以下选项中有语法错误的是(　　)。

A）p = &stu;　　B）q = &stu.score;

C）scanf("%s%d",&stu);　　D）stu.h = p;

8. 若有以下说明和语句：

```
struct student
{  int no;
   char *name;
} stu, *p = &stu;
```

则以下引用方式不正确的是(　　)。

A）stu.no　　B）(*p).no　　C）p->no　　D）stu->no

9. 已知数据类型定义和变量声明如下：

```
struct sk
{  int a;
   float b;
} data[2], *p = data;
```

则以下对 data[0]中成员 a 的引用中错误的是(　　)。

A）p->a　　B）data->a　　C）data[0]->a　　D）(*p).a

二、填空题

1. 设有以下程序

```
struct st
{  int x;  int *y;} ;
main()
{  int a, b, dt[4] = {10,20,30,40};
   struct st aa[4] = {50,&dt[0],60,&dt[1],70,&dt[2],80,&dt[3]}, *p;
   p = aa;
```

```
    a = (++p) - >x;
    b = ++(*p - >y);
}
```

程序运行后,a = ________, b = ________。

2. 有以下定义和语句

```
struct date
{  int day;
   int month;
   int year;
   union
   {  int share1;
      float share2;
   }share;
}a;
```

设 int 和 float 型变量存储空间为 4 字节,则 sizeof(a)的值是________。

3. 若有定义"enum seq{mouse,cat,dog,rabbit = 0,sheep,cow = 6,tiger};",则执行语句"printf("%d",cat + sheep + cow);"后输出结果是________。

4. 定义以下结构体数组

```
struct date
{
    int year;  int month;  int day;
};
struct s
{
    struct date birthday;    char name[20];
} x[2] = {{2008, 10, 1, "guangzhou"}, {2009, 12, 25, "Tianjin"}};
```

语句 printf("%s,%d",x[0].name,x[1].birthday.year);

的输出结果为________。

5. 以下函数用于删除链表中的 NUM 值,请填空。

```
struct student *del(struct student *head,long num)
{  struct student *p1,*p2;
   if (head ==NULL)
   {  printf("\nlist null!\n");
      return(head);
   }
   p1 =head;
   while(num!=p1 - >num && p1 - >next!=NULL)
   {p2 =p1;________;}
   if(num ==p1 - >num)
```

```
{    if(p1 ==head)   head =p1 - >next;
     else _______;
     printf("delete:% ld\n",num);
     n =n -1;
 }
 else
   printf("% ld not been found!\n",num);
 return(_______);
}
```

第9章　文　件

一、单项选择题

1. 系统的标准输入文件是指(　　)。

A) 键盘　　B) 显示器　　C) 软盘　　D) 硬盘

2. 系统的标准输出文件是指(　　)。

A) 键盘　　B) 显示器　　C) 软盘　　D) 硬盘

3. 若执行 fopen( )函数时发生错误,则函数的返回值是(　　)。

A) 0　　B) 1　　C) EOF　　D) 地址值

4. 若要用 fopen( )函数打开一个新的二进制文件,该文件既要能读也能写,则文件打开方式的字符串应为(　　)。

A) "ab +"　　B) "rb +"　　C) "wb +"　　D) "ab"

5. 函数调用语句:fseek(fp, -20L,2);的含义是(　　)。

A) 将文件读写位置指针移到距离文件头 20 个字节处

B) 将文件读写位置指针从当前位置向后移动 20 个字节

C) 将文件读写位置指针从文件末尾处后退 20 个字节处

D) 将文件读写位置指针移到距离当前位置 20 个字节处

6. 若 fp 是指向某文件的指针,且已读到文件末尾,则函数 feop(fp)的返回值是(　　)。

A) EOF　　B) NULL　　C) 0　　D) 1

7. 下列关于 C 语言数据文件的叙述中正确的是(　　)。

A) 文件由 ASCII 码字符序列组成,C 语言只能读写文本文件

B) 文件由二进制数据序列组成吗,C 语言只能读写二进制文件

C) 文件由记录序列组成,可按数据的存放形式分为二进制和文本文件

D) 文件由数据流形成组成,可按数据的存放形式分为二进制和文本文件

8. 已知函数的调用形式:fread(buf,size,count,fp);参数 buf 的含义是(　　)。

A) 一个整型变量,代表要读入的数据总项数

B) 一个文件指针,指向要读入的文件

C) 一个地址,要读入数据的内存地址

D) 一个存储区,存放要读的数据项

9. 函数 rewind( )的作用是(　　)。

A) 使读写位置指针重新返回文件的开头

B) 使读写位置指针指向文件中所要求的特定位置

C) 使读写位置指针指向文件尾

D) 使读写位置指针自动移至下一个字符的位置

10. 若 fp 为指向某文件的指针,文件操作结束后,关闭文件应使用的语句是(　　)。

A) fp = fclose( );　　B) fp = fclose;　　C) fclose;　　D) fclose(fp);

二、填空题

1. 系统的标准输入文件操作的数据流向为________。

2. fscanf( )函数的正确调用形式是________。

3. 执行以下程序段后,数组 s 中的字符串为________。

```
#include <stdio.h>
void main()
{  FILE *fp;
   float x=12.34;
   char s[11]={0};
   fp = fopen("a.dat", "w+");
   fprintf(fp, "%6.3f",x);
   rewind(fp);
   fgets(s,10,fp);  puts(s);  fclose(fp);
}
```

4. 下面的程序用于统计文件中的字符个数,结果保存在 count 变量中。请填空。

```
void main()
{  FILE *fp;
   long count=0;
   if((fp=fopen("letters.dat",________))==NULL)
   {  printf("cannot open file\n");
      exit(0);
   }
   while(!feof(fp))
   {
      ________;
      ________;
   }
   printf("count=%ld\n",count-1);
   fclose(fp);
}
```